フリーソフトでつくる

音声認識システム

パターン認識・機械学習の初歩から
対話システムまで

荒木雅弘［著］ Masahiro Araki

森北出版株式会社

まえがき

本書は，2007 年 10 月に出版した「フリーソフトでつくる音声認識システム―パターン認識・機械学習の初歩から対話システムまで―」の改訂版です．パターン認識の基礎理論を解説した第 1 部は，近年の機械学習の話題につながる説明の加筆と，一部の例題の見直し（Scilab を用いたコーディングの導入）を行いました．また，音声認識手法の説明である第 2 部は，取り上げたソフトウェアのバージョンアップに従った記述変更および取り上げるソフトウェアの変更を行いました．

パターン認識・機械学習・音声認識技術は初版出版以来大きく進歩し，その内容は年々複雑になってきています．しかし，基礎の部分をしっかり理解しないまま前に進むことはできません．本書がこれらの分野を学ぶ方々の第一歩を支える役割を果たすことを祈ります．

2017 年 2 月

著者しるす

第 1 版 まえがきより（一部改訂）

本書は，読者のみなさんがパターン認識と機械学習理論を初歩から学び，その実践として音声認識システムを作成する方法を身につけることを目的として執筆しました．

解説はなるべく単純化された事例を用い，フリーソフトを使ってその手順を一歩一歩確認しながら進めます．対象は主として初学者で，大学あるいは高等専門学校の情報系学科で教科書・実験指導書として利用されることを想定しています．

本書は 2 部構成となっています．

第 1 部ではパターン認識の基礎理論を説明します．パターン認識とは，人間が音声を理解したり，文字を読み取ったり，人の顔を見分けたりする能力のことです．本書の前半では，この能力をコンピュータにもたせるための理論を解説します．まず，パターン認識システムの全体構成について説明した後，サンプルを使ってコンピュータに「学習」をさせる方法を説明します．そこでは，問題の難しさに応じていくつかの学習アルゴリズムを使い分ける方法を具体的に示します．また，パターン認識におけるエラーへの対処法や，認識システムの評価法について解説します．

第 2 部では，いくつかのフリーソフトを使って，パターン認識の応用分野の一つである音声認識システムを作り上げる過程を説明します．ここで説明するソフトウェアは，他の時系列パターンの認識に応用できるものや，自然言語を処理するシステムにも使えるものもあるので，音声認識以外の認識分野を研究テーマにしている方々にも，ツールで何ができるのかということと，そのもっとも基本的な使い方を習得していただけると思います．

本書は，理論をできるだけ平易に解説し，その理論を実装したフリーソフトを実際に動かしながら，「手順を追うことによって理論を身に付ける」というスタイルをとります．データを自分で準備し，そこから音声認識システムを構築する手順を詳細に追うことで，作る喜びが体験できると考えています．しかし，手順通り進めているはずでもエラーメッセージで処理が止まってしまったり，認識精度が著しく低いというようなケースがあるでしょう．また，紹介したフリーソフトのバージョンアップなどにより，説明した手順ではうまく動かないことがあるかもしれません．しかし，そのときこそ，教科書通りの学習では得られない実践的知識が身に付くと著者は考えます．必要に迫られてエラーメッセージやマニュアルを解読し，類似事例を web で検索し，試行錯誤でエラーに取り組むことで，教科書から得られる受身の知識とは別種の，いわば能動的な知識が身に付くことでしょう．

本書では図や具体例を用いてなるべく直観的に理解できる説明を心がけました．そのため，厳密性を犠牲にした箇所がいくつかあります．また，著者の勉強不足による誤りもあるかもしれません．御指摘・御批判をいただければ幸いです．

本書を通じて，パターン認識や音声認識に興味をもってくださる読者が少しでも増えれば，これに勝る喜びはありません．

2007 年 9 月

著者しるす

目　次

第2部 実践編 129

第1部

パターン認識の基礎

パターン認識とは文字を読んだり，音声を聞き分けたりする技術です．でもそれだけではありません．顔・指紋・目の虹彩などで個人を認証するバイオメトリクスもパターン認識の重要な応用分野ですし，実現が大いに期待されている自動車の自動運転を支える主要な技術でもあります．

このように便利なパターン認識技術ですが，いったいどのようにして実現されているのでしょうか．本書の第１部では，このパターン認識技術の基礎理論について学びます．

第1章 パターン認識って何？

1.1 パターン認識とは

パターン認識は英語の pattern recognition の訳語です．人間や動物が知覚できる実世界の画像・音・匂いなどの情報を**パターン** (pattern) といいます．recognition という単語は re（もう一度）と cognition（認めること）とに分けられます．入ってきた情報を，すでにもっている知識と照らし合わせて，「あっ，あれだ」と判断するという意味になります．すなわちパターン認識とは，目や耳で知覚したパターンを既知の概念（**クラス**）に対応させる処理のことです．

たとえば，人間は目から画像情報を得て，見ているものが何であるかがわかります．また，知っている人であれば誰であるかがわかります．耳から音を聞いて，自分が普段使っている言語であれば，何をいっているのかがわかります．玄関のドアを開けたら，ぷーんと匂いがしてきて，「今日はカレーだ」とわかったりします．この場合は，「キッチンからの匂い」という「パターン」を，「カレー」という「クラス」に識別しているのです．このような処理がパターン認識です．

一般に「パターン認識技術」というときは，この識別する主体はコンピュータです．人間が行っているパターン認識をコンピュータに代行させて，人間は楽をしようというわけです．

たとえば 1970 年頃の郵便物の仕分けは，葉書や封筒に書かれている郵便番号を人が読み取って，行き先ごとの棚に手で振り分けていました．いまでは手書き数字をパターン認識する機械が郵便番号を読み取って，自動的に振り分けてくれます（図 1.1(a)）．

また，スマートフォンでは音声対話アプリが利用可能になり，アラーム設定・スケジュール登録などの操作や，乗換案内・天気予報などの情報取得が音声入力によってできるようになりました．また，いくつかの対話アプリが個性を競うようになり，気の利いた雑談機能も備えるようになってきています（図 1.1(b)）．

近年では，人間の代わりに車を運転してくれる自動運転技術の開発が盛んです．歩行者・他の車両・道路の情報などを認識して車を自動操縦することで，人間が楽にな

（a）郵便物の仕分けの変遷

（b）音声対話アプリ　　（c）道路状況認識システム

図 1.1　さまざまなパターン認識システム

り，さらには人間が運転するよりも安全で事故が少なくなるような車社会の実現が目指されています（図 1.1(c)†）.

1.2 パターン認識システムの構成

パターン認識を行うプログラムは，認識の対象（音声・静止画像・動画像など）にかかわらず，一般に図 1.2 に示すようなモジュール構成で実現します.

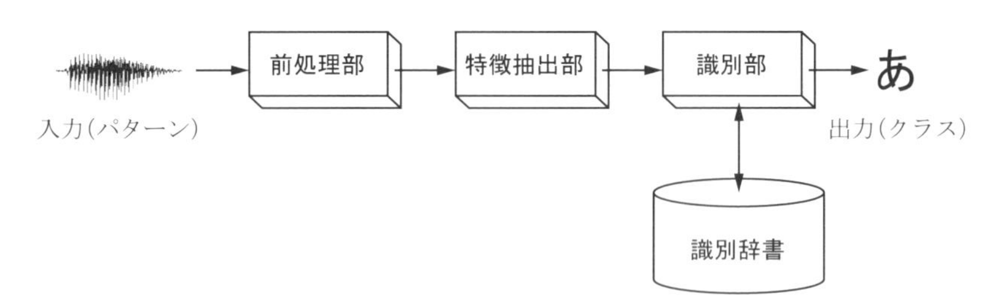

図 1.2　パターン認識システムの構成

† 道路状況認識システムは，ケンブリッジ大学 SegNet のデモンストレーションページでの実行例です．画像ファイルをアップロードすると，認識結果を表示してくれます（http://mi.eng.cam.ac.uk/projects/segnet/）.

前処理部は，入力されたパターンであるアナログ信号をディジタル信号に変換します．特徴抽出部は，そのディジタル信号から識別に役立つ特徴を取り出し，ベクトルの形式で出力します．識別部は受け取ったベクトルを識別辞書の内容と照らし合わせることによって，結果としてクラスを出力します．

以下では，各モジュールの役割と内部の処理を簡単に説明します．

1.3 前処理部

パターン認識の対象は実世界の信号です．音声は空気の疎密波であり，画像は 2 次元に広がった光の強度分布です．このような信号は連続的に変化するので，当然アナログ信号です．一方，コンピュータが処理できるのはディジタル信号です．したがって，パターン認識の最初の処理である**前処理**の役割は，アナログ信号をディジタル信号に変換することになります（図 1.3）．

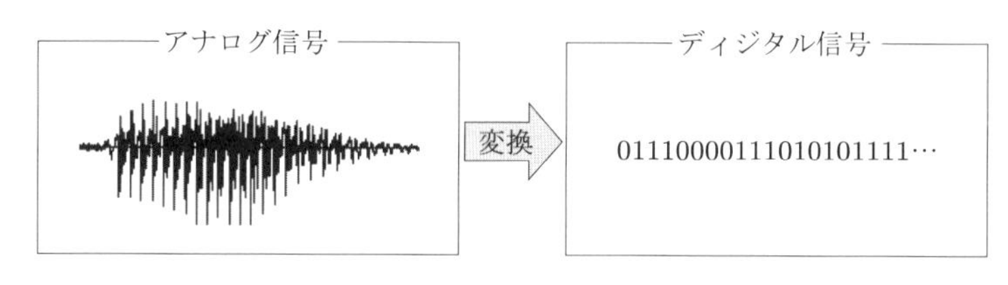

図 1.3 アナログ - ディジタル変換

アナログ信号は，コンピュータに接続された入力デバイスを通じて取り込みます．音声の場合は，マイクを使って空気の密度の変化を電気信号に変換します．画像の場合はカメラを使って画像素子が感知した光の強さを電気信号に変換します．

音声は，取り込むハードウェア（パソコンの場合はオーディオデバイス）の性能の上限まで細かな情報を取り込めます．また，画像はカメラの画素数の上限まで細かい情報を取り込めます．当然，アナログ信号はできるだけ忠実にディジタル化したほうが望ましいと考えられます．しかし，もとの情報を忠実に保持しようとすればするほど，表現に必要なデータ量は多くなります．データ量が多くなると，後段の特徴抽出処理の負担が大きくなり，認識のスピードが落ちてしまう可能性があります．後のことを考えると，ディジタル化した信号は，認識に必要な情報を保持しながら，できるだけ少ないデータ量で押さえるほうが望ましいわけです．

また，信号処理レベルで行えるノイズ除去など，後の特徴抽出処理を容易にする処理を前処理に含める場合もあります．

パターンの前処理に関しては，第 2 章で詳しく説明します．

1.4 特徴抽出部

特徴抽出とは，後段のパターンの識別[†1]に役に立つ情報を，入力されたデータから取り出す処理のことです．

これは逆にいうと，パターンの識別に役に立たない情報を捨てるということです．音声認識の場合は，話された音声がどの文字に対応しているかを識別する処理なので，誰が話しているのかということや，どのような大きさの声なのかということなどは，識別には関係しない情報として捨てることになります．文字認識の場合では，文字の位置・大きさ・色などが識別には関係のない情報です．枠の真ん中に書いても端っこに書いても，大きく書いても小さく書いても，黒で書いても赤で書いても，あ（こちらは画像信号です）というパターンは「あ」（こちらは記号です）という文字です．このような識別に無関係な情報を**パターンの変動**とよんで，識別に用いる特徴と区別します．パターンの識別に用いる特徴は，パターンの変動に影響されにくい情報でなければなりません．

また，特徴抽出処理によって取り出す特徴は，何を識別対象のクラスにするかによって異なります．たとえば音声認識では，何をしゃべっているかということに関係のある特徴を，誰がしゃべっているかということに関係なく取り出さなければいけません．しかし，話者認識ではその逆です．誰がしゃべっているかということに関係のある特徴を，何をしゃべっているかに関係なく取り出さないといけないのです．同じ音声を対象にしていても，識別対象が異なれば，取り出すべき情報がまったく違うわけです．

一般に，一つの特徴だけで高精度な識別が行えることは，なかなかありません．たとえば，顔画像から目の部分だけを切り出した情報を用いて，それが誰であるかを見分けるのは難しいものです．人間でも人の顔を見分けるときは，髪型・顔の輪郭・肌の色などの複数の特徴を使っていると思われます．このような複数の特徴をまとめて表現する方法として，パターンの認識に使われる特徴は，一般に以下に示すような特徴ベクトルの形式で表現されます．

$$\boldsymbol{x} = (x_1, x_2, \ldots, x_d)^T \tag{1.1}$$

これは d 個の特徴の並びを表現した d 次元ベクトルです[†2]．この d 次元空間を**特徴**

†1 本書では，あるデータがどのクラスであるかを判定する処理を「識別」とよび，実世界のパターンをクラスに対応付ける処理を「認識」とよびます．すなわち「識別」とその前の何段階かの処理をまとめてた場合を「認識」とよぶこととします．

†2 ベクトル表記の肩に T とあるのは転置を意味します．特徴ベクトル $\boldsymbol{x}$ は列ベクトルで表現するのが一般的なのですが，スペースを節約するために行ベクトルで書いて転置の記号を付けています．

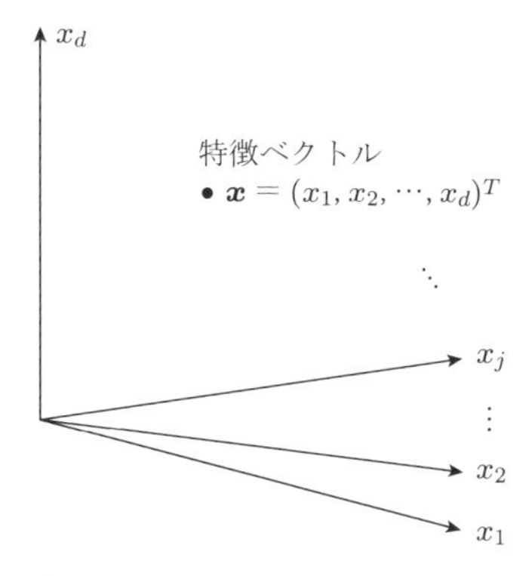

図 1.4　特徴空間と特徴ベクトル

空間とよび，$\boldsymbol{x}$ を**特徴ベクトル**とよびます．特徴ベクトルは特徴空間上の 1 点になります（図 1.4）．

この特徴ベクトルが特徴抽出部の出力です．特徴抽出処理については第 3 章で詳しく説明します．

1.5　識別部と識別辞書

パターン認識システムの最後の識別部はパターン認識処理の結果を出すところで，責任重大です．本書の第 1 部でも，説明の大半はこの識別部に関するものです．

1.5.1　基本的な識別手法

識別部は，入力された特徴ベクトルが，どのクラスに属するかを判定します．そのときに用いる情報が**識別辞書**です．識別辞書にどのような情報を格納するかに関しては，さまざまな方法があります．

もっとも基本的な方法としては，お手本となるベクトルを各クラス一つずつ格納しておき，識別したい入力をそのお手本と比較するという方法があります．このお手本となるベクトルを，**プロトタイプ**とよびます．

特徴ベクトルやプロトタイプは連続値を要素とするので，それらがぴったり一致することはあまりありません．なんらかの基準で「近い」ものを選びます．この選ばれたプロトタイプの属するクラスが，認識結果として出力されます．

まず，識別したいデータに対応する特徴ベクトルを $\boldsymbol{x}$ とします．これは特徴抽出部の出力で，式 (1.1) で示した d 次元ベクトルです．

次に，識別したいクラスが c 種類あるとして，それらをそれぞれ $\omega_1, \omega_2, \ldots, \omega_c$ と

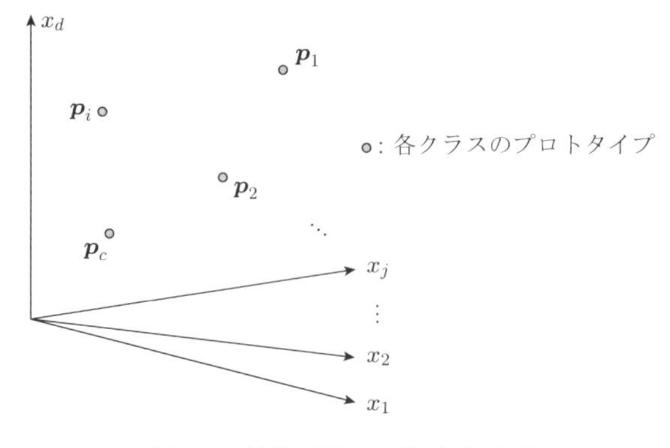

図 1.5 特徴空間上のプロトタイプ

表します．プロトタイプはそれぞれのクラスに対応して一つずつ用意される d 次元ベクトルで，それぞれ $\boldsymbol{p}_1, \boldsymbol{p}_2, \ldots, \boldsymbol{p}_c$ と表します（図 1.5）．

ここで，特徴ベクトル $\boldsymbol{x}$ がどのクラスに識別されるかを判定する方法として，$\boldsymbol{x}$ と各クラスのプロトタイプ $\boldsymbol{p}_1, \boldsymbol{p}_2, \ldots, \boldsymbol{p}_c$ との距離を測り，一番近いプロトタイプ $\boldsymbol{p}_i$ が属するクラス ω_i を正解とする方法が考えられます（図 1.6）．この方法を**最近傍決定則**（nearest neighbor 法，以後 **NN 法**）とよびます．NN 法の詳細については第 4 章で解説します．

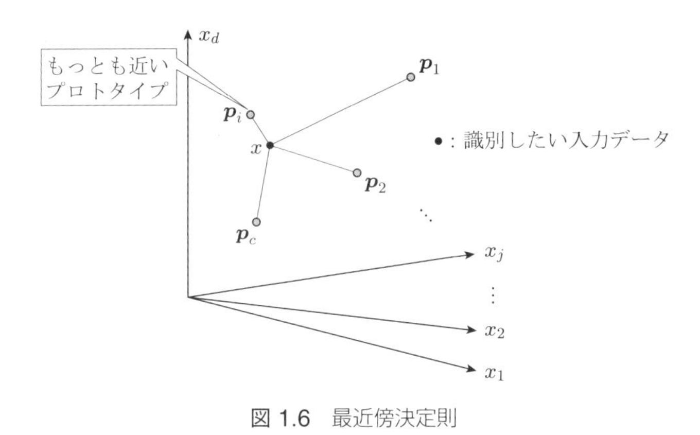

図 1.6 最近傍決定則

1.5.2 識別辞書の中身

識別部が参照する識別辞書の中にはプロトタイプの情報が入っています．それでは，プロトタイプの位置はどうやって決めればよいのでしょうか．一般に，パターン認識では多くのサンプルを集めて，その情報からプロトタイプの位置を決めるという方法が用いられています．

たとえば，手書き数字認識の場合は，何人かに数字を書いてもらって，その特徴ベクトルと，それがどのクラスに属するかという情報（**正解クラスラベル**）を記録しておきます．このデータを使って識別部を賢くしてゆくので，このようなデータを**学習データ**とよびます．

特徴抽出部が識別に必要な特徴をうまく取り出せているとすれば，同じクラスに属する学習データは，書いた人のクセで多少ばらつきはあったとしても，特徴空間上でひとかたまりになっているはずです．このようなかたまりのことを**クラスタ**とよびます．それぞれのクラスに対応するクラスタの中から，プロトタイプとして代表的なものを一つずつ選ぶものとします．

ただし，適当にクラスタの真ん中あたりを選べばよいかというと，そうではありません．

例として，2 次元の特徴空間における 2 クラスの識別問題を考えてみましょう（図 1.7(a)）．NN 法は入力された特徴ベクトル $\boldsymbol{x}$ を，近いほうのプロトタイプが属するクラスに分類するので，これは，特徴ベクトル $\boldsymbol{x}$ がプロトタイプから等距離にある線，すなわち垂直二等分線[†1] のどちら側であるかを判定していることになります．したがって，プロトタイプの位置を決めるということは，クラス間の境界を決めるという問題に等しくなります（図 1.7(b)）．以後，この境界のことを**識別面**[†2] とよびます．

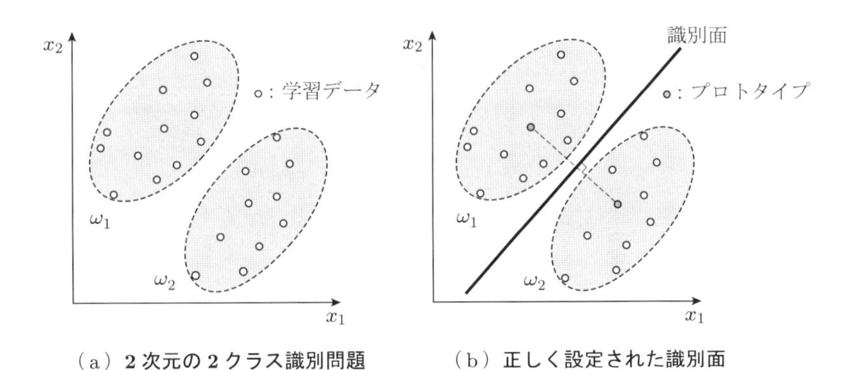

（a）**2 次元の 2 クラス識別問題**　（b）**正しく設定された識別面**

図 1.7　プロトタイプと識別面の関係

図 (b) のようにプロトタイプの位置を決めることができれば，学習データをすべて正しく識別する識別面を求めることができます．しかし，プロトタイプの位置がまずければ，図 1.8 のように間違った識別面が設定されてしまうかもしれません．

---

†1　一般に d 次元では，2 点間の垂直二等分 $d-1$ 次元超平面になります．

†2　2 次元の特徴空間を考えている際には，識別「面」とよぶとわかりにくくなる場合があるので，決定境界とよばれることもあります．

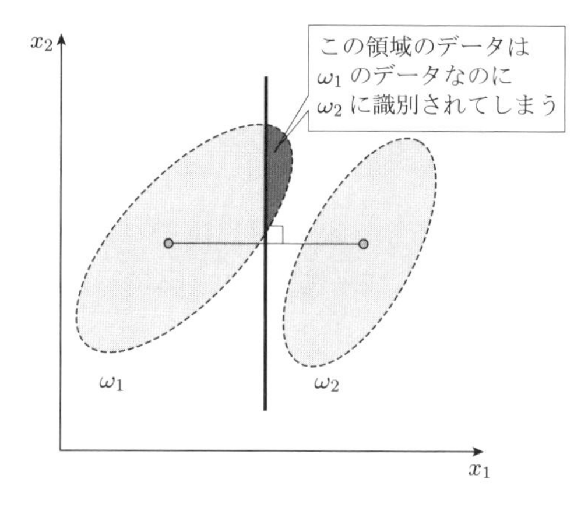

図 1.8 間違った識別面の例

すべての学習データをきれいにクラスごとに分けるように識別面を決めるにはどうすればよいのでしょうか.

実は，パターン認識でもっとも難しいのは，この識別面をどう決めるかということなのです．識別面は平面になるのか，またはぐにゃぐにゃした非線形曲面になるのか，そもそも識別面が決められるのか（クラスが重なっていないか）など，さまざまな場合を考えなければなりません．この識別面を決めるために，学習データを利用します．一般に，学習データが多ければ多いほど識別面は信用できるものになります．しかし，識別するクラスがどのように特徴空間に分布しているのかという情報を使い，そしてその分布に適した学習方法を選ばなければ，いくらデータがたくさんあってもうまくゆかないこともあります．

例題 1.1 図 1.9(a) に示す 25 次元ベクトル（要素が 0（白），1（黒）からなる縦 5 マス×横 5 マス = 25 次元）をプロトタイプとして，図 1.9(b) に示す入力パターンがどのクラスに識別されるかを，最近傍決定則（NN 法）を用いて求めよ．また，この結果が直観と反する場合，なぜそのような結果になったかを考察せよ．

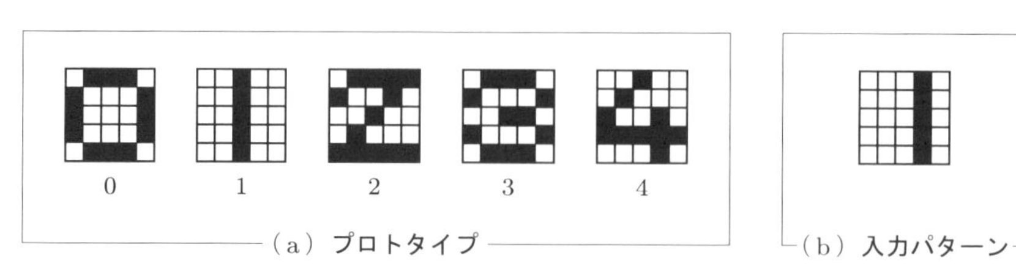

図 1.9 数字認識用のデータ

▷解答例 ここでは0から4の数字認識を行う場合を考えます.

本来は，図 (a) に並んでいる0から4のパターンに対して特徴抽出処理を行ってプロトタイプを求めなければならないのですが，ここではその処理を省略して，前処理部からの出力そのものをプロトタイプとします．すなわち，この例ではプロトタイプ $\boldsymbol{p}_i$ $(i = 0, 1, 2, 3, 4)$ は25次元のベクトル（各次元の要素は0または1）になります.

たとえば，$\boldsymbol{p}_0$ は次のようになります.

$$\boldsymbol{p}_0 = (0, 1, 1, 1, 0, 1, 0, 0, 0, 1, 1, 0, 0, 0, 1, 1, 0, 0, 0, 1, 0, 1, 1, 1, 0)^T$$

この前提で，図 (b) の入力パターン $\boldsymbol{x}$ がどのクラスに識別されるかをNN法で求めてみましょう．入力パターンはどう見ても「1」に見えます．さて，これが正しく識別されるでしょうか.

ベクトル $\boldsymbol{x}$ と $\boldsymbol{p}_i$ との距離 $D(\boldsymbol{x}, \boldsymbol{p}_i)$ は以下の式で求められます.

$$D(\boldsymbol{x}, \boldsymbol{p}_i) = \sqrt{(x_1 - p_{i1})^2 + (x_2 - p_{i2})^2 + \cdots + (x_{25} - p_{i25})^2}$$

ここで各次元の要素の差の2乗は，0または1となります．したがって，距離最小のプロトタイプは，入力パターンと異なるマス目の数が最小のものだということになります.

入力パターンと異なるマス目を数えたものを以下の表1.1に示します.

表 1.1

クラス	0	1	2	3	4
異なるマス目の数	13	10	12	11	9

したがって，入力パターンは「4」と識別されます.

これは明らかに直観に反します．なぜ，こんな結果が出たのでしょう．NN法は役に立たないのでしょうか.

この原因は，NN法にあるのではなく，特徴抽出処理を省略したことにあります．この場合は特徴抽出処理として，位置の変動や大きさの変動に対してあまり変化しない量を計算して，それを特徴ベクトルにするべきだったのです．特徴抽出後にNN法を適用する手順は，本章の演習問題を参照してください.

ここまででパターン認識処理の概要はつかめたでしょうか．ずいぶん簡単だと思われたかもしれません．しかし，ここではうまくゆく場合だけを単純化して説明しています．現実のデータを対象にして実際にパターン認識プログラムを作成すると，さまざまな「うまくゆかない場合」に遭遇します．その困難を偉大な先人研究者たちはどのようにして乗り越えてきたのかを以後の章で説明します．お楽しみに.

演習問題

1.1 図 1.9(a) のプロトタイプから，縦・横・斜めの線の数およびループの数を特徴として抽出せよ．ただし，縦・横・斜めの線とは，それぞれの方向に黒のマスが三つ以上続いた場合を数える．また，ループは縦・横・斜めのいずれかで黒のマスが途切れずに輪になっているものを数える．

1.2 演習問題 1.1 で抽出した特徴ベクトルを新たなプロトタイプとして，例題 1.1 の入力パターンを識別せよ．

第2章

データをきちんと取り込もう

ここでは，パターン認識システムにおけるデータの取込み口である前処理部（図2.1）でどのようなことが行われているか説明します．

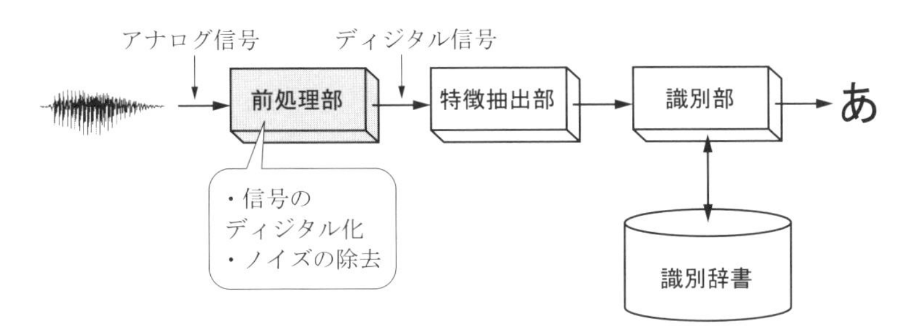

図 2.1　前処理部の位置付け

パターンの前処理には (1) アナログ信号のディジタル化と，(2) ノイズを除去して特徴抽出をしやすくする処理があります．順に詳しく見てゆきましょう．

2.1 アナログ信号のディジタル化

アナログ信号のディジタル化の際には，認識に必要な情報は保持しつつ，かつ，できるだけデータ量を小さくするということが重要でした．では，情報を保持しつつどこまでデータ量を小さくできるのでしょうか．具体的に考えてみましょう．

2.1.1 アナログ信号は波である

音声は空気の疎密波です．マイクで取り込まれて，図 2.2 に示すような横軸を時間，縦軸を音の大きさとする 2 次元の波になります．

実は画像も波とみなすことができます．まず，濃淡画像（白黒写真）を例に説明します．濃淡画像には真っ白なところもあれば，ちょっと灰色がかったところ，真っ黒なところもあります．その色の濃さを，たとえば真っ白を 0 cm，真っ黒を 10 cm の高さで表現し，その間のさまざまな灰色はその濃さに従って高さを割り当ててゆくも

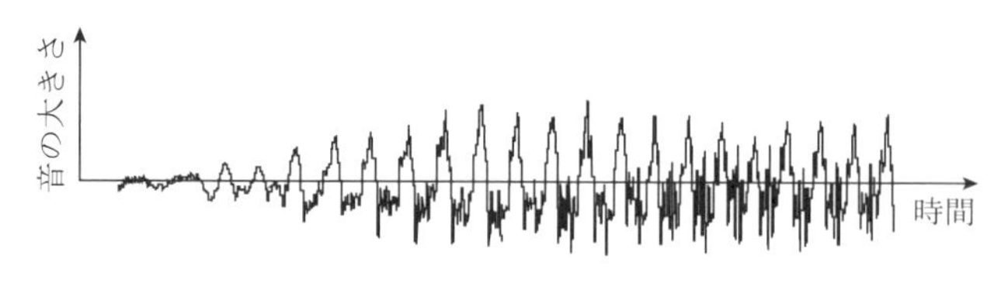

図 2.2　音データの表現

のとします．そうすると2次元の濃淡画像（図2.3(a)）と同じ情報が，3次元の凹凸（図2.3(b)），つまり「波」で表現できます．3次元の波というのは海面のようなものを想像するとわかりやすいと思います．

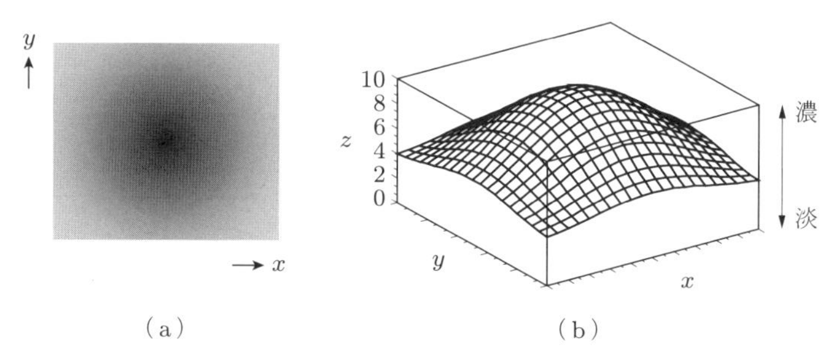

図 2.3　画像データの表現

カラー画像の場合は，赤・緑・青の三原色に分けてそれぞれで3次元の波を作り，それらを重ね合わせて1枚の画像ができていると考えます．

したがって，アナログの「波」をできるだけコンパクトにディジタル化する一般的な方法があれば，多くのパターン情報の前処理に使えそうだということがわかりました．

2.1.2　標本化と量子化

波をディジタル化するときには，**標本化**と**量子化**という考えが必要になります．図2.4に示す2次元の波で説明します．

信号の広がりを表す横軸方向のディジタル化を標本化とよびます．横軸1単位† あたりに設定する目盛りの数は**標本化周波数**とよび，Hz（ヘルツ）を単位として表します．一方，信号の強さを表す縦軸方向のディジタル化を量子化とよびます．一般に，縦軸に設定する目盛りの数は，その数を表現するために必要な2進数の桁数で表現します．この桁数を**量子化ビット数**とよび，単位はbit（ビット）を用います．それぞれ細かく設定すれば（すなわち標本化周波数・量子化ビット数を大きくすれば）それ

† 時間信号なら1単位は1秒，空間信号なら1単位は1cmや1インチが用いられます．

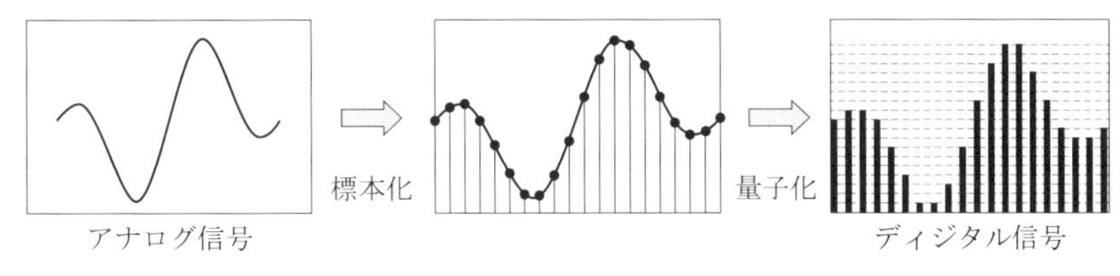

図 2.4 波のディジタル化

だけ信号が忠実に記録でき，粗く設定すればそれだけ情報が失われます．

標本化周波数の設定に関しては，**標本化定理**（サンプリング定理）という有名な定理を使います．もとの波に含まれる周波数の中でもっとも高いものを f としたときに，$2f$ より高い周波数で標本化すれば，もとの波を完全に再現できるというのがこの定理です†1．

日常生活に非常になじみの深い製品にも，この標本化定理の考えが使われています．それは CD（コンパクトディスク）です．人間の耳で聞くことのできる音の高さの範囲はおよそ 20 Hz〜20 kHz であるといわれています．実際の音信号にはもっと高い周波数の音も含まれていますが，それらは通常，人間の耳には聞こえていません．したがって，20 kHz 以下の波が忠実に再現できればよいのですから，標本化定理に従って，その倍の 40 kHz 以上の周波数で標本化すれば，人間が聞くかぎりはもとの音と同じものが再現できるということになります．CD の標本化周波数は 44.1 kHz なので，原理的には人間が聞こえる音はすべて再現できていることになります．これは音楽の場合です．音声を認識するには，8 kHz ぐらいまでの情報が取れれば十分なので，音声認識ではその倍の 16 kHz で標本化したデータがよく用いられます．

一方，量子化のほうですが，こちらには標本化定理のような理論はありません．音声や画像パターンの場合は，人間が知覚しているのと同様の情報が利用できればよいと考えられるので，標本化と同じく人間の知覚能力に合わせて考えます†2．量子化されたデータをコンピュータで扱う際には，記憶装置が無駄にならないように，量子化ビット数は一般には整数のバイト数と一致するように設定します．8 bit（$= 1$ バイト）なら $2^8 = 256$ 段階，16 bit（$= 2$ バイト）なら $2^{16} = 65,536$ 段階の離散値で実際のアナログ信号の強度を近似することができます．

例題 2.1 音可視化・編集ソフト WaveSurfer を使って，標本化周波数や量子化ビット数をさまざまに変化させて音声ファイルを保存し，音声の品質と標本化周波数・量子化ビット数の関係を調べよ．

†1 標本化定理の詳しい内容に関しては信号処理や情報理論の教科書を参照してください．情報系の学生に向けて書かれた本としては，金谷による応用数学の教科書[1]をお勧めします．

†2 演習問題 2.1 を参照してください．

▷解答例 WaveSurfer[†1] は，フリーの音可視化・編集ソフトです．第 2 部で音声の収録やラベル付けに使うので，ここで少し操作に慣れておきましょう．

起動すると，図 2.5 のウィンドウが開きます．[File] メニューから [Preferences...] を選択すると図 2.6 に示す各種設定のウィンドウが開くので，ここで標本化周波数・量子化ビット数を設定します．

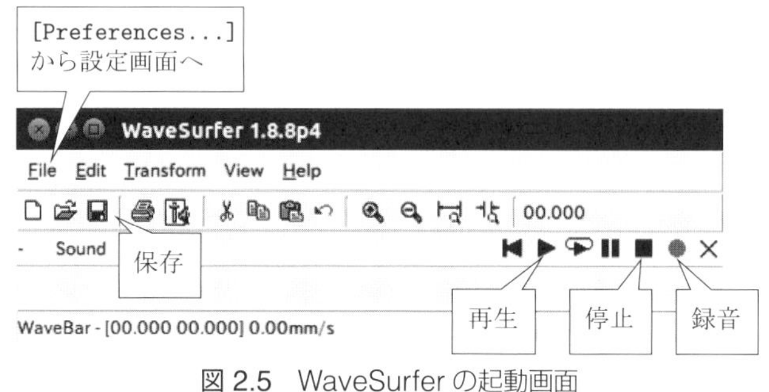

図 2.5 WaveSurfer の起動画面

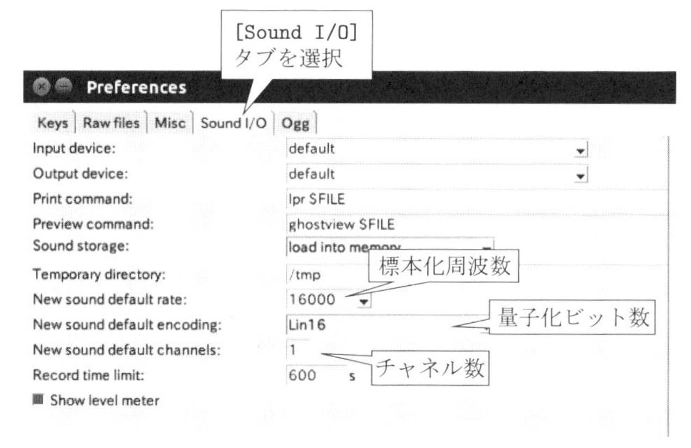

図 2.6 WaveSurfer の設定変更画面（[Sound I/O] タブ選択時）

図 2.6 のウィンドウの [Sound I/O] タブを選択し，標本化周波数（New sound default rate），量子化ビット数（New sound default encoding），チャネル数（New sound default channels）[†2] を設定します．最初は，図 2.6 のように，標本化周波数 16000（16 kHz），量子化ビット数 Lin16（16 bit），チャネル数 1 と設定してください．

そして，WaveSurfer を再起動して設定を反映させます[†3]．

†1 http://www.speech.kth.se/wavesurfer/ 本書で使用したバージョンは 1.8.8p4 です．

†2 チャネル数は 1 がモノラル，2 がステレオです．本書では音声を分析対象とするので，モノラルを示す 1 に設定しておきます．

†3 [Apply] ボタンが表示されている環境では，[Apply] ボタンを押して設定を更新します．

次に音声を録音してみましょう．図 2.5 の丸いボタンで録音開始，四角いボタンで停止です．マイクを端子に接続して，適当に 2〜3 秒録音してみます．波形が表示されれば録音成功です．

これをファイルに保存します．[File] メニューから [Save As...] を選び，.wav 形式で保存します．標本化周波数を 16000 と 8000 の 2 通り，量子化ビット数を 16 ビット（Lin16）と 8 ビット（Lin8）の 2 通り，その組合せで計 4 通りの音を録音して，聴き比べてみてください．

この実験では，量子化ビット数の設定が音質に大きく影響していることがわかります．

2.2 人の知覚に近づける

音や画像を記録して，できるだけ忠実に再現することが目的であれば，これまでの標本化・量子化の考察に基づいてアナログ信号をディジタル信号に変換すれば十分です．しかし，パターン認識システムの入力として用いるのであれば，人間がこれらの情報をどのようにして取り込んでいるのか，という観点で情報の表現法を決めるという立場もあります．近年流行している**ディープニューラルネットワーク**（第 7 章参照）によるパターン認識は，入力に対する前処理を人間の知覚と同じレベルに合わせ，そこから先の特徴抽出から識別までをすべて機械学習にまかせてしまうことによって性能向上を目指す試みであると考えることもできます．

2.2.1 音声の知覚

人間の耳は，空気の疎密波として伝わってくる音を，鼓膜の振動として受け取っています．しかし，この振動が直接脳に信号として伝わっているわけではありません．人間の耳は図 2.7 に示す巧妙な構造を利用して，音の波を，どの周波数の音がどの程度の強さで含まれているかという情報に変換して脳に伝えています．この処理を**周波**

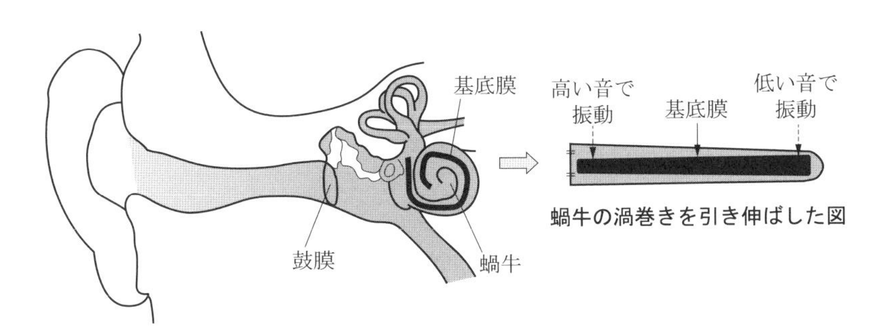

図 2.7 聴覚器官の構造

数分析とよびます.

鼓膜の振動は，蝸牛(かぎゅう)とよばれるカタツムリの殻のような形をした聴覚器官に伝えられます．蝸牛の中は，約3回転した細い管になっており，管に沿って基底膜が張られています．この基底膜は，鼓膜が捉えた音の周波数を分析する役割をもっています．基底膜は，奥へゆくほど幅が広くなっており，入ってきた音の周波数の違いによって，もっとも大きく振動する場所が変わります．管の入口近くは高い音によって振動し，奥のほうは低い音によって振動します．この振動が，周波数分析の結果として，基底膜上にある聴覚細胞に伝わります†1.

同様の処理をコンピュータで行う手順は，図2.8のようになります．まず，ディジタル化された音声信号から定常波とみなせる程度の一定長の信号を取り出します．この単位をフレームとよびます．音声認識の場合は，通常25 ms程度に設定します．信号を取り出す際には，切り出しの両端での急激な値の変化を避けるために，両端の値を0に近づけた時間窓をかけます．この25 ms幅で切り出し，時間窓をかけて両端を減衰させた音声波形に対してフーリエ変換†2を行うことで，周波数分解を行った結果が得られます．この情報を**スペクトル**とよびます．このスペクトルを得る処理を，フレームを10 ms程度ずつずらして行います．これは，人間の聴覚の時間分解能に対応しています.

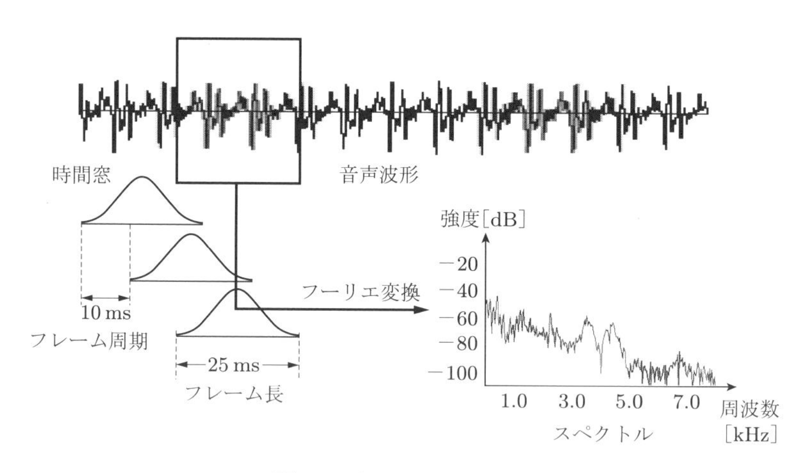

図2.8 音のスペクトル表現

†1 音の知覚に関しては日本音響学会編の小事典[2]で詳しく説明されています．また，音響学一般については，青木による入門書[3]をお勧めします.

†2 複雑な波を，周期の異なる基本的な波の重み付き和に変換する処理です．詳しくは付録A.1を参照してください.

例題 2.2 WaveSurfer を使って，音声信号のスペクトルを観察せよ．

▷解答例 WaveSurfer には，操作の目的に応じてあらかじめ必要なウィンドウが配置された「構成」がいくつか用意されています．今回は，WaveSurfer を [Speech analysis] という音声分析用の構成で起動し，音声のスペクトルを調べます．

WaveSurfer を起動後，左端の新規作成（New）アイコンをクリックします．そうすると，[Choose Configuration] というウィンドウが開きます．これが構成を選択するためのメニューです．このメニューから [Speech analysis] を選択して [OK] ボタンを押すと，図 2.9 に示す音声分析用の構成が開きます．録音ボタンを押して「あいうえお」という音声を録音して，音声分析結果を見てみましょう．

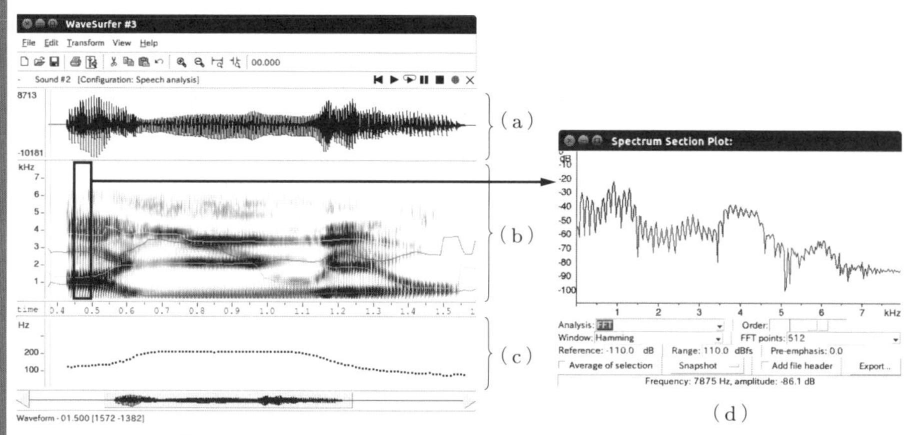

図 2.9 Speech analysis 構成の表示と「あ」のスペクトル

図 2.9(a) の表示は音声波形です．また，図 2.9(b) の表示は，スペクトルの強度の高低を濃淡に置き換えて，横軸を時間，縦軸を周波数としてプロットしたものです．この表示を**スペクトログラム**とよびます．スペクトログラムは，スペクトルが変化してゆく様子を可視化したものです．また，図 2.9(c) の表示は，声の高さ（イントネーション）を表す基本周波数です．

それでは，「あ」のスペクトルを観察してみましょう．連続して発声されているので，音素の区切りは不明確ですが，音声を再生して「あ」と聞こえる部分のスペクトログラムの適当な場所を右クリックして，[Spectrum Section Plot] を選択してください．クリックされた時間を中心としたフレームのスペクトルが，図 2.9(d) のように表示されます．

同じ手順で「い」や「う」の部分のスペクトルも表示させてみてください．詳しくは 3.1.1 項で説明しますが，人間の耳は，このスペクトルの違いを利用して音を聞き分けています．

このデータを音声認識に用いるには，もう一工夫必要です．人間の聴覚は，低周波数域では分解能が高く，高周波数域では分解能が低くなっています．低い音は少し周波数が変わっただけでその変化に気づくけれど，高い音は少しの変化では気づかない，ということです．その特性を反映させるために，図2.10に示すような，**メルフィルタバンク**とよばれる三角窓関数[†1]をスペクトルにかけます．メルフィルタバンクは，三角形の頂点が，人間の聴覚に合わせて補正されたメル周波数軸で等間隔になるように並んでいます．

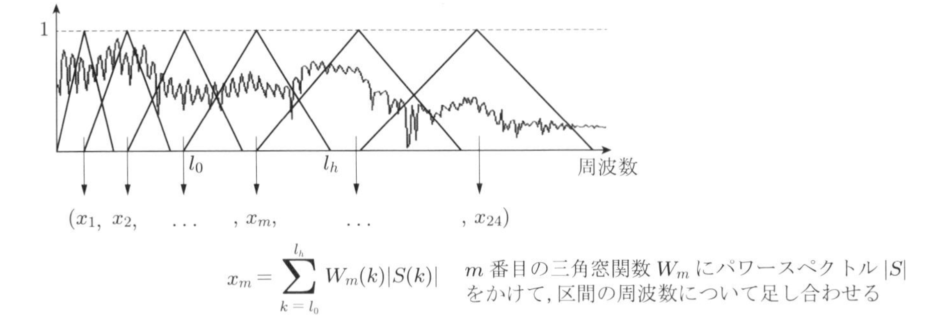

図2.10　メルフィルタバンク

2.2.2　画像の知覚

画像の知覚は，音の場合よりは単純です[†2]．目で捉えたものとカメラで捉えた情報は基本的には同じです．

図2.11に示すように，人間の目は眼球の奥の眼底に敷き詰められている視細胞で光を感じます．視細胞には，暗いときにはたらいて光を感じる杆体（かんたい）細胞と，明るいときにはたらいて色を感じる錐体（すいたい）細胞があります．さらに錐体細胞には，光の波長に

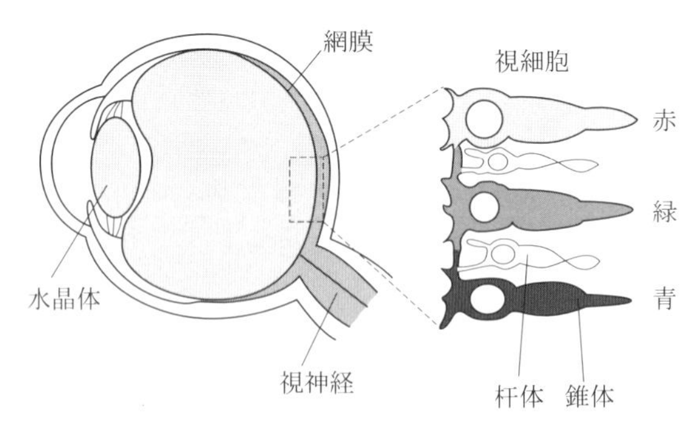

図2.11　視覚器官の構造

†1　通常は，8 kHzの帯域中に24チャネルのフィルタバンクを設定します．

†2　以下の説明は平面静止画像の場合です．立体視や動画像知覚はかなり複雑です．

よって感度が異なる赤錐体・緑錐体・青錐体があって，脳に信号を伝えています．つまり，光の三原色（RGB）が別々の 3 枚の平面情報になって取り込まれています．

このような視覚の仕組みを考えると，平面画像に関しては，図 2.12 に示すように，設定した解像度で読み込んだ信号の強さを 2 次元配列で表現したもの（カラー画像は RGB 各色ごとの 2 次元配列）を，パターン認識システムの入力としてよさそうです．

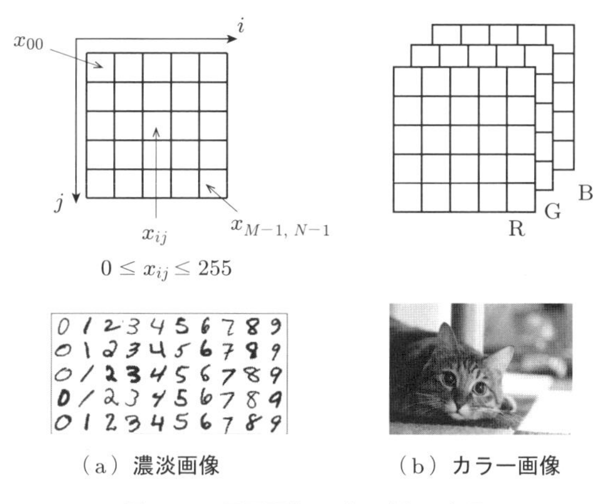

（a）濃淡画像　（b）カラー画像

図 2.12　平面画像のディジタル表現

2.3　特徴抽出をしやすくする処理

次は特徴抽出をしやすくする処理について見てゆきましょう．ひとことでいうと雑音（ノイズ）[†] を取り除く処理です．

2.3.1　音声の場合

認識したい対象のデータはいつでも理想的なものが得られるとは限りません．音の場合では，周囲の雑音などが入っているかもしれませんし，使用するマイクごとにその特性が異なります．周囲の雑音などは，もとの音声信号に重なるので**加法性の雑音**とよびます．一方，マイクの違いなどによる音声のひずみは，信号を歪めるので**乗法性の雑音**とよびます．

加法性の雑音は，周波数空間において特定の周波数の信号が足し込まれたものとみなすことができるので，なんらかの手段でこの雑音の周波数特性がわかれば，周波数空間でこれを引き算すればよいことになります．

たとえば，音声に**白色雑音**がかぶさっているものを考えます．白色雑音とは，周波

† 画像の汚れも，一般に雑音あるいはノイズとよびます．

数空間においてあらゆる周波数成分を均等に有している音であり，ラジオの受信周波数が合っていないときに聞こえる「ザー」という音に近いものです．

図 2.13(a) のスペクトルは，静かな環境で「あ」という声を録音したもので，図 2.13(b) は図 (a) に白色雑音を加えた音のスペクトルです．エアコンの運転音などの定常的な雑音が大きい部屋で「あ」を録音したものと考えてください．全体的に図 (a) より図 (b) の値が高くなっています．とくに高い周波数のところで雑音の影響が顕著に現れていることがわかります．

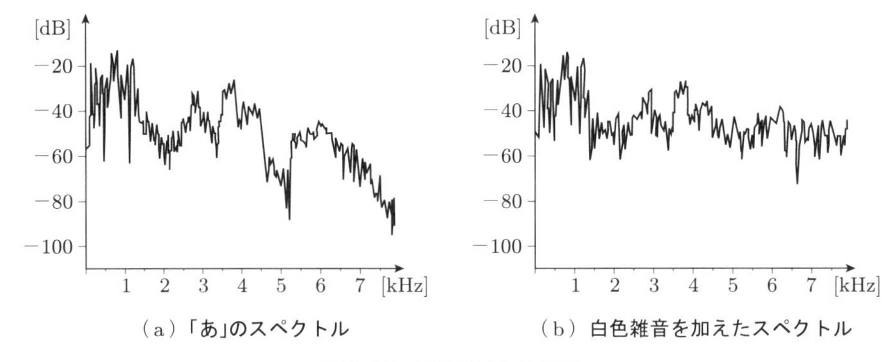

図 2.13　加法性雑音の影響

もし雑音が定常（時間に対して一定）なら，発声の前後など声の入っていない区間の情報を利用して，雑音のスペクトルを推定することができます．そして，その値を図 (b) の雑音混入後のスペクトルから引き算をすれば，図 (a) の音に近いものになります．この方法を**スペクトルサブトラクション法**といいます．ただし図 (b) の信号では，高い周波数の声の信号は雑音よりもパワーが低く，雑音にかき消されてしまっており，そこにスペクトルサブトラクション法を適用すると，もとの信号まで消してしまうことになります．しかし，比較的低い周波数の情報が残っていれば音声の識別は可能なので，このスペクトルサブトラクション法は音声認識用の雑音除去としては有効です．

一方，マイクの違いなどの乗法性の雑音は，その雑音の特性がわかれば，周波数空間で対数をとって引き算をすればよいことになります†．

2.3.2　画像の場合

デジタルカメラでは，撮像素子の感度を上げることによって少ない光でも撮影することができますが，これは電気信号の増幅度を大きくしていることになるので，熱な

† 周波数空間での割り算をしていることになります．

どによる余計な電子の発生に素子が反応して，画像中にノイズが発生する場合があります．また圧縮画像では，圧縮単位のブロック境界で色のずれが見られることがあります．このようなノイズに対しては，取り除く処理を行うか，あるいは特徴のある部分を強調することによってノイズを塗り込めてしまうような処理を行います．

一般的には，**フィルタ**とよばれる 3×3 程度の小さな画像を用意し，その画像を入力画像に対して走査しながら**畳込み演算**を行うことによって，雑音の除去や特徴を取りやすくする準備を行います（図 2.14）．

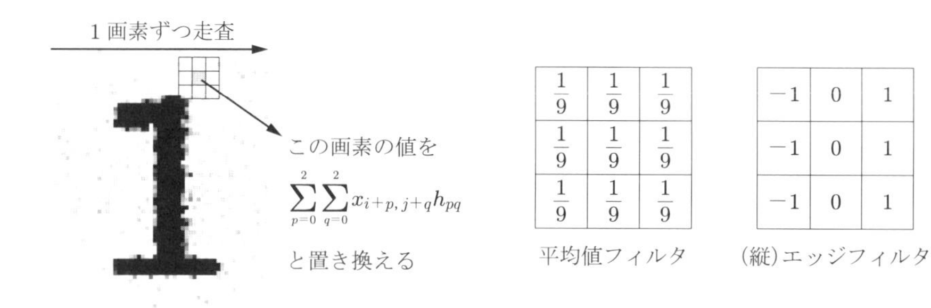

図 2.14 画像に対するフィルタの適用

図 2.12(a) のように，入力画像のサイズを $M \times N$ とします．各画素をインデックス (i, j) $(i = 0, \ldots, M-1,\ j = 0, \ldots, N-1)$ を用いて表し，その画素値を x_{ij} とします．またフィルタのサイズを $H \times H$ とし，各画素はインデックス (p, q) $(p = 0, \ldots, H-1,\ q = 0, \ldots, H-1)$ を用いて表し，その画素値を h_{pq} とします†．そうすると，入力画像中の (i, j) を左上とする $H \times H$ の領域と，フィルタとの畳込み演算は以下の式で定義されます．

$$u_{ij} = \sum_{p=0}^{H-1} \sum_{q=0}^{H-1} x_{i+p,j+q} h_{pq} \tag{2.1}$$

この u_{ij} の値を，フィルタの中心に対応する元画像の画素の値と置き換えます．この方法でノイズ（画像の汚れ）を除去することができます．中心の画素値をフィルタの範囲内の平均値で置き換える**平均値フィルタ**や，中央値で置き換える**メディアンフィルタ**は，周囲と比べて極端に値が違う画素をノイズとして除去する役割をはたします．

また，この畳込み演算は元画像中の特定のパターンを抽出する処理とみなすこともできます．畳込み演算の結果である u_{ij} は，対象としている画像の領域とフィルタの

† フィルタの画素値は，一般にフィルタ係数とよばれます．

濃淡パターンが似ているときに，大きな値になります．たとえばフィルタが縦線を表していれば，画像中の縦線とみなせる部分が高い値をもつ情報が得られます．この性質を利用したものが**エッジフィルタ**で，Prewitt フィルタや Sobel フィルタなど，フィルタ係数が異なるいくつかの方法が提案されています．

このフィルタを使う特定パターンの抽出法と，第1章の演習問題 1.1 の特徴抽出法を比較してみましょう．演習問題 1.1 の方法では，一つでも情報が欠けていれば，その特徴とはみなされません†．しかし，縦型のエッジフィルタを使った方法では，たとえば縦線の1マスが欠けていたとしても，周辺の情報から，縦線の存在を示す u_{ij} の値は比較的大きなものになることが期待できます．すなわち，より大まかな形に着目して，ノイズの影響を軽減させている処理を行っていることになります．

このような処理は，人間の脳にも見られます．哺乳類の脳には視覚野とよばれる領域があり，その中には視野内に特定のパターンが現れたときに強く反応するものがあります．この細胞のはたらきは，フィルタを用いた畳込み演算でモデル化することができます．この細胞の信号は後段の細胞に伝えられますが，この後段の細胞は，信号を一定の広さの視野の範囲でとりまとめ，多少の位置のずれを吸収する役割を果たしています．画像処理の分野で近年多く用いられている**畳込みニューラルネットワーク**は，このような生物の視覚情報処理モデルをヒントにして構築されたものです（詳細は 7.3 節を参照）．

演習問題

2.1 音の大きさの単位として用いられているデシベルの定義を調べ，音の量子化ビット数として 8 bit と 16 bit のどちらを用いるのが適当かを検討せよ．

2.2 音編集ソフト Audacity の雑音除去機能を利用し，雑音の混入した音声ファイルから雑音の除去を試みよ．

2.3 画像編集ソフト GIMP の Sobel フィルタを利用し，ノイズの混入した画像ファイルから輪郭抽出を試みよ．

---

† たとえば，縦方向に「1, 1, 0, 1, 1」と並んでいても，三つ以上1が並ぶという条件を満たさないので，これは縦線とはみなされません．

第3章 パターンの特徴を調べよう

この章では，第1章で説明したパターン認識の処理のうち，特徴抽出（図3.1）の方法について学びます．

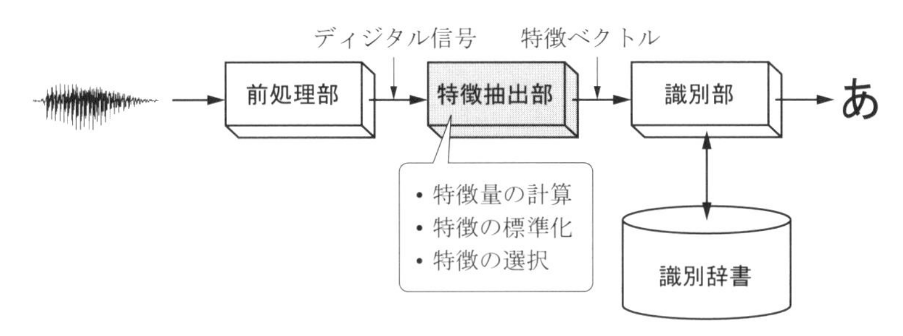

図3.1　特徴抽出部の位置付け

特徴抽出の方法を考えるときに必要なことは，どのようにしてパターンの変動に強い特徴を取り出すかということです．これは認識の対象によってその処理が異なります．ここでは音声と画像を対象として，どのような特徴が識別に役立つのかを説明します．次に，選び出した特徴のスケールを合わせる方法を説明します．スケールが合っていないと，特徴の扱いが不平等になってしまいます．最後に，特徴の次元数について考えます．一般に「特徴」というと，たくさんあるほうが認識に有利なように思えますが，本当にそうでしょうか．

3.1 変動に強い特徴とは

3.1.1 音声の場合

音声認識を行う場合，必要なものは**音素**を区別するための情報です．音素とは，言語情報を伝達するのに必要となる最小限の音の種類を表します．日本語は音素数が比較的少ない言語で，母音（a, i, u, e, o），子音（k, g, s, z, t, c, d, n, h, f, p, b, m, r, y, w），特殊音（N：撥音，Q：促音，R：長音）の20個程度です（音素の種類数

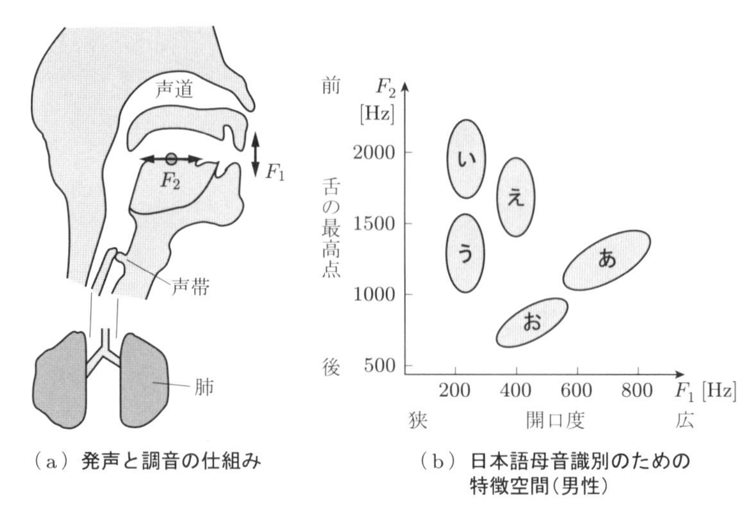

（a）発声と調音の仕組み

（b）日本語母音識別のための特徴空間（男性）

図 3.2 発声の仕組みとフォルマントの分布

は文献によって若干異なります）†1．音素の違いがどのように生じているのかを，図 3.2(a) に示す人間の発声メカニズムから解き明かしてゆきましょう．

音声は，肺から押し出された空気が，声帯の制御によってパルス波あるいは雑音になり†2，それが口と鼻からなる声道で共振して生み出されます．/a/ や /i/ といった音素の違いは，口の開き具合や舌の位置といった声道の変形から生じます．声道の形の違いは，音声波の**共振周波数**の違いとなって現れます．

共振現象は，特定の周波数の信号が，その周辺の周波数の信号と比較して強調されていることによって観測できます．したがって，音声信号をスペクトルに変換し，そのスペクトルの山（ピーク）を観測することで，共振周波数の情報が得られます．このスペクトルの山を**フォルマント**とよび，周波数の低いピークから順に第 1 フォルマント，第 2 フォルマント，…とよびます．図 2.9(b) には何本かの横線が見えますが，これは各フォルマントを結んだものです．このフォルマントの位置が音素を識別するのに有用な情報となります．

母音の例で確認しましょう．第 1 フォルマント F_1 は，口の開き具合を表します．ためしに WaveSurfer を Speech analysis 構成で起動し，/u/ → /e/ → /a/ と録音してみてください．口がだんだん開いてゆくことと，スペクトログラム領域の一番下の線（赤線）の位置が上がってゆくことが観測できます．また，第 2 フォルマント F_2 は，舌の最高点の前後位置を表します．同じく /i/ → /u/ → /o/ と録音して，舌が

†1 以後，本文中で音素記号であることを明示する場合は，/（スラッシュ）で囲んで，/a/ のように表記します．

†2 パルス波は声帯の振動をともなう有声音（母音や/m/，/g/など）の音源で，雑音は声帯の振動をともなわない無声音（/k/，/s/など）の音源になります．

だんだん奥に引かれてゆくことと，2 番目の線（緑線）が下がってゆくことが確認できます．

第 1 フォルマント F_1 を横軸，第 2 フォルマント F_2 を縦軸にとると，男性が発声した日本語の母音は図 3.2(b) のように分布します．実際のデータでは分布に若干の重なりがあるのですが，各音素は比較的きれいに分かれています．したがって，母音だけを識別するのであれば，特徴ベクトルとして，(F_1, F_2) の 2 次元ベクトルを使えばよいことがわかります．

子音の場合はもう少し複雑です．子音は唇や舌などの一連の動きから作られます．試しに可能なかぎりゆっくり「ま」といってみてください．まず唇を閉じます．次に口の中に空気を送り込みます．このとき，声にならない「んんん」という音が口の中で鳴っているのがわかりますか．次に唇を開けるときに「ま」（/ma/）の /m/ の音が出ます．しかしこの /m/ の音を長く続けようとしても母音 /a/ の音が出てきてしまいます．このようなそれぞれのプロセスで出てくる音のフォルマントの情報を系列として見たときに，どの子音かということがわかるわけです．この変化する特徴ベクトルの系列を一つのクラスに対応付けるという処理は比較的複雑になります．詳細は第 2 部の音響モデルの章で説明します．

ここで説明したフォルマントという情報（声道の形）は，声の大小（排出される空気量）・声の高低（声帯の振動数）・しゃべるスピード（声道の形を変える速さ）が全然違っても，同じ音素であれば近い値が出てきます．これが入力パターンの変動に強い特徴ということです．

フォルマントは音声の認識に有効な特徴量なのですが，図 2.9(d) のスペクトルを見るかぎりでは，波がぎざぎざしていてどこが第 1 の山なのかはっきりとはわかりません．これは，共振周波数の情報に，声の高さを表す基本周波数の情報（図 2.9(c)）が乗っているためです．共振周波数の情報はスペクトルの概形に現れるのに対して，基本周波数の情報は細かく振動する微細構造（ぎざぎざの部分）に現れます．

基本周波数は声の高さ，すなわちイントネーションを表すので，どの音素が話されたかを認識する音声認識には関係のない情報です．したがって，この情報をうまく取り除くことが必要になります．

そのため，音声認識では **MFCC** (mel frequency cepstrum coefficient) という特徴量が用いられてきました．MFCC のアイディアは，音声のスペクトルをさらにフーリエ変換して，低周波成分（スペクトルの概形）と高周波成分（イントネーション）に分け，低周波成分のみを使用するというものです．MFCC を求める手順は以下のようになります（図 3.3）．

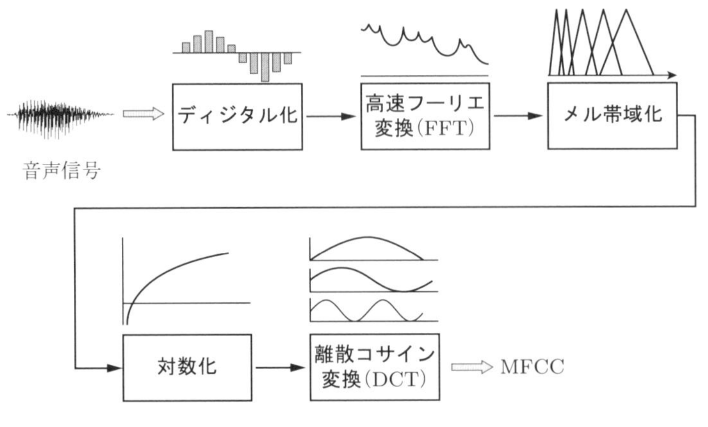

図 3.3 MFCC を求める手順

1. 第 2 章で説明したメルフィルタバンクの出力を対数化
2. その信号を離散コサイン変換
3. 離散コサイン変換の低次の係数から 12 次元分を取り出す

上記の手順で取り出した 12 次元分の係数に，音声の平均パワーを 0 次元目として加えます†．そして，子音の認識に有効な特徴である MFCC の変化量（ΔMFCC）や，変化量の変化量（ΔΔMFCC）を各次元について加えます．そうすると，結果として得られる特徴ベクトルは 26 次元や 39 次元という大きなものになります．

第 11 章で説明する HTK には，コマンド一つで音声ファイルから MFCC + ΔMFCC + ΔΔMFCC の 39 次元ベクトルを抽出する機能があります．

3.1.2 画像の場合

ここでは，車載カメラの画像を対象に，人・車・道・建物などを認識する物体認識を例として，認識に必要な情報について考えてゆきましょう．画像の変動として考えられるのは，明るさの変化，拡大・縮小，回転などです．明暗は撮影時刻や天候によって大きく変わり，対象物の大きさは距離によって変わります．これらが変化しても，車は車，人は人と認識できるような特徴を探すことが目標となります．

これらの変動に強い特徴量として，**SIFT** (scale invariant feature transform) **特徴量**があります（図 3.4）．SIFT 特徴量は以下の手順で算出します．

1. 画像をぼかす処理を，解像度を変えていくつか行い，その差の情報から認識対象

† 平均パワー自体（つまり声の大きさ）は音素の識別にあまり有効ではないのですが，平均パワーの変化量，さらに変化量の変化量は有効だということがわかっています．

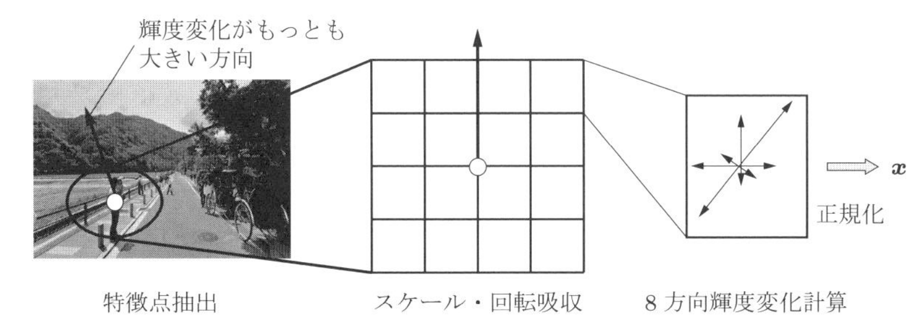

図 3.4 SIFT 特徴量を求める手順

のスケール[†1]と特徴的な点を得る．

2. 得られた特徴点に対して，周りの輝度変化がもっとも大きい方向を基準に，3. 以降の処理の方向を回転させて，回転の影響を吸収する．
3. 特徴点を中心として 16 分割された領域の 8 方向輝度変化を計算し，ベクトルとする（$16 \times 8 = 128$ 次元）．
4. 得られたベクトルを単位ベクトルに正規化することで，明るさの変化に対応する．

また，SURF (speed up robust features) 特徴量は，SIFT 特徴量に対して，スケールおよび特徴的な点の検出が高速化されたものです．

SIFT 特徴量や SURF 特徴量は，点に対する特徴量なので，同じ対象が異なった大きさ・角度で写っている 2 枚の画像に対して，角（かど）や色の変わり目などの点を基準に対応を取るような処理には，そのまま使えます．しかし，画像中に何が写っているかを識別する物体認識に適用するにはもう一工夫必要です．そこで，bag of visual words という考え方を使います（図 3.5）[†2]．まず，多くの画像から SIFT 特徴量を算出し，似ているベクトルをクラスタリングという手法を使ってまとめます．これを単語（visual word）とみなすと，同じ種類の物体が写った画像は，特定の visual word の出現頻度に関して偏りが見られます[†3]．この偏りの違いを使って物体認識を行います．

---

†1 一般的にスケールは，とりうる値の幅を表します．ここでは，認識対象である物体が，画像内でどれくらいの大きさを占めているかを表す数値と考えてください

†2 もとのアイディアは bag of words（単語の集まり）とよばれ，文書分類問題において用いられる手法です．文書中に出現しうる全単語を次元とし，各文書における個々の単語の出現頻度を値とするベクトルを作成し，これを文書の特徴とみなします．そうすると，政治・社会・スポーツなど，文書のジャンルごとに大きな値をとる次元に偏りがみられます．これを利用して文書の分類を行うことができます．

†3 たとえば，車は c_1 と c_2 の値が高い，バイクは c_1 と c_3 の値が高いというように，高い値をもつ visual word が対象ごとに異なります．

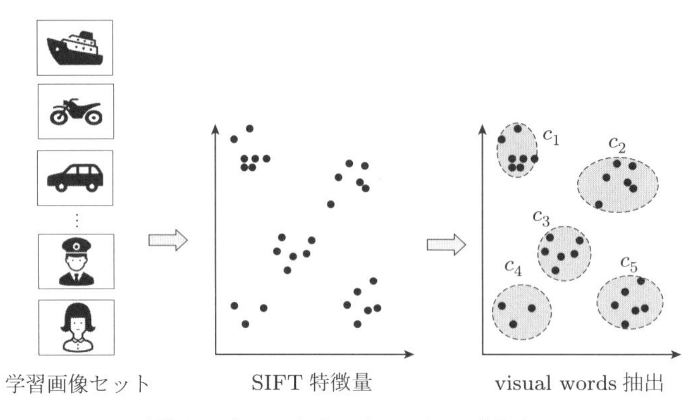

図 3.5 bag of visual words の考え方

3.2 特徴のスケールを揃える

前節で説明した特徴抽出処理によって，入力パターンに対していくつかの特徴が得られます．特徴の数を d 個とすると，特徴ベクトルは以下のような d 次元ベクトルで表現することができます．

$$\boldsymbol{x} = (x_1, x_2, \ldots, x_d)^T \tag{3.1}$$

それぞれの成分は通常，連続値をとります．前節で説明した MFCC や SIFT 特徴量は，スケールが揃うように設計されていますが，新しい問題に対して，複数の特徴を組み合わせて特徴ベクトルを構成するような場合では，各次元の単位は長さ [cm] であったり，割合 [%] であったり，濃度の段階値であったり，周波数 [Hz] であったりします．つまり，単位もスケールも異なる量が一つのベクトルとしてまとめられる可能性があるわけです．

たとえば，ここに cm 単位で表されている特徴があったとします．これを mm 単位に変更しても，その次元がもつ情報としては何も変わりません．しかし，特徴空間全体で見たときのデータの分布はまったく変わってしまう可能性があります．図 3.6(a) では○のクラスのデータと，×のクラスのデータが入り乱れていて，この特徴を使った識別はできそうにありません．しかし，縦軸の単位を cm から mm に変更した図 3.6(b) では，それぞれのクラスがきれいにまとまりを作っているように見えます．

このようなことがないように，各特徴軸のデータの広がりを揃えます．軸ごとのデータを，その軸の標準偏差† σ で割ると，分散を 1 に揃えることができます．

† それぞれのデータが平均値からどれくらい離れているかという値の平均です．計算式は付録 A.2 を参照してください．

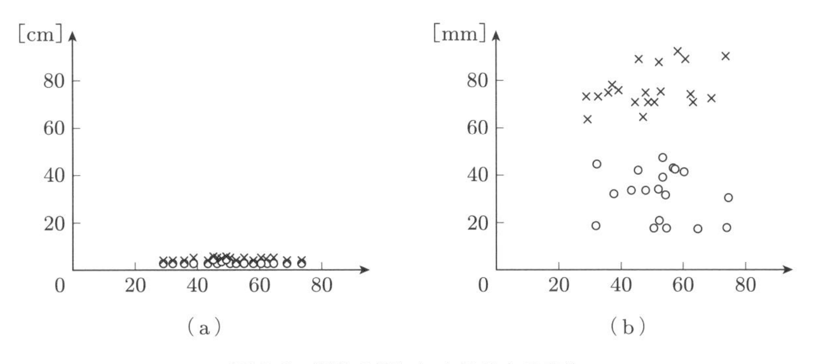

図 3.6 単位の違いによる分布の変化

また，軸ごとの平均を 0 に揃えておくことで，後の閾値処理などが単純になります．軸ごとのデータから，その軸の平均値 m を引くことで，平均を 0 にすることができます．

これら二つの処理を合わせたものを，データの**標準化**とよびます．標準化は，特徴ベクトル中の要素 x_i に対して，以下の式に従って値を変更する操作です．ただし，m_i, σ_i はそれぞれ i 番目の軸の平均値，標準偏差です．

$$x'_i = \frac{x_i - m_i}{\sigma_i} \tag{3.2}$$

例題 3.1 図 3.7 に示すデータ$\{(3,2),(3,4),(5,4),(5,6)\}$を標準化せよ．

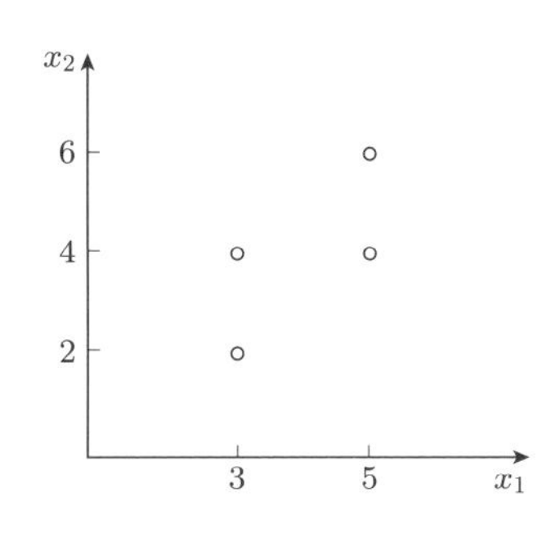

図 3.7 例題 3.1 のデータ

▷解答例 まず，各軸の平均値を求めます．x_1 軸の平均値 m_1 は，

$$m_1 = \frac{1}{4}(3+3+5+5) = 4$$

となります．同様に x_2 軸の平均値 m_2 を求めると，こちらも 4 になります．

次に，x_1 軸の標準偏差 σ_1 を求めます．

$$\sigma_1 = \sqrt{\frac{1}{4}\{(3-4)^2 + (3-4)^2 + (5-4)^2 + (5-4)^2\}} = 1$$

同様に x_2 軸の標準偏差 σ_2 を求めると $\sqrt{2}$ となります．

したがって，標準化を行った後の特徴ベクトルは，

$$\left\{\left(\frac{3-4}{1}, \frac{2-4}{\sqrt{2}}\right), \left(\frac{3-4}{1}, \frac{4-4}{\sqrt{2}}\right), \left(\frac{5-4}{1}, \frac{4-4}{\sqrt{2}}\right), \left(\frac{5-4}{1}, \frac{6-4}{\sqrt{2}}\right)\right\}$$
$$= \{(-1, -\sqrt{2}), (-1, 0), (1, 0), (1, \sqrt{2})\}$$

となります（図3.8）．

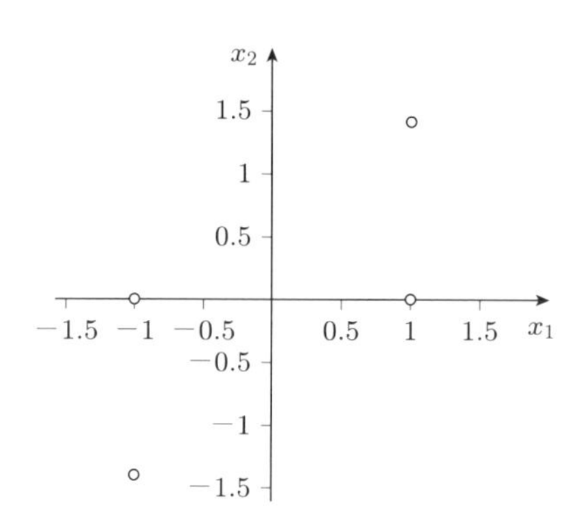

図3.8　標準化後のデータ

ここで，データの集合を行列で表す方法を導入します．次節の次元削減の説明や，次章以降の学習過程の説明で，必要な演算を行列計算で示すことによって，「各軸に対して同様の処理を繰り返し ...」のような説明が不要となり，本質的な部分に集中して理解することができます．また，行列演算を直接記述できるプログラミング言語を用いれば，数式をほぼそのままコードにすることができ，実装がより簡単になります[†1]．

いま，スケールの揃っていない d 次元データが n 個あるとします．このデータを一つの行が1件のデータを表すように並べて，以下に示す n 行 d 列の行列 $\boldsymbol{X}$ を作ります．この行列を**パターン行列**とよびます．

$$\boldsymbol{X} \stackrel{\text{def}}{=} (\boldsymbol{x}_1, \boldsymbol{x}_2, \ldots, \boldsymbol{x}_n)^T \tag{3.3}$$

パターン行列 $\boldsymbol{X}$ の列ごとの和を n で割った値[†2]を並べることで，平均ベクトル $\boldsymbol{m}$

†1 近年のディープニューラルネットワークのライブラリでも，データを行列として扱いますので，この表記に慣れておくことをお勧めします．

†2 次元ごとの平均値を求めていることになります．

を得ることができます.

$$\boldsymbol{m} = (m_1, m_2, \ldots, m_d)^T \tag{3.4}$$

また，データに対する線形変換を表現する行列を変換行列 $\boldsymbol{A}$ とします．各軸の標準偏差を 1 に揃える変換は，以下の対角行列において対角成分を $a_{ii} = 1/\sigma_i$（ただし σ_i は i 番目の軸の標準偏差）とした変換行列 $\boldsymbol{A}$ で表すことができます.

$$\boldsymbol{A} = \begin{pmatrix} a_{11} & & 0 \\ & \ddots & \\ 0 & & a_{dd} \end{pmatrix} \tag{3.5}$$

以上より，データを標準化する処理は以下の式で表すことができます.

$$\boldsymbol{X}' = (\boldsymbol{X} - \boldsymbol{M})\boldsymbol{A} \tag{3.6}$$

ただし，$\boldsymbol{M}$ は平均ベクトル $\boldsymbol{m}^T$ を n 行分複製した n 行 d 列の行列です.

例題 3.2 例題 3.1 の処理を Scilab でコーディングせよ.

▷解答例 Scilab は数値計算，とくに行列の演算を簡潔に記述することができるプログラミング言語です（詳しい使い方は付録 B 参照）．行列演算で記述された理論を，ほぼそのままコードにすることができます．ここでは関数 `mean`, `stdev`, `repmat`, `diag` を使って，式 (3.6) に対応するコードを書きます†．また，関数 `subplot` で 1 行 2 列のグラフ表示領域を作成し，2 次元グラフを表示する関数 `plot2d` を使って，変換前・変換後のデータを表示します．実行結果は図 3.9 のようになります.

コード 3.1 データの標準化 (Scilab)

```
 1 --> clear;
 2 --> X = [3, 2; 3, 4; 5, 4; 5, 6]; // 元データ
 3 --> // 元データの表示
 4 --> subplot(1, 2, 1); title('original data');
 5 --> plot2d(X(:,1), X(:,2), style=-9, rect=[-8,-8,8,8], axesflag=4);
 6 -->
 7 --> // 標準化計算 (SX = wcenter(X, 'r') としてもよい)
 8 --> [n, d] = size(X);
 9 --> SX = (X - repmat(mean(X,'r'), n, 1)) * diag(1 ./ stdev(X,'r'));
10 -->
11 --> // 標準化後のデータの表示
12 --> subplot(1, 2, 2); title('after standardization');
13 --> plot2d(SX(:,1), SX(:,2), style=-4, rect=[-2,-2,2,2], axesflag=4);
```

† Scilab には，この手順を一つの関数で行う `wcenter` 関数も用意されています.

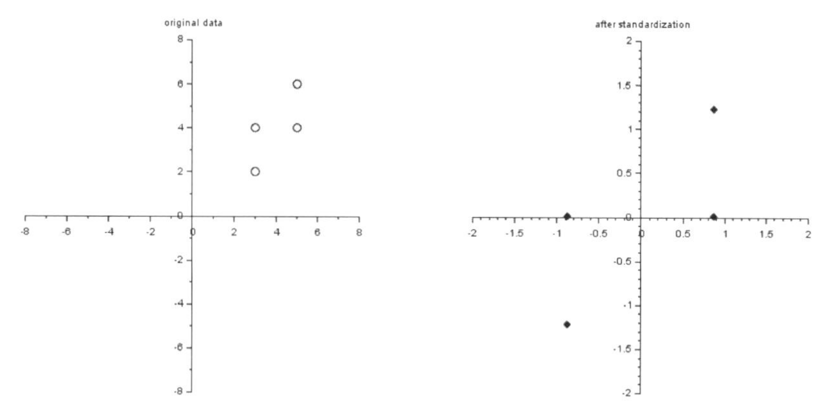

図 3.9　コード 3.1 の実行結果

stdev 関数は不偏分散を計算するので，標本分散に基づいた例題 3.1 の実行結果とは若干異なっています†．例題 3.1 と実行結果を揃えたい場合は，stdev 関数の第 3 引数（先験平均）に mean(X,'r') を指定します．こうすると，標本分散から標準偏差を求めることができます．

3.3 特徴は多いほどよいか

次は特徴の次元数について考察してみます．具体的に音声を例として考えてみましょう．

図 3.2 に示したような第 1 フォルマントや第 2 フォルマントは理論的に識別に役立つ特徴だということがわかっています．ここに基本周波数の値を入れればどうなるでしょうか．本来，声の高さと何を話すかということは無関係なはずです．しかし，学習データが少ない場合に，「あ」の音のときは声が高く，「い」の音のときは声が低いというような傾向が偶然に出てしまうかもしれません．もし，この声の高さを特徴としてしまうと，低い声で話された「あ」を識別するときに邪魔をすることになってしまいます．

すなわち，単純に「特徴は多いほどよい」とはいえないということです．

3.3.1 偶然に見つかってしまってはまずい

(1) 偶然の傾向とは

音声や文字のようにもとのパターンの性質がよくわかっていて，識別に役立つ情報

† 不偏分散と標本分散の違いは付録 A.2 を参照してください．

とそうでないものが比較的容易に区別できる場合はよいのですが，動物の鳴き声からの感情認識など，どのような特徴が識別に役立つのかがわかっていない場合もあります．そのような場合は，識別に役立つと思われる特徴をいくつか設定したうえで学習データを集めてシステムを実装し，その性能を見たうえでどの特徴が役に立つかを調べるという方法が考えられます．

しかし，そこに落し穴があります．システムを実装するために準備したデータに対して高い識別率を達成するような特徴であっても，それはデータが少ないゆえに偶然出てきた傾向に過ぎないかもしれないのです．そのような偶然の傾向は，今後システムに入力されるであろう未知データに対しては，まったく機能しないかもしれません．

特徴の次元数が多いほど，このような偶然の傾向を発見する確率は高くなります．

(2) 学習に必要なデータ数

特徴の次元数と，偶然の傾向が発見される確率の関係を調べてゆきましょう．

一般論でいうと，多次元の特徴空間上でクラス間の識別面を推定するときは，特徴空間の次元数に応じた十分多数の学習データが必要になります．このことを示すために，次元数と学習データ数との関係を考えてみます．

いま，n 個のパターンを任意に 2 クラスに分けるとします．特徴空間の次元数を d 次元とし，この d 次元空間上の n 個の点が超平面により分離される確率を $p(n, d)$ で表します．たとえば，$p(5, 2)$ であれば，2 次元平面上に 5 個の○または×を適当に置いたときに，この○と×が 1 本の直線で分離される確率を表します．次元数 d が大きければ $p(n, d)$ は 1 に近づき，パターン数 n が大きければ $p(n, d)$ は 0 に近づきます．

一般に，$p(n, d)$ と n, d は以下のような関係になります（演習問題 3.2 参照）．

$$\begin{cases} p(n,d) \fallingdotseq 1 & (n < 2(d+1)) \\ p(n,d) = \dfrac{1}{2} & (n = 2(d+1)) \\ p(n,d) \fallingdotseq 0 & (n > 2(d+1)) \end{cases} \tag{3.7}$$

これは次元数 d に対してデータ数 n が少なければ，2 クラスをきれいに分ける超平面がほぼ確実に存在することを示しています．一方，次元数 d に対してデータ数 n が多ければ，そのような超平面が「偶然に」存在する確率は 0 に近くなることを示しています．

例題 3.3 $p(4, 1) = 1/2$ となることを具体例を用いて示せ．

▷解答例 $d = 1$ なので，特徴空間は 1 次元です．この 1 次元軸上に 4 個の○または×を適当に置きます．このとき，データが重なる場合など，特殊な状況は考慮しません．距離を無視して並び順だけを考えると，○×の置き方は図 3.10(a) に示すように 16 通りになります．

四個のデータの並びが超平面により 2 クラスに分かれるということは，四個のデータの間（両端を含みます）に 1 本境界線を入れて，○だけと×だけの二つのグループに分けるということです．すべてが○やすべてが×のデータは始めからグループを作っているので，どちらかの端に境界線を入れれば分かれたことになると考えます．そうすると，1 本の境界線で二つのグループに分かれるものは図 3.10(b) に網掛けで示した 8 通りになります．したがって，$p(4,1) = 8/16 = 1/2$ が示せました．

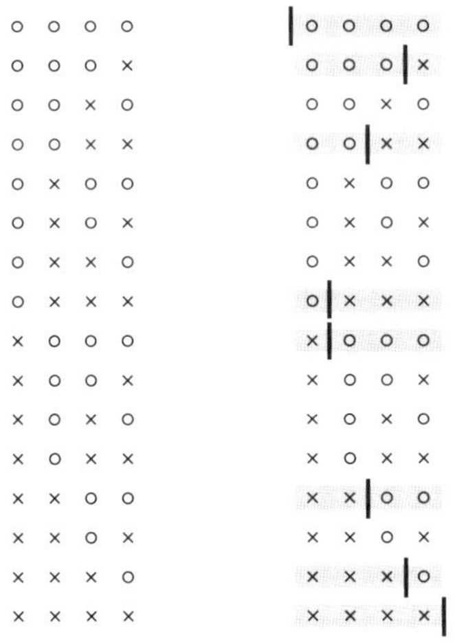

```
○ ○ ○ ○      |○ ○ ○ ○
○ ○ ○ ×       ○ ○ ○|×
○ ○ × ○       ○ ○ × ○
○ ○ × ×       ○ ○|× ×
○ × ○ ○       ○ × ○ ○
○ × ○ ×       ○ × ○ ×
○ × × ○       ○ × × ○
○ × × ×       ○|× × ×
× ○ ○ ○       ×|○ ○ ○
× ○ ○ ×       × ○ ○ ×
× ○ × ○       × ○ × ○
× ○ × ×       × ○ × ×
× × ○ ○       × ×|○ ○
× × ○ ×       × × ○ ×
× × × ○       × × ×|○
× × × ×       × × × ×|
```

（a）データの配置　（b）二つに分離可能

図 3.10　1 次元空間上の四つのデータの配置

例題 3.3 から得られた結論は，たとえば識別にまったく関係のない 1 次元量を取ってきて，その軸上に四個のデータを並べると，1/2 の確率でデータを 2 クラスに分ける超平面（1 次元なので，この場合は点）が見つかってしまうということです．ここでの議論は次元が増えても当てはまります．このようにして偶然得られた超平面を識別部の識別面として採用しても，新しく入力されるデータに対してはまったく機能しないものになるでしょう．

「まさか四つのデータで識別部を設計するようなことはありえないよ」と思われるかもしれません．しかし，音声認識では 39 次元程度の特徴量を取る場合もあることはすでに説明しました．そのときには 78 個以下の学習データではまったく同じ議論が当てはまるのです．

(3) 見つかるはずのないものが見つかった?

さて，ここまでの議論を逆の方向から見てみましょう．

特徴空間の次元数 d の数倍のデータを用意したとします．そうすると，$p(n,d)$ は限りなく 0 に近づきます．存在する確率が 0 に近いような超平面を見つけるのは不可能ではないでしょうか．

いいえ，そうではありません．「偶然に」存在する確率が小さいだけです．このような場合になんらかの方法で 2 クラスを識別する超平面が見つかったとします．そうすると，偶然ではほとんど見つからないはずのものが見つかったのですから，この超平面は「必然的に」存在しているということがいえます．つまり，根拠のある特徴量で作った空間上であるがゆえに，二つのクラスは必然的に分かれて分布しているのです（そうでなければ人間や動物がパターン認識を行えません）．したがって，この超平面による 2 クラスの分割は信頼できるものであり，新しい入力データに対しても，うまくはたらいてくれることが期待できます．

3.3.2 特徴を減らそう

ここまでの結論をまとめると，「信頼できる超平面を見つけるためにデータをたくさん用意しよう」ということになります．

しかし，現実にはたくさんの学習データを得るのは大変です．インターネット上での利用可能なデータの増大や，IoT（internet of things）対応機器の普及によって，データそのものを得るのは容易になりましたが，これを学習データとするには正解クラスラベルを人手で付ける必要があります．つまり，用意できる正解付きの学習データは通常はあまり多くはないということです．

それでもパターン認識システムを作らなければならないときはどうするか．データの個数 n が増やせないなら，特徴空間の次元数 d を減らすしかありません．

ここでは，特徴空間の次元数 d を減らすための，ひたすら力業という方法と，少しスマートな方法とを紹介しましょう．

(1) 力業で次元を減らす

ひたすら力業という方法は，d 次元空間から $\tilde{d}$ 次元（$d > \tilde{d}$）を選び出し，識別部を学習させて，どの $\tilde{d}$ 次元の特徴の組合せがよいかを総当りで調べる方法です．調べるべき組合せの数は ${}_d\mathrm{C}_{\tilde{d}}$ となります．第 9 章で詳しく説明しますが，識別部がどの程度うまく学習できたかを評価するためには，データの一部を除外して学習し，その除外したデータで性能を評価するということを繰り返します．たとえばデータを 10 分割して，そのうちの 9/10 で学習し，残りでテストをする方法を，残すデータを換えて10回繰り返す場合では，合計 $10_d\mathrm{C}_{\tilde{d}}$ 回の学習・評価実験が必要になります．

したがって，この方法は経験的に小さい次元数で識別可能であることがわかっている認識対象であれば適用可能ですが，そうでないときは適用不可能な方法です．

(2) スマートに主成分分析

一方，スマートな方法は，統計学で使われている**主成分分析**を用いる方法です．普通はやみくもに特徴を増やしてゆくと，似たような振舞いをする特徴が複数入ってきます．たとえば，2次元の特徴空間で図3.11(a)のようにデータが分布しているとしましょう．

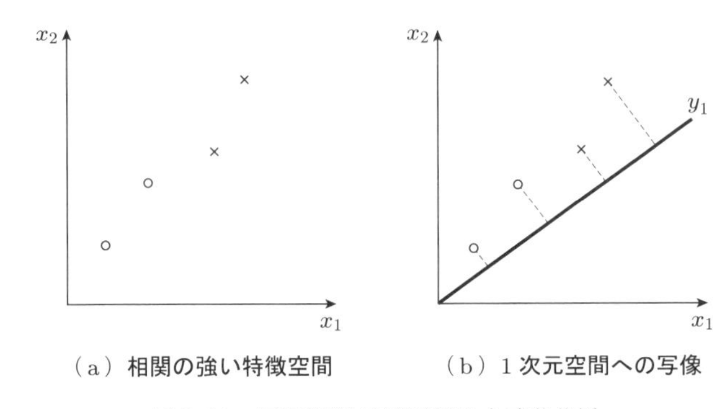

図3.11 相関の強い特徴空間と主成分分析

このように，x_1 軸の値が大きくなれば x_2 軸の値も大きくなるという傾向をもつデータを「相関が強い」といいます．そこで，図3.11(b)の太線のような y_1 軸を考え，この y_1 軸上にデータを写像します．こうしても，もとのデータの x_1, x_2 各軸上での順序や離れ具合はそれほど変わりません．そうすると，この新しい y_1 軸だけからなる1次元空間を特徴空間としても識別はうまくゆきそうです．

このように，多くの変数の値をできるだけ情報の損失なしに，1個または少数個の総合的指標（主成分）で代表させる方法を主成分分析といいます．それでは，どうしたらもっとも損失が少ない主成分を見つけることができるか見てゆきましょう．

この y_1 軸への写像は線形写像なので，変換は以下のような式で表されます．

$$y_1 = a_1 x_1 + a_2 x_2 \tag{3.8}$$

式(3.8)を一般化して，パターン行列 $\boldsymbol{X}$ と変換行列 $\boldsymbol{A}$ を用いると，主成分分析は以下のような式で表現できます．

$$\boldsymbol{Y} = \boldsymbol{X}\boldsymbol{A} \tag{3.9}$$

ここで，変換行列 $\boldsymbol{A}$ は，d 行 $\tilde{d}$ 列の行列です．このように定式化すると，問題はもとの特徴空間のデータの広がりをもっともうまく表現した小さな空間への線形写像 $\boldsymbol{A}$ を求めるということになりました．

データが，どの方向にどのくらい散らばっているかという情報は共分散行列[†1]で表すことができます．この共分散行列 $\boldsymbol{\Sigma}$ から，もとのデータがもっとも大きく広がっている方向を求めます．これは，$\boldsymbol{\Sigma}$ の最大の固有値[†2]に対応する固有ベクトルの方向になります．この方向を固定したときに，次にデータが広がっている方向は，2 番目に大きい固有値に対応する固有ベクトルとなります．すなわち，対応する固有値が大きい固有ベクトルほど，もとのデータの傾向を強く表しています．

したがって，d 次元のデータを，もっともよく情報を保存した $\tilde{d}$ 次元に変換する変換行列 $\boldsymbol{A}$ は，もとの特徴空間におけるデータの共分散行列 $\boldsymbol{\Sigma}$ の固有値と固有ベクトルを求め，大きいものから順に $\tilde{d}$ 個の固有値を選び，それぞれの固有値に対応する固有ベクトルを列として並べた行列になります．

$$\boldsymbol{A} = \begin{pmatrix} a_{11} & \ldots & a_{1\tilde{d}} \\ \vdots & \ddots & \vdots \\ a_{d1} & \ldots & a_{d\tilde{d}} \end{pmatrix} \tag{3.10}$$

ここで，

$$(a_{1i}, a_{2i}, \ldots, a_{di})^T \tag{3.11}$$

は i 番目に大きい固有値に対する固有ベクトルです．

主成分分析を用いることで，より次元数の少ない特徴空間を得ることができます．したがって，手持ちのデータ数に合わせて特徴の次元数を調整することが可能になりました．

例題 3.4　標準化後の例題 3.1 のデータに対して主成分分析を適用し，1 次元に変換する行列を求めよ．

▷解答例　まず，このデータの共分散行列を求めます．平均ベクトル $\boldsymbol{m}$ は標準化によって 0 になっているので，以下のような簡単な式で共分散行列 $\boldsymbol{\Sigma}$ が得られます．

$$\boldsymbol{\Sigma} = \frac{1}{4}\sum_{\boldsymbol{x}\in\chi} \boldsymbol{x}\boldsymbol{x}^T = \begin{pmatrix} 1 & \frac{1}{\sqrt{2}} \\ \frac{1}{\sqrt{2}} & 1 \end{pmatrix}$$

---

†1 対角成分が各軸の分散，非対角成分が軸間の相関からなる行列です．詳しくは付録 A.2 を参照してください．

†2 固有値あるいは固有ベクトルに関しては，付録 A.3 を参照してください．

ここで，χ は全データの集合です．この行列の固有方程式は

$$|\lambda \boldsymbol{I} - \boldsymbol{\Sigma}| = \begin{vmatrix} \lambda - 1 & -\dfrac{1}{\sqrt{2}} \\ -\dfrac{1}{\sqrt{2}} & \lambda - 1 \end{vmatrix} = (\lambda - 1)^2 - \frac{1}{2} = 0$$

となり，固有値は $(2+\sqrt{2})/2$ と $(2-\sqrt{2})/2$ となります．

大きいほうの固有値に対する固有ベクトルを $\boldsymbol{v} = (x_1, x_2)^T$ とすると，$(\lambda \boldsymbol{I} - \boldsymbol{\Sigma})\boldsymbol{v} = 0$ より

$$\begin{pmatrix} \dfrac{1}{\sqrt{2}} & -\dfrac{1}{\sqrt{2}} \\ -\dfrac{1}{\sqrt{2}} & \dfrac{1}{\sqrt{2}} \end{pmatrix} \begin{pmatrix} x_1 \\ x_2 \end{pmatrix} = \begin{pmatrix} 0 \\ 0 \end{pmatrix}$$

となり，$x_1 - x_2 = 0$ という関係が得られるので，固有ベクトルは $(k, k) \quad (k \neq 0)$ となります．

この場合，変換行列は $(1,1)^T$ となり，例題の 2 次元データは図 3.12 のように 1 次元に写像されます．

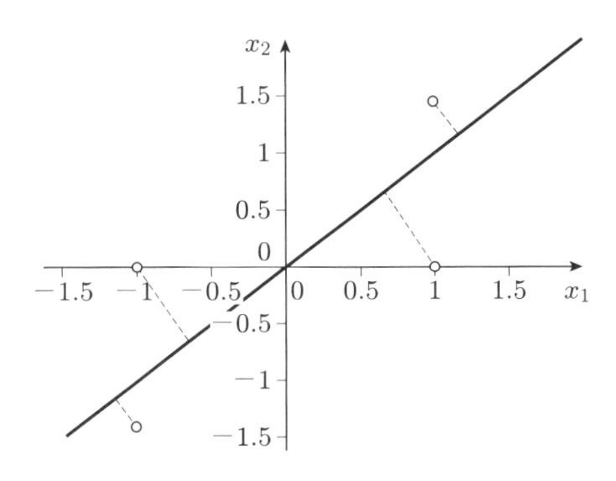

図 3.12　写像後のデータ

例題 3.5　例題 3.4 の処理を Scilab でコーディングせよ．

▷解答例　上記手順をそのままコーディングすることもできますが，少し長いコードになるので，ここでは便利な pca 関数を使います．pca 関数は，主成分分析を行いたいデータを引数とし，固有値と寄与率†，固有ベクトル行列，主成分分析結果の三つの値を返します．この主成分分析結果の $\tilde{d}$ 列目までを取ることで，次元削減が行えます．

† 寄与率とは，固有値の総和に対する，その固有値の割合です．その固有値によって設定される次元によって元データの性質のどれぐらいが説明できているのか，ということの目安になります．

コード 3.2 主成分分析 (Scilab)

```
1 --> clear;
2 --> SX=[-1, -sqrt(2); -1, 0; 1, 0; 1, sqrt(2)]; // データ
3 --> [lambda, facpr, comprinc] = pca(SX);
4 -->
5 --> // 2次元から1次元への変換
6 --> DSX = comprinc(:, 1);
7 --> plot2d(DSX, zeros(1, length(DSX)), ..
8 -->       rect=[-2,-1,2,1], style=-9, axesflag=4);
```

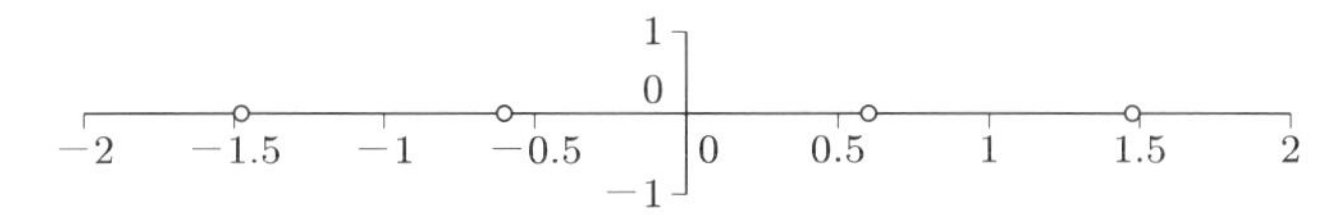

図 3.13 1次元に写像した後のデータ

演習問題

3.1 WaveSurfer でさまざまな「あ」(高い声，低い声，大きい声，小さい声) を録音し，そのスペクトルを表示して，フォルマントの位置がほぼ同じであることを確認せよ．

3.2 d 次元空間上で，n 個の学習データが偶然に超平面で分離できる確率 $p(n,d)$ は，$n > d+1$ のとき，以下の式で求めることができる．$p(6,2) = 1/2$ を確認せよ．また，この式の意味を考察せよ．

$$p(n,d) = \frac{2}{2^n} \sum_{i=0}^{d} {}_{n-1}\mathrm{C}_i$$

第4章

パターンを識別しよう

本章ではパターン認識システムでもっとも重要な構成要素である識別部（図 4.1）の処理について説明します．

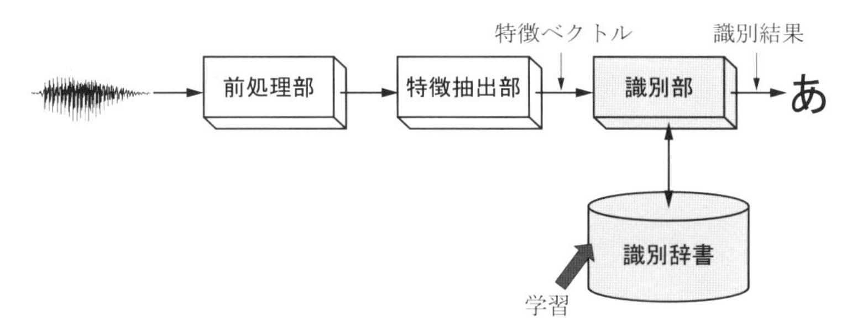

図 4.1　識別部の位置付け

最初に，第 1 章で概要を紹介した NN 法（最近傍決定則）を，記号や数式を使ってきちんと定義します．以後で他の識別手法や学習方法を議論するときに，ここで紹介する記号や数式が必要になるので，きっちりと理解しておきましょう．次に，NN 法における学習を実現する際の，もっとも基本的な方法であるパーセプトロンの学習規則を説明します．最後に，NN 法のバリエーションをいくつか紹介します．

4.1　NN 法の定式化と問題設定

NN 法とは，特徴空間上のベクトルとして各クラスのお手本となるプロトタイプを用意しておいて，入力ベクトルとプロトタイプとの距離を測り，もっとも近いプロトタイプの属するクラスを認識結果として出力するというものでした．ここでは記号や数式を使って NN 法を定式化します．

4.1.1　「もっとも近い」の定義

まず分類するクラスが c 個あるものとします．それぞれを $\omega_1, \omega_2, \ldots, \omega_c$ とします．いま，特徴ベクトルが d 次元であるとし，クラス ω_i のプロトタイプ $\boldsymbol{p}_i$ を以下のように定義します.

$$\boldsymbol{p}_i = (p_{i1}, p_{i2}, \ldots, p_{id})^T \quad (i = 1, \ldots, c) \tag{4.1}$$

また，入力ベクトル $\boldsymbol{x}$ は以下のように定義します.

$$\boldsymbol{x} = (x_1, x_2, \ldots, x_d)^T \tag{4.2}$$

この入力ベクトル $\boldsymbol{x}$ とプロトタイプ $\boldsymbol{p}_i$ との距離はどうなるでしょうか．一般に，ベクトル間の距離 $D(\boldsymbol{x}, \boldsymbol{p}_i)$ は以下のように定義できます.

$$D(\boldsymbol{x}, \boldsymbol{p}_i) = \sqrt{(x_1 - p_{i1})^2 + (x_2 - p_{i2})^2 + \cdots + (x_d - p_{id})^2} \tag{4.3}$$

ここでは通常のユークリッド距離を用いています．実は，単純にユークリッド距離を用いるのは問題があるのですが，そのことは第 8 章で説明するので，まずはここではこのように理解しておいてください.

距離の最小値を以下のように表記します．min は minimum の省略で，最小という意味です.

$$\min_i D(\boldsymbol{x}, \boldsymbol{p}_i) \quad (i = 1, \ldots, c) \tag{4.4}$$

ここで気を付けてほしいのは，識別部において本当に求めたいものは入力ベクトルと各プロトタイプとの距離そのものではなく，その距離が最小なのはどのプロトタイプか，ということです．これは以下のように表記します.

$$\arg\min_i D(\boldsymbol{x}, \boldsymbol{p}_i) \quad (i = 1, \ldots, c) \tag{4.5}$$

見慣れない記号が出てきましたね．$\arg\min$ とは argument minimum ということです．argument とは引数という意味で，関数に渡す値のことです．数学でいうと $f(x)$ の x です．C 言語などのプログラミング言語をご存知の方は，関数の引数といえばわかるでしょう．$\arg\min$ の下に小さく書いてある i が引数です．つまり，$\arg\min$ の後に書かれた式に対して，指定した引数の値をいろいろ変えたときに，その計算結果が最小になるような「引数の値」を返します．したがって，min という関数が最小値を返すのに対して，$\arg\min$ は最小値をとる引数の値を返すということになります.

4.1.2 プロトタイプと識別面の関係

さて，式 (4.5) の値を求める処理を行う識別部はいったい何をしていることになるのでしょうか．話を単純にするために，いま 2 クラスの識別問題（男性か女性か，雨が降るか降らないか，などです）を対象とするものとします．そして図で説明しやすくするために特徴ベクトルを 2 次元とします．ある特徴ベクトル $\boldsymbol{x}$ が入力されたときに，$\boldsymbol{x}$ がクラス ω_1 のプロトタイプ $\boldsymbol{p}_1$ に近いのか，クラス ω_2 のプロトタイプ $\boldsymbol{p}_2$ に近いのか，を求めたいわけです．

これは，$\boldsymbol{p}_1$ と $\boldsymbol{p}_2$ から等距離にある領域を求め，$\boldsymbol{x}$ がその領域のどちら側に入っているかを調べるということと同じです．2 次元空間上の 2 点から等距離にある領域は，その 2 点を結ぶ直線の垂直二等分線ということになります（図 4.2）．この直線を，**識別面**とよぶことにしました．図 4.2 では，特徴空間が 2 次元なので，識別面は直線になります．

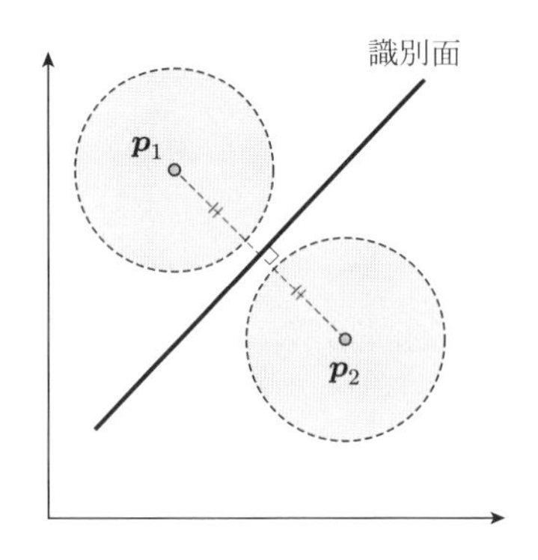

図 4.2　プロトタイプと識別面の関係

それぞれのクラスを代表するプロトタイプが決まると，特徴空間が識別面で分割できることになります．つまり NN 法においては，プロトタイプの位置を決めるということと，識別面を決めるということは同じだということです．識別面が決まった後，識別したい入力 $\boldsymbol{x}$ が識別面のどちらの空間に属するかを判定すれば，NN 法による識別ができることになります．

なお，図 4.2 のように線形の識別面でクラスが分離できるような場合を**線形分離可能**であると表現します．

例題 4.1　クラス ω_1 のプロトタイプが $\boldsymbol{p}_1 = (2, 8)$，$\omega_2$ のプロトタイプが $\boldsymbol{p}_2 = (8, 4)$ で与えられているときに，入力 $\boldsymbol{x} = (1, 6)$ は NN 法を用いるとどちらのクラスと識別されるか．また，このときの識別面の式を求めよ．

▷解答例　$\boldsymbol{x}$ と，$\boldsymbol{p}_1, \boldsymbol{p}_2$ とのユークリッド距離 D は，

$$D(\boldsymbol{x}, \boldsymbol{p}_1) = \sqrt{(1-2)^2 + (6-8)^2} = \sqrt{5}$$

$$D(\boldsymbol{x}, \boldsymbol{p}_2) = \sqrt{(1-8)^2 + (6-4)^2} = \sqrt{53}$$

で，$D(\boldsymbol{x}, \boldsymbol{p}_1) < D(\boldsymbol{x}, \boldsymbol{p}_2)$ なので，入力 $\boldsymbol{x}$ はクラス ω_1 と判定されます．

また，二つのプロトタイプの中点 (5,6) を通り，直線 $\boldsymbol{p}_1\boldsymbol{p}_2$ と直交する直線は，

$$3x_1 - 2x_2 = 3$$

となるので，これが識別面です（図 4.3）．

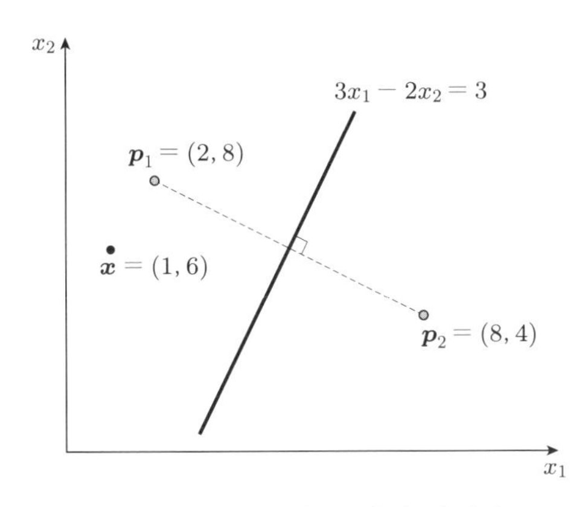

図 4.3　プロトタイプから識別面を求める

4.1.3　プロトタイプの位置の決め方

ここまでの話をまとめると，各クラスに対してプロトタイプの位置が決まれば，NN 法で識別が行えるということになります．それでは，どのようにしてプロトタイプの位置を決めればよいのでしょうか．

プロトタイプはお手本となるベクトルでした．「お手本」という言葉からは，「きれいなもの」を想像します．音声であればアナウンサーの発音がお手本になりそうです．手書き文字であれば，枠の中央にほどよい大きさで書かれたゆがみのないバランスのよい文字がお手本になりそうです．でも，パターン認識のお手本は少し違います．

一つの考え方は，多くの人の発音・多くの人の手書き文字の平均的なデータをお手本とすることです．その平均的なデータはもしかしたら「きれいな」データではないかもしれませんが，実際のデータを代表するものになりそうです．

たとえば，何人かに発音をしてもらって，ある音素に対応するクラス ω_1 のデータが図 4.4 のように特徴空間上に広がったとします．このように広がったデータの代表点といえば，たとえば $\boldsymbol{p}_1$ のような重心を考えることができます．クラス ω_2 に関しても同様に $\boldsymbol{p}_2$ が決まれば，識別面は図 4.4 のように定まります．

しかしここで，図 4.5 のような場合を考えてみてください．

データに偏りがあるため，重心の位置は各クラスの広がりの中心付近から大きくはずれてしまっています．この重心をプロトタイプとして求めた図 4.5 の識別面では，

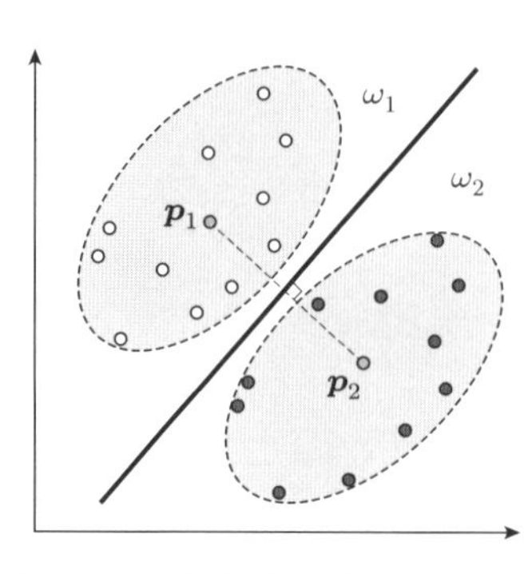

図 4.4 重心をプロトタイプにしてうまくゆく例

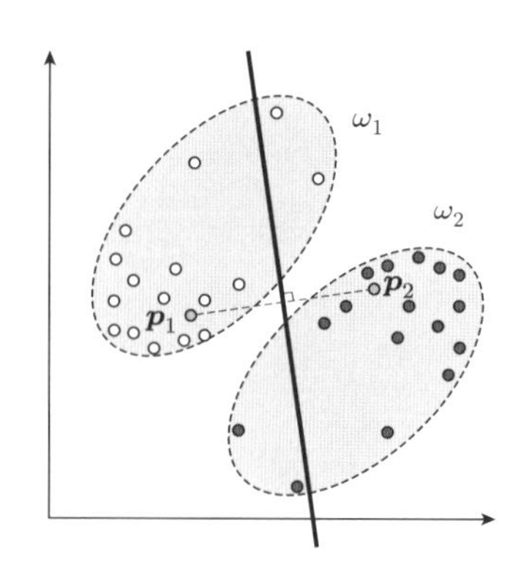

図 4.5 重心をプロトタイプにすると問題がある例

クラス ω_1 に属するいくつかのデータが ω_2 に判別され，逆にクラス ω_2 に属するいくつかのデータが ω_1 に判別されてしまいます．このような誤識別を避けるにはどうすればよいのでしょうか．

特徴空間が 2 次元で，かつデータが線形分離可能ならば，このような誤識別が起こらないような識別面を直観的に決めることはそれほど難しくないように思えます．しかし特徴空間が 4 次元以上の場合は，データが散らばっている空間が可視化できないので，直観的に識別面を決めることはできません．

したがって，学習データから識別面を求めるなんらかの機械的手続き（アルゴリズムあるいはプログラムといってもよいです）が必要になります．

4.2 パーセプトロンの学習規則

図 4.6 に，識別面を動かして，うまく識別できるようにする操作のイメージを示し

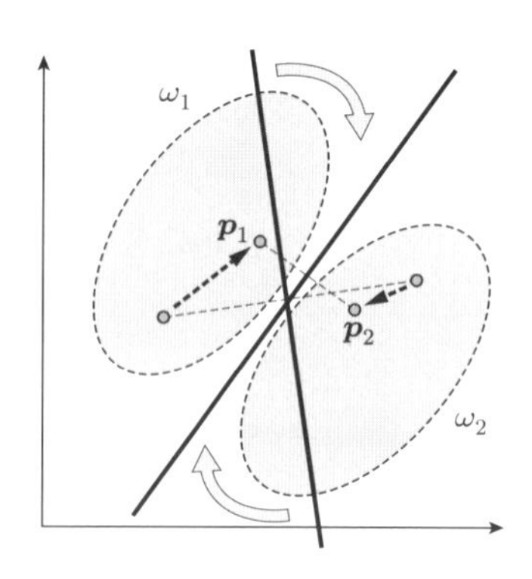

図 4.6 識別面の学習のイメージ

ます．

このようにうまく識別面を動かすことができれば，学習データが線形分離可能である場合には，誤識別をなくすことができます．このような操作を**学習**といいます．エラー（誤識別）が少なくなって，賢くなるということです．

4.2.1 識別関数の設定

学習アルゴリズムの説明に先立って，一度，多クラスの識別問題に戻って NN 法をもう少し整理しましょう．

NN 法はクラス $\omega_1, \omega_2, \ldots, \omega_c$ に対して，プロトタイプ $\boldsymbol{p}_1, \boldsymbol{p}_2, \ldots, \boldsymbol{p}_c$ を決め，入力された特徴ベクトル $\boldsymbol{x}$ との距離が最小となるプロトタイプを求めるというものでした．

距離をベクトルの要素に分解すると式 (4.3) のようになりますが，ベクトルのままで表記すると以下のようになります[†1]．

$$D(\boldsymbol{x}, \boldsymbol{p}_i) = \|\boldsymbol{x} - \boldsymbol{p}_i\| \tag{4.6}$$

式 (4.6) の右辺は距離なので 0 または正の値です．したがって，式 (4.6) の右辺を最小にする $\boldsymbol{p}_i$ は，右辺を 2 乗しても変わりません．右辺を 2 乗して展開すると以下のようになります．

$$\begin{aligned} \|\boldsymbol{x} - \boldsymbol{p}_i\|^2 &= \|\boldsymbol{x}\|^2 - 2\boldsymbol{p}_i^T \boldsymbol{x} + \|\boldsymbol{p}_i\|^2 \\ &= \|\boldsymbol{x}\|^2 - 2\left(\boldsymbol{p}_i^T \boldsymbol{x} - \frac{1}{2}\|\boldsymbol{p}_i\|^2\right) \end{aligned} \tag{4.7}$$

式 (4.7) の右辺に着目しましょう．第 1 項は $\boldsymbol{x}$ の大きさの 2 乗なので，どのプロトタイプ $\boldsymbol{p}_i$ を選んでも同じ値になります．つまり $\boldsymbol{p}_i$ を入れ替えたときの大小比較には影響しないので，以後無視します．次に第 2 項の係数 -2 でくくり出された中身を $g_i(\boldsymbol{x})$ と置きます．

$$g_i(\boldsymbol{x}) = \boldsymbol{p}_i^T \boldsymbol{x} - \frac{1}{2}\|\boldsymbol{p}_i\|^2 \tag{4.8}$$

この $g_i(\boldsymbol{x})$ をクラス ω_i の**識別関数**といいます．このようにすると，入力された特徴ベクトル $\boldsymbol{x}$ との距離が最小となるプロトタイプ $\boldsymbol{p}_i$ を求めるという問題は，識別関数 $g_1(\boldsymbol{x}), \ldots, g_c(\boldsymbol{x})$ のうち最大[†2] の $g_i(\boldsymbol{x})$ を求めるという問題になります．

---

†1 d 次元ベクトル $\boldsymbol{x} = (x_1, \ldots, x_d)$ および実数 p $(1 \leq p < \infty)$ に対して，$\|\boldsymbol{x}\|_p = \sqrt[p]{|x_1|^p + \cdots + |x_d|^p}$ を，$\boldsymbol{x}$ の L^p ノルムとよびます．$p = 2$ のとき（すなわち L^2 ノルム）は，通常の意味でのベクトルの大きさになり，$\|\boldsymbol{x}\|$ と表記されます．

†2 -2 をかけたものの最小を求めるのですから，かけられるものを最大にすればよいわけです．

すなわち，特徴ベクトル $\boldsymbol{x}$ を入力し，各クラス ω_i に対応する識別関数 $g_i(\boldsymbol{x})$ の値を計算し，その最大値をとるクラス ω_k を選択するという処理が，NN 法による識別部の実現になります（図 4.7）．

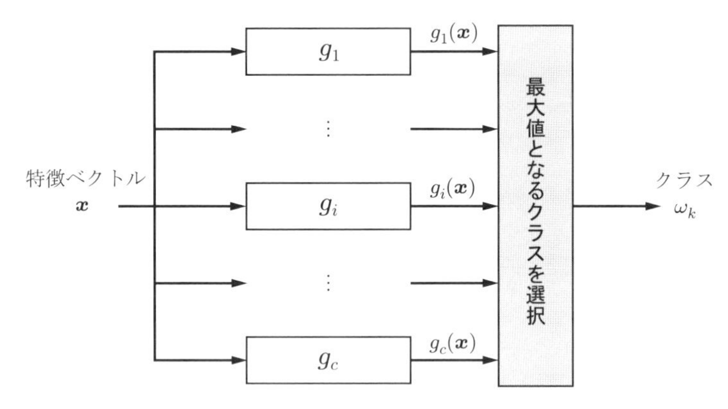

図 4.7　NN 法による識別部の実現

4.2.2　識別関数とパーセプトロン

式 (4.8) の識別関数は，特徴ベクトルの各次元の値に対して係数をかけたものの和を求め，それに定数を足した形になっています．そこで，式 (4.8) の $\boldsymbol{x}$ の係数と定数項を以下のように置き換えることで，NN 法におけるプロトタイプの位置の調整という問題を，識別関数の係数を調整する問題として捉え直します．

$$p_{ij} = w_{ij} \quad (j = 1, \ldots, d) \tag{4.9}$$

$$-\frac{1}{2}\|\boldsymbol{p}_i\|^2 = w_{i0} \tag{4.10}$$

以降，係数 w_{ij} を**重み**とよびます．重みの絶対値が大きい次元は，対応する特徴ベクトルの次元の値が少し変化しただけで，識別結果に影響を及ぼします．逆に，重みが 0 に近いと，多少値が変化しても識別結果に影響を与えません．したがって重みは，特徴ベクトルのどの次元の情報が重要なのか，ということを示しているともいえます．

重みを用いると，識別関数 $g_i(\boldsymbol{x})$ は以下のような 1 次式で表すことができます．

$$\begin{aligned} g_i(\boldsymbol{x}) &= w_{i0} + \sum_{j=1}^{d} w_{ij}x_j \\ &= \sum_{j=0}^{d} w_{ij}x_j \quad (\text{ただし } x_0 = 1) \end{aligned} \tag{4.11}$$

以後，表記を簡単にするために，$x_0 = 1$ とした $d+1$ 次元の特徴ベクトルを $\boldsymbol{x}$ とします．そうすると，識別関数は以下のように簡単に表現できます．

$$g_i(\boldsymbol{x}) = \sum_{j=0}^{d} w_{ij}x_j = (w_{i0}, \ldots, w_{id})(x_0, \ldots, x_d)^T$$
$$= \boldsymbol{w}_i^T \boldsymbol{x} \tag{4.12}$$

ただし，

$$\boldsymbol{w}_i = (w_{i0}, \ldots, w_{id})^T \tag{4.13}$$

で，これを**重みベクトル**とよびます．

式 (4.12) を計算するメカニズムは図 4.8 のように表現できます．図 4.8 は図 4.7 の識別関数 g_i を計算するブロックを実現するものです．入力の重み付き線形和計算と最大値選択機の組合せは，生物の知覚（perception）を司る神経のメカニズムを単純化した形式になっているので，このような計算機構を**パーセプトロン**とよんでいます．

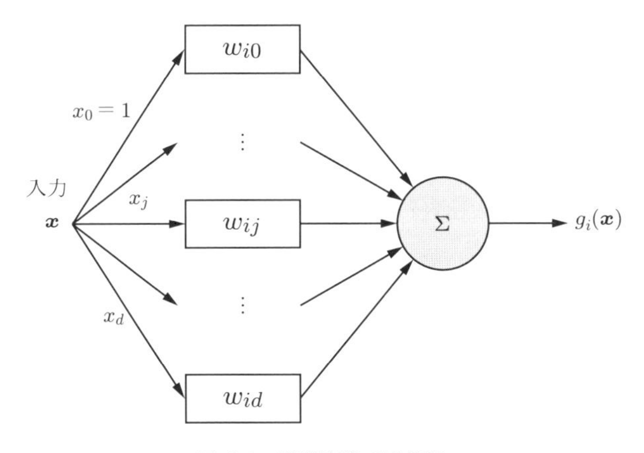

図 4.8　識別関数の計算法

4.2.3　2 クラスの識別関数の学習

線形分離可能な学習データに対して，識別関数の重み w_{ij} をうまく決めることができれば，NN 法による誤りのない識別ができます．学習データの集合を χ とし，そのうち，クラス ω_i に属するものの集合を χ_i としたときに，χ_i $(i = 1, \ldots, c)$ に属するすべての $\boldsymbol{x}$ に対して以下の式が成り立つように重みを調整します．

$$g_i(\boldsymbol{x}) > g_j(\boldsymbol{x}) \quad (j = 1, \ldots, c,\ j \neq i) \tag{4.14}$$

ここで話を 2 クラスの識別問題に戻します．

原理的には，識別関数はクラスの数だけ必要になります．しかし，2 クラスの場合には，ある入力に対する二つの識別関数の値の大小だけが問題になるので，この二つの識別関数の差をあらためて $g(\boldsymbol{x})$ と置くことで，求める識別関数を一つにすることができます．

$$g(\boldsymbol{x}) = g_1(\boldsymbol{x}) - g_2(\boldsymbol{x}) \tag{4.15}$$

式 (4.12) から，g_1, g_2 のいずれも $\boldsymbol{x}$ の 1 次式なので，その差をとった g も以下のような 1 次式で表現できます．

$$g(\boldsymbol{x}) = \boldsymbol{w}^T \boldsymbol{x} \tag{4.16}$$

$g(\boldsymbol{x}) = 0$ は，二つのクラスのプロトタイプから等距離にある点の集合に対して成立するので，すなわちこれは識別面を表す式ということになります．したがって，ここでの問題は以下の式を満たすように重み $\boldsymbol{w}$ を調整することになりました．

$$\begin{cases} g(\boldsymbol{x}) = \boldsymbol{w}^T \boldsymbol{x} > 0 & (\boldsymbol{x} \in \chi_1) \\ g(\boldsymbol{x}) = \boldsymbol{w}^T \boldsymbol{x} < 0 & (\boldsymbol{x} \in \chi_2) \end{cases} \tag{4.17}$$

ここで，適当な重みの初期値からはじめて，ある学習データに対して式 (4.17) と異なる結果が出たときのみ，重みを修正するアルゴリズムを考えます．

間違った結果を出す重みを修正すればよいということはわかりますが，どのように修正すればよいのでしょうか．これまで，特徴ベクトル $\boldsymbol{x}$ が存在する特徴空間を考えてきましたが，ここで視点を変えて重みベクトル $\boldsymbol{w}$ を要素とする**重み空間**を考えてみましょう（図 4.9）．特徴空間が d 次元ならば，重み空間は $d+1$ 次元になります

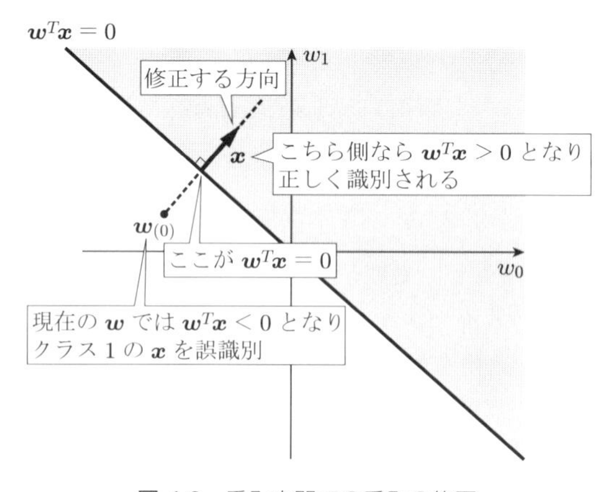

図 4.9　重み空間での重みの修正

（式 (4.13) 参照）.

重みの初期値を適当に決めるということは，重み空間上で適当な 1 点 $\boldsymbol{w}_{(0)}$ を決めるということです．そして，この重み空間で $\boldsymbol{w}^T\boldsymbol{x} = 0$ という超平面を考えます[†1]．個々の学習データ $\boldsymbol{x}$ に対してこの $\boldsymbol{w}^T\boldsymbol{x} = 0$ という超平面が一つ対応します．重み空間では，$\boldsymbol{x}$ は定数，$\boldsymbol{w}$ が変数であることに注意してください．

このとき，$\boldsymbol{w}_{(0)}$ を使って，ある学習データ $\boldsymbol{x}$ $(\boldsymbol{x} \in \chi_1)$ を識別したとします．$\boldsymbol{w}_{(0)}^T\boldsymbol{x} > 0$ であれば，正しく識別できたことになります．この場合は重みを修正する必要はありません．

一方，誤識別が起こってしまった場合，すなわち $\boldsymbol{w}_{(0)}^T\boldsymbol{x} < 0$ の場合は，$\boldsymbol{w}_{(0)}$ を修正しなければなりません．このとき，$\boldsymbol{w}_{(0)}$ を先ほど定義した超平面 $\boldsymbol{w}^T\boldsymbol{x} = 0$ の向こう側に移動させると，正しい結果が得られることになります[†2]．

$\boldsymbol{w}_{(0)}$ を超平面の向こう側に移動させる場合，方向としては超平面に垂直な方向がもっとも近道です．$\boldsymbol{x}$ は超平面 $\boldsymbol{w}^T\boldsymbol{x} = 0$ の法線ベクトルなので，超平面に垂直な方向とは，すなわち $\boldsymbol{x}$ の方向になります．

1 回の修正で無理に正しい側に移動する必要はありません．とにかく，正しい方向にさえ動いてくれれば，後はその修正を繰り返せばよいのです．別の学習データに対しても同様にその時点での重みで識別を行い，誤識別が起これば，重みを修正するという手順を繰り返します (図 4.10)[†3]．

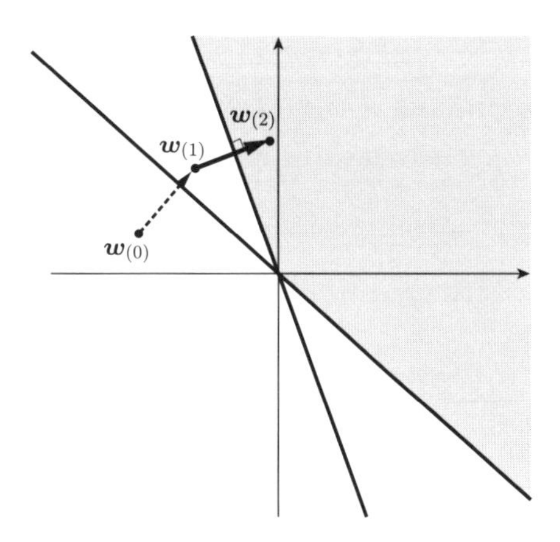

図 4.10　別の学習データに対する重みの修正

†1 識別面の式と同じですが，いま考えているのは重み空間なので，これは識別面ではないことに注意してください．

†2 超平面上に $\boldsymbol{w}_{(0)}$ を取ると $\boldsymbol{w}_{(0)}^T\boldsymbol{x} = 0$ なので，$\boldsymbol{w}_{(0)}^T\boldsymbol{x}$ の正負を反転させるためには，$\boldsymbol{w}_{(0)}$ を超平面の向こう側に移動させる必要があります．

†3 データが変われば $\boldsymbol{w}^T\boldsymbol{x} = 0$ は前のものとは異なる超平面になります．

もし，学習データが線形分離可能であれば，重み空間上ですべての学習データに対して正しい識別結果を出力する領域，すなわち**解領域**が存在します（図4.11）．ここで説明した手順は，適当な初期値から出発して，修正を繰り返しながら解領域を探すという手順になります．このとき，重みの修正幅を**学習係数**とよび，ρで表します．

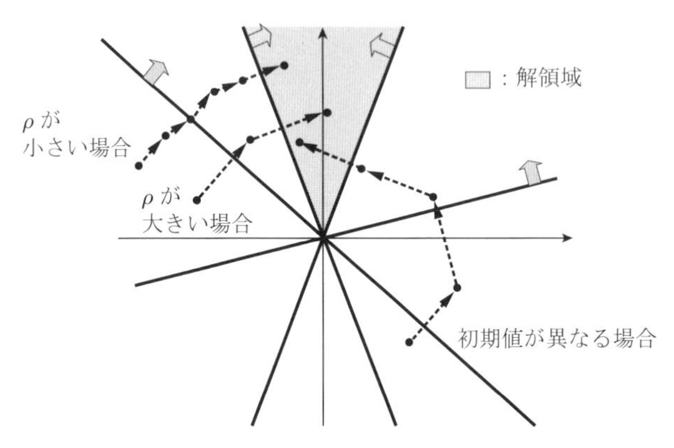

図4.11　解領域への重みの修正プロセス

4.2.4　パーセプトロンの学習アルゴリズム

これまで説明した手順をアルゴリズムとして書くと，以下のようになります．

1. 重みの初期値 $\boldsymbol{w} = \boldsymbol{w}_{(0)}$ を適当に決める．
2. 学習データの集合 χ から $\boldsymbol{x}$ を一つ選び，識別関数の値 $g(\boldsymbol{x}) = \boldsymbol{w}^T\boldsymbol{x}$ を計算する．
3. 誤識別が起こったときのみ，以下の式に従い $\boldsymbol{w}$ を修正する．

$$\boldsymbol{w}' = \boldsymbol{w} + \rho\boldsymbol{x} \quad (\omega_1\text{のデータを}\omega_2\text{と誤ったとき})$$

$$\boldsymbol{w}' = \boldsymbol{w} - \rho\boldsymbol{x} \quad (\omega_2\text{のデータを}\omega_1\text{と誤ったとき})$$

4. 2., 3. をすべての学習データについて繰り返す．
5. すべて正しく識別できたら終了．そうでなければ2. へ．

このアルゴリズムを**パーセプトロンの学習規則**といいます．もし，特徴空間上の学習データが超平面で分割できるならば，すなわち線形分離可能ならば，このパーセプトロンの学習規則は有限回の繰返しで終了します．学習係数ρが小さすぎれば収束に時間がかかりますが，逆に大きすぎても解の付近で振動してなかなか収束しないかもしれません．いずれにせよ，学習係数ρの値にかかわらず，理論的にはこのアルゴリズムは有限時間で終了します．これを**パーセプトロンの収束定理**といいます．

例題 4.2 パーセプトロンの学習規則を用いて，図 4.12 のデータから識別関数を求めよ．ただし，重みの初期値は $w_0 = 0.2$，$w_1 = 0.3$，学習係数は $\rho = 0.5$ とする．

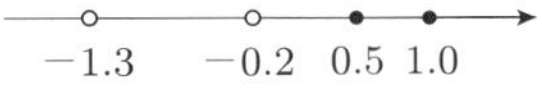

−1.3 −0.2 0.5 1.0

図 4.12 パーセプトロンの学習規則の例題
（黒丸がクラス ω_1，白丸がクラス ω_2）

▷解答例 2 クラス問題なので，識別関数は一つとします．与えられた初期値 $w_0 = 0.2$，$w_1 = 0.3$ に対応する識別関数は

$$g(\boldsymbol{x}) = \boldsymbol{w}_{(0)}^T \boldsymbol{x} = (w_0 \quad w_1) \begin{pmatrix} x_0 \\ x_1 \end{pmatrix} = 0.3x_1 + 0.2$$

となります．

この識別関数に $x_1 = \{1.0, 0.5, -0.2, -1.3\}$ （x_0は常に 1) を代入して，クラス ω_1 のデータ{1.0, 0.5}に対しては正の値，クラス ω_2 のデータ {−0.2, −1.3} に対しては負の値を出力するように x_1 の係数 (w_1) と定数項 (w_0) を調整します．

順に識別関数にデータを代入してゆくと，表 4.1 の結果が得られます．

表 4.1 学習 1 巡目

クラス	x_0	x_1	w_0	w_1	$g(\boldsymbol{x})$	判定
ω_1	1	1.0	0.2	0.3	0.5	○
ω_1	1	0.5	0.2	0.3	0.35	○
ω_2	1	−0.2	0.2	0.3	0.14	$\omega_2 \to \omega_1$
ω_2	1	−1.3	−0.3	0.4	−0.82	○

初期値の $g(\boldsymbol{x})$ は，クラス ω_1 の二つのデータに対しては正しい値を出力しています．しかし，クラス ω_2 のデータ $x_1 = -0.2$ に対して，この $g(\boldsymbol{x})$ は正の値 0.14 を出力してしまいました．すなわち，ω_2 と判定すべきところを ω_1 と判定してしまったのです．この場合，重みの修正が起こります．修正式は

$$\boldsymbol{w}' = \boldsymbol{w} - \rho \boldsymbol{x}$$

です．具体的には，

$$\begin{pmatrix} w_0 \\ w_1 \end{pmatrix} = \begin{pmatrix} 0.2 \\ 0.3 \end{pmatrix} - 0.5 \begin{pmatrix} 1.0 \\ -0.2 \end{pmatrix} = \begin{pmatrix} -0.3 \\ 0.4 \end{pmatrix}$$

となります．

この更新後の重みでクラス ω_2 の次のデータ $x_1 = -1.3$ を判定すると，今度はうまくゆきました（表 4.1 の最終行）．

さて，この時点での重みを用いて，もう一度同じことを繰り返します．今度は修正が 2

回起こりました（表4.2）.

表4.2　学習2巡目

クラス	x_0	x_1	w_0	w_1	$g(\boldsymbol{x})$	判定
ω_1	1	1.0	−0.3	0.4	0.1	○
ω_1	1	0.5	−0.3	0.4	−0.1	$\omega_1 \to \omega_2$
ω_2	1	−0.2	0.2	0.65	0.07	$\omega_2 \to \omega_1$
ω_2	1	−1.3	−0.3	0.75	−1.275	○

さらにもう1回繰り返してみましょう（表4.3）.

表4.3　学習3巡目

クラス	x_0	x_1	w_0	w_1	$g(\boldsymbol{x})$	判定
ω_1	1	1.0	−0.3	0.75	0.45	○
ω_1	1	0.5	−0.3	0.75	0.075	○
ω_2	1	−0.2	−0.3	0.75	−0.45	○
ω_2	1	−1.3	−0.3	0.75	−1.275	○

今度は四つとも正しく識別されました．したがって，得られた識別関数は

$$g(\boldsymbol{x}) = 0.75x_1 - 0.3$$

となります．$g(\boldsymbol{x}) = 0$ となる点，すなわち $x_1 = 0.3/0.75 = 0.4$ が二つのクラスの識別面になります．

例題4.3　パーセプトロンの学習規則をScilabでコーディングせよ．

▷解答例　学習データ・重みの初期値・学習係数などの必要な変数を設定した後は，上記のアルゴリズムをほぼそのままコードにすることができます．

コード4.1　パーセプトロンの学習規則 (Scilab)

```
 1 --> clear;
 2 --> X = [1.0; 0.5; -0.2; -1.3]; // 学習データ
 3 --> y = [1 1 2 2]'; // 正解クラス
 4 --> w = [0.2, 0.3]'; // 初期重み
 5 --> roh = 0.5; // 学習係数
 6 --> flag = %T; // 重みに変更があれば TRUE(%T)
 7 --> [n, d] = size(X);
 8 --> X = [ones(n, 1), X]; // x_0 軸を追加
 9 -->
10 --> while flag
11 -->    flag = %F;
12 -->    for i = 1 : n
13 -->           x = X(i, :)'
```

```
14 -->         g = w' * x;
15 -->         disp(w');
16 -->         if y(i) == 1 & g < 0
17 -->             w = w + roh * x;
18 -->             flag = %T;
19 -->         elseif y(i) == 2 & g > 0
20 -->             w = w - roh * x;
21 -->             flag = %T;
22 -->         end
23 -->     end
24 --> end
25 --> printf("Results: w0 = %6.3f, w1 = %6.3f\n", w(1), w(2));
```

まず，コード内の初期値で識別関数が求まることを確認してください．次に，重みの初期値や学習係数を変更して，解答に至るプロセスを確認してみてください．

4.3 区分的線形識別関数と k-NN 法

4.3.1 平面で区切れない場合

パーセプトロンの学習規則は特徴空間上の学習データが線形分離可能ならば識別面を発見してくれます．それでは図 4.13(a) のように，分離はしているけれど超平面一つ（この場合は直線 1 本）で区切れないような場合はどうすればよいでしょうか．

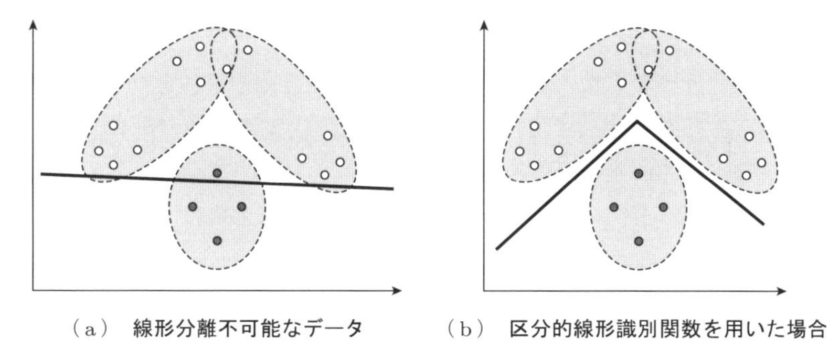

（a） 線形分離不可能なデータ　　（b） 区分的線形識別関数を用いた場合

図 4.13 線形分離可能ではないケース

答えは，識別面を非線形にする（なめらかに曲げる）か，**区分的線形**（図 4.13(b)）にする（ポキッと折ってしまう）かです．区分的線形というのは，折れ曲がっているところだけが線形ではなくて，それ以外の区間は線形だということです．

以下では，NN 法の拡張とみなせる区分的線形による解決法を考えてみます．非線形識別面による解決法は第 7 章で説明します．

4.3.2 区分的線形識別関数の実現

どのようにすれば図 4.13(b) のような**区分的線形識別面**を実現できるのでしょうか．単純に考えると，区分的線形識別面は，二つの超平面（2次元の場合は2本の直線）をつなぎ合わせることでできます．一つの超平面はそれぞれのクラスのプロトタイプの垂直二等分超平面なので，プロトタイプを2組（クラス ω_1 に対して $\boldsymbol{p}_{11}$ と $\boldsymbol{p}_{12}$，クラス ω_2 に対して $\boldsymbol{p}_{21}$ と $\boldsymbol{p}_{22}$）用意すれば二つの線形識別面ができます．このうち，クラスの識別に関与するところだけをつないだものが区分的線形識別面になります（図 4.14）．

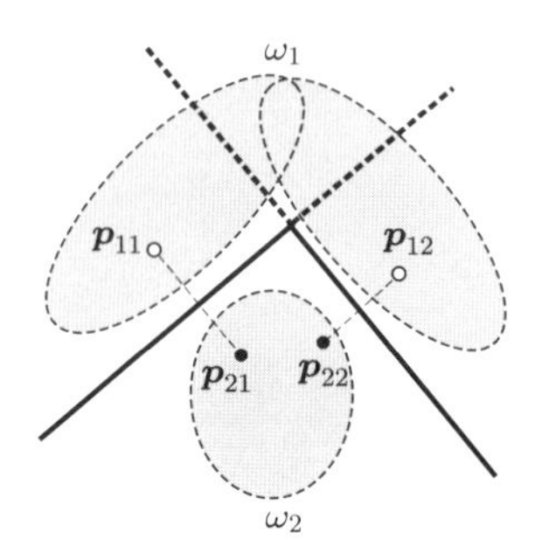

図 4.14 区分的線形識別面

この区分的線形識別面を識別関数の形で定式化しておきましょう．

あるクラス ω_i に関して，L_i 個の線形識別面をつなぎ合わせれば，他のクラスと分離できると仮定します．そのときはクラス ω_i には L_i 個のプロトタイプが必要になります．上の議論ではプロトタイプを組として表現しましたが，各クラスで数が揃っている必要はありません．あるプロトタイプにもっとも近い他のクラスのプロトタイプとの関係で，識別面の位置が決まるからです．

このクラス ω_i において，ある入力 $\boldsymbol{x}$ の識別に用いられるのは，$\boldsymbol{x}$ にもっとも近いプロトタイプです．したがって，これまでの NN 法の議論をこのクラス内でそのまま適用すると，クラス ω_i における L_i 個のプロトタイプに対応する**副次（線形）識別関数** $g_i^{(l)}(\boldsymbol{x})$ $(l = 1, \ldots, L_i)$ を定義し，このクラスの識別関数 $g_i(\boldsymbol{x})$ を L_i 個の副次識別関数の最大値として表すということになります．このようにして選ばれた各クラスの識別関数 $g_1(\boldsymbol{x}), \ldots, g_c(\boldsymbol{x})$ のうち，最大値をとる識別関数が $g_k(\boldsymbol{x})$ なら，入力 $\boldsymbol{x}$ はクラス ω_k に識別されることになります．

これは，まず各クラスで入力 $\boldsymbol{x}$ にもっとも近いプロトタイプを選んで（予選のようなものです），各クラスから勝ち上がってきたプロトタイプの中からさらにもっとも近いものを選ぶ（決勝戦です）ようなものです．ブロック図で示すと図 4.15 のようになります．

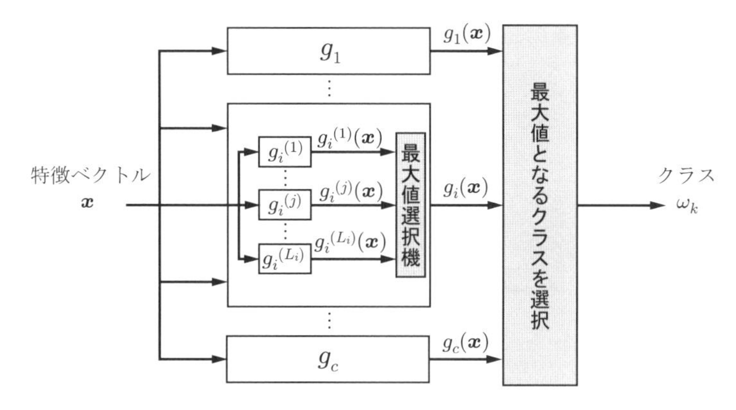

図 4.15 区分的線形識別関数を用いた識別器

4.3.3 区分的線形識別関数の識別能力と学習

この区分的線形識別関数の能力を考えてみましょう．プロトタイプの数，すなわち副次識別関数の数を増やせば，何回でも識別面を曲げることができます．何回でも曲げられるということは，理論上は，非線形な曲面を任意の精度で近似できるということです．すなわち，学習データがどんな複雑な分布をしていても，とにかく分かれてさえいれば識別面を決めることができるということです．

特徴空間が 2 次元ならば，データを 2 次元平面上にプロットすることによって，そのような境界を決めることができます．しかし，一般の d 次元ではそういうわけにはゆきません．したがって，パーセプトロンのときのような学習アルゴリズムが必要になります．しかし，結論からいうと，そのような学習は一般には難しいことがわかっています．

区分的線形識別関数の学習は，**副次識別関数の個数** L_i（すなわち何回曲げればクラスが分離できるか）と，それらの**重み**の両方を学習しなければなりません．各副次識別関数の重みの学習は（それぞれを別のクラスと考えてしまうことによって）パーセプトロンの学習規則で可能なのですが，その学習と並行して副次識別関数の個数を学習することは困難です．副次識別関数の個数を変えると，重みの学習をやりなおすことになりますが，必要な副次識別関数の個数は重みの学習が終わってみないとわからないからです．重みの学習が終わるかどうかはその個数の副次識別関数で十分かどうかにかかっているわけですから，何だか鶏が先か，卵が先かのような話になってしまいます．

つまり，区分的線形識別関数は理論上は非常に識別能力が高いけれど，そのような識別面を学習によって定めることが難しいという結論になります．

4.3.4 学習をあきらめるのも一手 —k-NN 法

それでは，図 4.13(b) のような場合は，識別器を作ることはできないのでしょうか．

いいえ，大丈夫です．学習ができないのなら，あきらめてしまうというのも一手です．

NN 法の原則に戻って考えてみましょう．NN 法は，入力パターン $\boldsymbol{x}$ にもっとも近いプロトタイプを選んで，そのプロトタイプが属するクラスを識別結果とするというものでした．プロトタイプはあらかじめ用意された学習データの分布から決められるものです．プロトタイプの位置は，パーセプトロンの学習規則などによって決められるもので，学習データのうちのどれか一つを選ぶわけではないのですが，学習データが十分に多いとき，そのうちの一つをプロトタイプに選ぶと考えても一般性は失いません．

このようにすると，識別面を決めることは，各クラスの学習データからプロトタイプとなるデータを一つ選ぶことになります．そして，区分線形識別面を決めるということは，クラス ω_i の学習データからプロトタイプとなるデータを L_i 個選ぶということです．学習のネックとなっているのはこの個数 L_i を決める作業でした．そこで，この L_i を ω_i の学習データの個数としてしまったらどうでしょう．すなわちすべての学習データをプロトタイプにすることを考えてみます．これは学習データからプロトタイプを選ぶという前提で実現できるもっとも複雑な識別面です（図 4.16 実線）．

しかし，学習データの分布を見てみると，クラスの境界としてはもう少しなめらかな形のほうがよさそうに思えます．そこで，これまで用いてきた一番近いプロトタイプのクラスを識別結果とする方法（1-NN 法とよびます）ではなく，3 番目に近いデータまでを取り，その多数決でクラスを識別するものとする（3-NN 法とよびます）と，図 4.16 の破線のような少しなめらかな識別面になります．

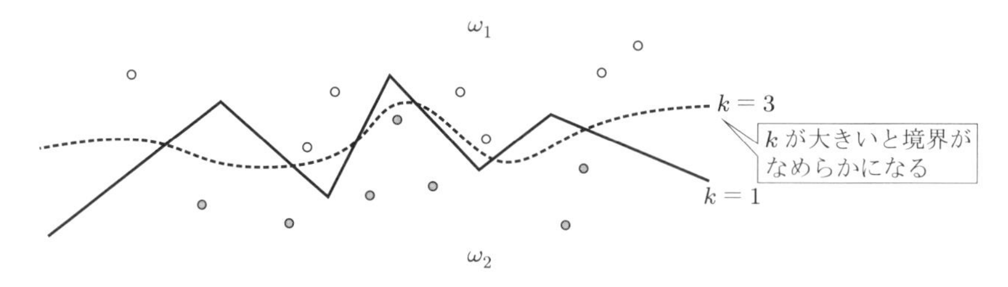

図 4.16 1-NN 法と 3-NN 法の違い

このように，入力に対して k 番目に近いデータまでを求め，その結果によってクラスを識別するものを **k-NN 法**とよびます．一般に，k が大きいほど識別面はなめらかになる傾向があります．また，識別結果を決める方法は多数決だけではなく，順位による**重み付き多数決**や**スコア**（副次識別関数の値です）を基準にする場合もあります．

k-NN 法の実現は非常に簡単です．全学習データをメモリに読み込み，入力データと学習データとの距離を計算して，上位 k 個を取り出してクラスの判別を行うだけです．以前は計算機の記憶容量の制限から全学習データをメモリに読み込むことができなかったり，全データとの距離計算に膨大な時間を要していたのですが，メモリの大容量化と計算速度の向上によって，現実的なコストと計算時間で k-NN 法を実現できるようになりました．

このようなことから k-NN 法は，新たに考えた学習手法の良さを評価するための指標（**ベースライン**とよびます）として用いられることもあります．実装がきわめて簡単な k-NN 法に比べてどれぐらい優れているかということが，提案した学習手法の評価になるわけです．

例題 4.4　図 4.17 に示す学習データを用いて，3-NN 法（多数決）によって入力 $\boldsymbol{x} = (3, 4)$ を識別せよ．

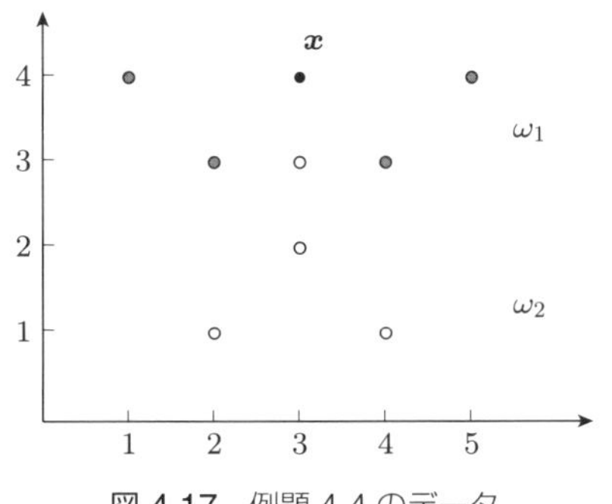

図 4.17　例題 4.4 のデータ

▷解答例　もっとも近いものは $(3, 3)$，次に近いものは $(2, 3)$ と $(4, 3)$ です．したがって，クラス ω_1 が二つ，クラス ω_2 が一つであるので，多数決をとってクラス ω_1 が識別結果となります．

例題 4.5　3-NN 法（多数決）を Scilab を用いてコーディングし，図 4.17 に示す学習データを用いて，$\boldsymbol{x} = (3, 4)$ を識別せよ．

▷解答例　まず，全学習データと $\boldsymbol{x}$ の距離をベクトル `dist` に格納します．そして，`dist` を昇順にソートし，並べ替え結果の添字情報（`gsort` 関数の二つ目の戻り値）の上位 k 個を取得し，多数決をとります．

コード 4.2 k-NN 法 (Scilab)

```
 1 --> clear;
 2 --> X = [1,4; 2,3; 4,3; 5,4; 2,1; 3,2; 3,3; 4,1]; // 学習データ
 3 --> y = [1 1 1 1 2 2 2 2]'; // 正解クラス
 4 --> k = 3;
 5 --> x = [3, 4]'; // 入力
 6 --> [n, d] = size(X);
 7 -->
 8 --> // 入力と学習データとの距離を計算
 9 --> dist = sqrt(sum((X - repmat(x', [n, 1])).^2, 'c'));
10 -->
11 --> // 上位 k 個のクラスを取得
12 --> [A, B] = gsort(dist, 'g', 'i');
13 --> near = y(B(1 : k));
14 -->
15 --> // 多数決
16 --> [val, ind] = max(members([1, 2], near))
17 --> printf("Result: class %d", ind);
```

演習問題

4.1 例題 4.2 の識別関数の学習過程を，重み空間上で重みベクトルが変化してゆく様子を図示して追跡せよ．

4.2 特徴ベクトルが 1 次元の場合のパーセプトロンの学習規則を，表計算ソフトによって実現し，例題 4.2 の学習データに対して，さまざまな初期値・学習係数で学習が収束することを確認せよ．

4.3 例題 4.4 のデータを用いて，3-NN 法（多数決）によって入力 $\boldsymbol{x} = (2.1, 3)$ を識別し，その結果の妥当性について考察せよ．

第5章

誤差をできるだけ小さくしよう

ここまでは，学習データを誤りなく判別する識別面をどうやって得るかということを中心に考えてきました．もう一度，前章の図 4.13(a) の境界と図 4.13(b) の境界を比べてみましょう．図 (b) の境界は確かに学習データを誤りなく分離しています．しかし，学習データというのは世の中に数あるデータの中のほんの一部に過ぎません．今後，パターン認識システムの前に現れる未知データは学習データの分布に収まってくれるとは限りません．本来は，そのような未知データに対してなるべく誤りが少なくなるように識別面を決めるべきです．一概にはいえませんが，学習データに対して誤りはないけれど特化しすぎているような図 (b) よりも，学習データに対して少々の誤りはあるけれど，よりすっきり割り切った図 (a) の方が，学習データの分布から少しはずれた未知データに対しても正しく判別してくれそうです．

もう少し別の場合を考えてみましょう．特徴空間上で学習データが図 5.1 のように一部が重なり合って分布していたとします．これはもう区分的線形関数を使っても誤り 0 で識別面を決めることはできません．このような場合は，どうすればよいでしょうか．

これらの場合に適する方法として，ここでは学習データに対する識別関数の誤差を定義し，その誤差を最小にする識別面を見つける方法を紹介します．

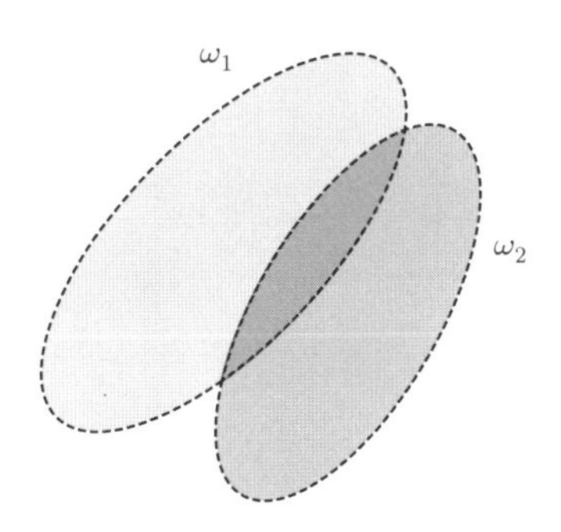

図 5.1　分離ができない場合

5.1 誤差評価に基づく学習とは

ここでは，区分的線形関数のような，誤識別数が0になるような複雑な識別面ではなく，超平面として定義できる単純な識別面を仮定し，識別関数の値と望ましい値との誤差を最小にする方法を考えてゆきます．この方法のよいところは，線形識別不可能な場合でも学習が可能だということです．

まず，学習データの集合 χ を定義します．

$$\chi \stackrel{\text{def}}{=} \{\boldsymbol{x}_1, \ldots, \boldsymbol{x}_n\}$$

この中から，p 番目のデータ $\boldsymbol{x}_p$ を取り出します．いま，クラス数を c とし，それらを超平面で分離すると仮定すると，各クラスに一つずつ線形識別関数が定まります．学習データ $\boldsymbol{x}_p$ に対して c 個の識別関数の値を並べると以下のようになります．

$$g_1(\boldsymbol{x}_p), \ldots, g_c(\boldsymbol{x}_p)$$

次に，これらの識別関数の望ましい出力値 b_{ip} を決めます．これを**教師信号**とよびます．$\boldsymbol{x}_p$ がクラス ω_i に属するとき，$g_i(\boldsymbol{x}_p)$ の値が他のすべての識別関数の値と比較して大きい値になればよいわけです．このような条件を満たす教師信号はいくつも考えられますが，ここでは正解のクラスに対応する信号だけが1で，あとは0となるように設定します．

$$b_{1p}, \ldots, b_{cp} \quad (b_{ip} = 1,\ b_{jp} = 0\ (j \neq i))$$

ここで，$\boldsymbol{x}_p$ に対するクラス ω_i の識別関数の値 $g_i(\boldsymbol{x}_p)$ と教師信号 b_{ip} の値との差を誤差 ε_{ip} と定義します．

$$\varepsilon_{ip} \stackrel{\text{def}}{=} g_i(\boldsymbol{x}_p) - b_{ip} \quad (i = 1, \ldots, c) \tag{5.1}$$

誤差は + の方向にも − の方向にも出るので，その大きさを問題にするときは誤差の2乗で評価します．$\boldsymbol{x}_p$ に対する全クラスの識別関数の誤差の2乗和を J_p とすると，式(4.12), (5.1)より J_p は以下のように計算できます．

$$\begin{aligned} J_p &\stackrel{\text{def}}{=} \frac{1}{2}\sum_{i=1}^{c}\varepsilon_{ip}^2 = \frac{1}{2}\sum_{i=1}^{c}\{g_i(\boldsymbol{x}_p) - b_{ip}\}^2 \\ &= \frac{1}{2}\sum_{i=1}^{c}(\boldsymbol{w}_i^T\boldsymbol{x}_p - b_{ip})^2 \end{aligned} \tag{5.2}$$

係数の 1/2 は，あとで微分するときのためにに付けたものです．

この J_p は特定の学習データ $\boldsymbol{x}_p$ に関する識別関数の誤差を評価したものです．最終的に評価すべき誤差は，すべての学習データとの誤差の和をとったものであり，これを J とします．

$$
\begin{aligned}
J \stackrel{\mathrm{def}}{=} \sum_{p=1}^{n} J_p &= \frac{1}{2}\sum_{p=1}^{n}\sum_{i=1}^{c}\varepsilon_{ip}^2 = \frac{1}{2}\sum_{p=1}^{n}\sum_{i=1}^{c}\{g_i(\boldsymbol{x}_p) - b_{ip}\}^2 \\
&= \frac{1}{2}\sum_{p=1}^{n}\sum_{i=1}^{c}(\boldsymbol{w}_i^T\boldsymbol{x}_p - b_{ip})^2
\end{aligned} \tag{5.3}
$$

この J を最小にするように各クラスの識別関数の重み $\boldsymbol{w}_i \quad (i = 1, \ldots, c)$ を調整することが，ここで取り組む問題です．これは，誤差の 2 乗和を最小にすることで識別関数を求める方法であることから，**最小二乗法**とよばれています．

5.2 解析的な解法

ある関数が最小値（または最大値）をとるときのパラメータの値を解析的に求める問題は，高校数学の定番です．最小値を求めたい関数をパラメータで微分し，極小値となる値を求めます．式 (5.3) から，誤差 J は重み $\boldsymbol{w}_i$ の（2 次の係数が正の）2 次関数なので，極小値をとる $\boldsymbol{w}_i$ が，誤差を最小とする $\boldsymbol{w}_i$ となります．

ここで，式 (5.3) を微分しやすくするために，外側の $\sum$ をはずします．外側の $\sum$ は，全学習データに対する足し算なので，パターン行列 $\boldsymbol{X}$ を用いた行列演算に置き換えます．

$$
\boldsymbol{X} = (\boldsymbol{x}_1, \ldots, \boldsymbol{x}_n)^T \tag{5.4}
$$

また，行列演算の準備として，クラス ω_i の教師信号をすべてのデータについて並べた n 次元ベクトル $\boldsymbol{b}_i$ を以下のように定義します．

$$
\boldsymbol{b}_i \stackrel{\mathrm{def}}{=} (b_{i1}, \ldots, b_{in})^T \quad (i = 1, \ldots, c) \tag{5.5}
$$

これらの定義を用いると，式 (5.3) は以下のように表せます．

$$
J = \frac{1}{2}\sum_{i=1}^{c}\|\boldsymbol{X}\boldsymbol{w}_i - \boldsymbol{b}_i\|^2 \tag{5.6}
$$

誤差 J を重み $\boldsymbol{w}_i$ で偏微分します．

$$\frac{\partial J}{\partial \boldsymbol{w}_i} = \boldsymbol{X}^T(\boldsymbol{X}\boldsymbol{w}_i - \boldsymbol{b}_i) \quad (i = 1, \ldots, c) \tag{5.7}$$

この値が0となるものが，求める重みです．

$$\begin{aligned} &\boldsymbol{X}^T(\boldsymbol{X}\boldsymbol{w}_i - \boldsymbol{b}_i) = 0 \quad (i = 1, \ldots, c) \\ \Rightarrow\ &\boldsymbol{X}^T\boldsymbol{X}\boldsymbol{w}_i = \boldsymbol{X}^T\boldsymbol{b}_i \\ \Rightarrow\ &\boldsymbol{w}_i = (\boldsymbol{X}^T\boldsymbol{X})^{-1}\boldsymbol{X}^T\boldsymbol{b}_i \end{aligned} \tag{5.8}$$

この計算で，誤差を最小にする重み $\boldsymbol{w}_i$ を解析的に求めることができました†.

例題 5.1 最小二乗法の解析的な解法を Scilab でコーディングし，図5.2のデータから識別関数を求めよ．

−0.2
−2.0 −1.3 −0.4 0.5 1.0

図 5.2 最小二乗法の例題（黒丸がクラス ω_1，白丸がクラス ω_2）

▷解答例 重みを求めるコード（7行目）は，式(5.8)そのままです．なお，Scilab 組込みの `lsq` 関数を使っても同じことができます．

コード 5.1 最小二乗法の解析的な解 (Scilab)

```
1 --> clear;
2 --> X = [1.0 0.5 -0.2 -0.4 -1.3 -2.0]'; // 学習データ
3 --> y = [1 1 0 1 0 0]'; // 教師信号
4 --> [n, d] = size(X);
5 --> X = [ones(n, 1), X]; // 特徴ベクトルに 0 次元目を追加
6 -->
7 --> w = inv(X' * X) * X' * y; // w = lsq(X, y); でもよい
8 -->
9 --> printf("Results: w0 = %6.3f, w1 = %6.3f\n", w(1), w(2))
```

これはクラス ω_1 に関する識別関数を求めています．実行結果は，

```
Results: w0 = 0.649, w1 = 0.372
```

となります．クラス ω_2 については，教師信号の0と1を反転させて実行すると，

```
Results: w0 = 0.351, w1 = -0.372
```

† ただし，式(5.8)の最後の変形は，行列 $\boldsymbol{X}^T\boldsymbol{X}$ に逆行列が存在する，すなわち正則であるということを仮定しています．

となり，この二つの識別関数の差が 0 になる点 $x_1 = -0.4005376$ が識別面です†.

5.3 最急降下法

最小二乗法の解析的な解法は，データ数が多くなると逆行列演算に多くの時間を要するという問題があります．ここでは，**最急降下法**という最適化手法の一つを用いて，誤差 J を最小とする識別関数の重みを求める方法を説明します．この方法は，短い時間で重みを最適化できる点や，学習データ量が膨大で計算機のメモリに格納できない場合，あるいは逐次的にデータが到着して順次学習を行う場合などに対処できるという利点があります．

5.3.1 最急降下法による最適化

最急降下法とは，ある関数の値が最小値をとるように，そのパラメータを関数の値を減らす方向へ徐々に変化させる方法です．パラメータの修正は以下の式に従って行います．

$$\boldsymbol{w}' = \boldsymbol{w} - \rho \frac{\partial J}{\partial \boldsymbol{w}} \tag{5.9}$$

ここで $\boldsymbol{w}$ は識別関数の重み，ρ は学習係数，$\boldsymbol{w}'$ は更新後の重みを示します．

なぜこの式 (5.9) に基づいた修正が，誤差を最小にする重みを求めていることになるのでしょうか．$\boldsymbol{w}$ を 2 次元と考えたときの最急降下法のイメージを図 5.3 に示します．

誤差 J は，式 (5.3) から $\boldsymbol{w}$ の 2 次式になるので，図 5.3 に示すような 2 次曲面になります．最初は初期値として適当な値 $\boldsymbol{w}_{(0)}$ を設定します．ここで，$\partial J/\partial \boldsymbol{w} = (\partial J/\partial w_1, \partial J/\partial w_2)$ は勾配ベクトルを示しています．この勾配と反対方向に $\boldsymbol{w}$ を移動するということは，J を斜面とみなして，点 $(\boldsymbol{w}_{(0)}, J(\boldsymbol{w}_{(0)}))$ にボールを置いたときに転がる方向に，$\rho(\partial J/\partial \boldsymbol{w})$ だけ $\boldsymbol{w}$ を移動させるということになります．

谷底に近づくに従って傾きが緩やかになるので，修正幅 $\rho(\partial J/\partial \boldsymbol{w})$ が小さくなり，やがて谷底でピタッと止まるということになります．しかし，学習係数 ρ が大きいと，谷底を過ぎて行ったり来たりするかもしれません．斜面から勢いよくボールを転がした状態に似ています．しかし，重みの更新を繰り返してゆけば，やがて谷底に落

† これは 2 クラス問題なので，4.2.3 項で説明したように $g(\boldsymbol{x}) = g_1(\boldsymbol{x}) - g_2(\boldsymbol{x})$ と置くと，求める識別関数を一つにすることができます．その場合は，$g(\boldsymbol{x})$ の正負で識別を行うので，教師信号はクラス 1 のデータに対して 1，クラス 2 のデータに対して -1 とします．

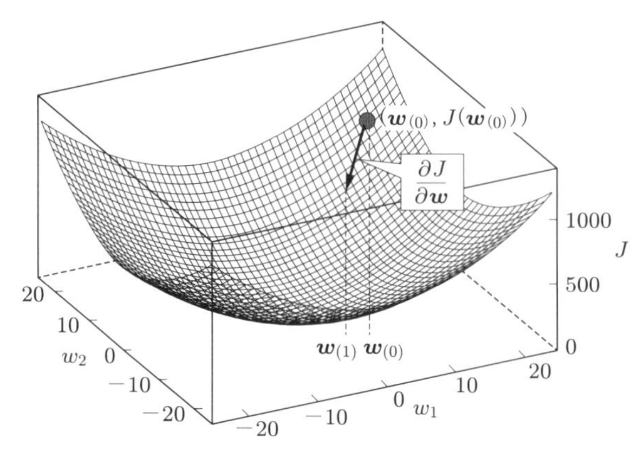

図 5.3 最急降下法のイメージ

ち着くことになります.

このような仕組みが最急降下法です.

5.3.2 Widrow–Hoff の学習規則

それでは, 式 (5.9) の $\boldsymbol{w}$ を, クラス ω_i の識別関数の重み $\boldsymbol{w}_i$ と置き換えて, $\partial J/\partial \boldsymbol{w}_i$ を求めてみましょう.

式 (5.2), (5.3) より,

$$\begin{aligned}\frac{\partial J}{\partial \boldsymbol{w}_i} &= \sum_{p=1}^{n} \frac{\partial J_p}{\partial \boldsymbol{w}_i} \\ &= \sum_{p=1}^{n} (\boldsymbol{w}_i^T \boldsymbol{x}_p - b_{ip}) \boldsymbol{x}_p \end{aligned} \tag{5.10}$$

が成り立ちます.

これを最急降下法の修正式 (5.9) に代入すると,

$$\boldsymbol{w}_i' = \boldsymbol{w}_i - \rho \sum_{p=1}^{n} (\boldsymbol{w}_i^T \boldsymbol{x}_p - b_{ip}) \boldsymbol{x}_p \tag{5.11}$$

となります.

重みの修正量は, 学習係数・誤差・学習データの値をかけたものを全データに対して足し合わせたものであるという, 非常にシンプルな更新式が得られました. これを **Widrow–Hoff(ウィドロウ–ホフ) の学習規則**とよびます.

例題 5.2　Widrow–Hoff の学習規則を用いて，図 5.2 のデータに対する識別関数を求めよ．ただし，重みの初期値は $w_0 = 0.2, w_1 = 0.3$，学習係数は $\rho = 0.2$ とする．

▷解答例　ここでは $g_1(\boldsymbol{x})$ を学習する手順を説明します．このときの教師信号はクラス 1 に対しては 1，クラス 2 に対しては 0 となるようにします．このような設定で，例題 4.2 と同様の表を書くと，表 5.1 のようになります．

表 5.1　重みの初期値による誤差の計算

クラス	x_0	x_1	w_0	w_1	$g(\boldsymbol{x})$	誤差
1	1	1.0	0.2	0.3	0.5	−0.5
1	1	0.5	0.2	0.3	0.35	−0.65
2	1	−0.2	0.2	0.3	0.14	0.14
1	1	−0.4	0.2	0.3	0.08	−0.92
2	1	−1.3	0.2	0.3	−0.19	−0.19
2	1	−2.0	0.2	0.3	−0.4	−0.4

この重みで式 (5.3) で定義した誤差の 2 乗和（ただし $i = 1$ に固定）を計算すると，0.8673 となります．

そして，式 (5.11) の Widrow–Hoff の学習規則を用いて重みを更新します．

$$
\begin{aligned}
w_0{}' &= 0.2 - 0.2 \times (-0.5 - 0.65 + 0.14 - 0.92 - 0.19 - 0.4) \\
&= 0.704 \\
w_1{}' &= 0.3 - 0.2 \times \{-0.5 \times 1.0 - 0.65 \times 0.5 + 0.14 \times (-0.2) - 0.92 \times (-0.4) \\
&\qquad - 0.19 \times (-1.3) - 0.4 \times (-2.0)\} \\
&= 0.188
\end{aligned}
$$

この更新後の重みを用いて同様の表を作成すると表 5.2 のようになります．

表 5.2　1 回目の修正後の重みによる誤差の計算

クラス	x_0	x_1	w_0	w_1	$g(\boldsymbol{x})$	誤差
1	1	1.0	0.704	0.188	0.89	−0.11
1	1	0.5	0.704	0.188	0.80	−0.20
2	1	−0.2	0.704	0.188	0.67	0.67
1	1	−0.4	0.704	0.188	0.63	−0.37
2	1	−1.3	0.704	0.188	0.46	0.46
2	1	−2.0	0.704	0.188	0.33	0.33

更新後の重みでの誤差の 2 乗和を計算すると 0.4772 となり，大きく減少しています．

以下，この手順を繰り返すと，誤差の 2 乗和が 0.4167, 0.3835, 0.3621, ... と一定値に落ち着いてきます．10 回ほど修正を繰り返すと重みは $w_0 = 0.65, w_1 = 0.36$ 付近となり，解析的な方法で求めた値に近づいてきます．

例題 5.3　Widrow–Hoff の学習規則を Scilab でコーディングし，図 5.2 のデータから識別関数を求めよ．

▷解答例　誤差の 2 乗和の変化量が閾値（しきいち） eps 以下になるまで重みの更新を繰り返すプログラムを書きます．

コード 5.2　Widrow–Hoff の学習規則 (Scilab)

```
 1 --> clear;
 2 --> X = [1.0 0.5 -0.2 -0.4 -1.3 -2.0]'; // 学習データ
 3 --> y = [1 1 0 1 0 0]'; // 教師信号
 4 --> [n d] = size(X);
 5 --> X = [ones(n, 1), X]; // x_0 軸を追加
 6 --> eps = 1e-8; // 終了判定の閾値
 7 --> differ = %inf; // 二乗誤差の変化量
 8 --> olderr = %inf; // 前回の二乗誤差
 9 --> w = [0.2 0.3]'; // 初期重み
10 --> rho = 0.2; // 学習係数
11 -->
12 --> while differ > eps
13 -->     w = w - rho * sum(X .* repmat((X * w - y), [1, 2]), 'r')';
14 -->     sqrerr = 0.5 * sum((X * w - y).^2);
15 -->     differ = abs(olderr - sqrerr);
16 -->     olderr = sqrerr;
17 -->     printf("w0 = %6.3f, w1 = %6.3f, err = %11.8f\n", w(1), w(2), sqrerr)
18 --> end
19 -->
20 --> printf("Results: w0 = %6.3f, w1 = %6.3f\n", w(1), w(2))
```

実行結果は，

```
Results: w0 = 0.649, w1 = 0.372
```

となり，解析的な解法と同じ結果が出ています．

5.3.3　確率的最急降下法

式 (5.11) は全学習データに対して誤差を求め，一括して重みを更新するものでした．この方法を**バッチ法**とよびます．バッチ法は，学習データが多くなると，1 回の重みの更新に長い時間がかかります．また，学習データが極端に多い場合には，コンピュータのメモリに格納できないかもしれません．この問題への対処法として，個々のデータ $\boldsymbol{x}_p$ に対して以下の式を適用して，繰り返し重みを修正してゆく方法があります．

$$\boldsymbol{w}_i' = \boldsymbol{w}_i - \rho(\boldsymbol{w}_i^T \boldsymbol{x}_p - b_{ip})\boldsymbol{x}_p \quad (p = 1, \ldots, n) \tag{5.12}$$

データ $\boldsymbol{x}_p$ は，学習データ中からランダムに選びます．したがって，この方法を**確率的最急降下法**とよびます．この方法は，システムに対して新しい学習データが次々に追加されるような設定でも用いることができます．ただし確率的最急降下法は，最適解への収束が安定しないという欠点があります．

バッチ法と確率的最急降下法の利点を併せもっている方法として，データを数百個ずつまとめて最急降下法を実行する**ミニバッチ法**もよく使われています．ミニバッチ法は，1 回の重み更新を行うデータサイズを，GPU (graphics processing unit) が一度に行列演算できるサイズに合わせることで，学習時間が劇的に短くなります．

5.4 パーセプトロンの学習規則との比較

ここでは，Widrow–Hoff の学習規則と，第 4 章で説明したパーセプトロンの学習規則を比較してみましょう．

5.4.1 パーセプトロンの学習規則を導く

パーセプトロンの学習規則は，Widrow–Hoff の学習規則の特殊な場合であるとみなすことができます．

まず，識別関数 $g_i(\boldsymbol{x}_p)$ の出力を 0 または 1 に限定します．これは，通常の $g_i(\boldsymbol{x}_p)$ の出力の後ろに以下のような**閾値関数** $T(u)$（図 5.4）

$$T(u) = \begin{cases} 1 & (u \geq 0) \\ 0 & (u < 0) \end{cases} \tag{5.13}$$

による処理を加えることによって実現できます．

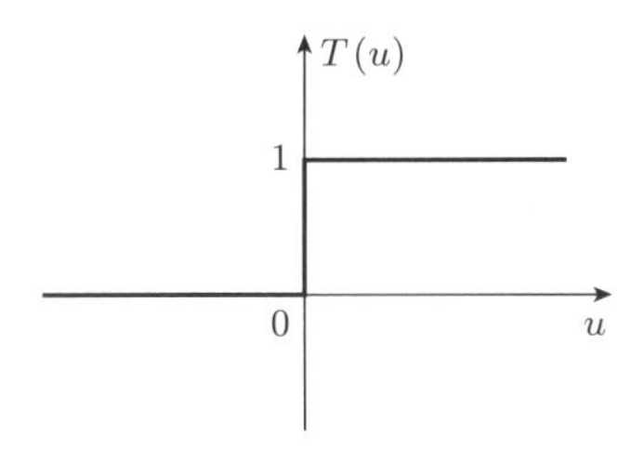

図 5.4 閾値関数

このように設定すると，正解のクラスだけ $\boldsymbol{w}_i^T \boldsymbol{x}_p$ が正になり，その他のクラスは $\boldsymbol{w}_i^T \boldsymbol{x}_p$ が負になるように $\boldsymbol{w}_i$ を学習すればよいことになります．そうすれば，$g_i(\boldsymbol{x}) = T(\boldsymbol{w}_i^T \boldsymbol{x}_p)$ としたときに，

$$\begin{cases} g_i(\boldsymbol{x}_p) = 1 \\ g_j(\boldsymbol{x}_p) = 0 \quad (j \neq i) \end{cases} \tag{5.14}$$

という出力が得られます．

ここで，教師信号を $b_{ip} = 1, b_{jp} = 0 \ \ (j \neq i)$ とすれば，誤識別のパターンは以下の2通りに限られます．

$$\begin{cases} g_i(\boldsymbol{x}_p) = 0, \quad b_{ip} = 1 \\ g_j(\boldsymbol{x}_p) = 1, \quad b_{jp} = 0 \quad (i \neq j) \end{cases} \tag{5.15}$$

したがって，この設定では式 (5.12) の確率的最急降下法による Widrow–Hoff の学習規則は以下のように表現できます．

$$\begin{aligned} &\boldsymbol{w}_i' = \boldsymbol{w}_i - \rho\{g_i(\boldsymbol{x}_p) - b_{ip}\}\boldsymbol{x}_p \\ \Leftrightarrow &\begin{cases} \boldsymbol{w}_i' = \boldsymbol{w}_i + \rho\boldsymbol{x}_p \quad (g_i(\boldsymbol{x}_p) = 0,\ b_{ip} = 1 \text{ のとき}) \\ \boldsymbol{w}_j' = \boldsymbol{w}_j - \rho\boldsymbol{x}_p \quad (g_j(\boldsymbol{x}_p) = 1,\ b_{jp} = 0 \text{ のとき}) \end{cases} \end{aligned} \tag{5.16}$$

さて，式 (5.16) をよく見てください．これはパーセプトロンの学習規則の重みの更新式です．すなわち，パーセプトロンの学習規則は，Widrow–Hoff の学習規則の特殊なケースであるということです．

5.4.2 着目するデータの違い

前項での議論の意味をさらに詳しく考えてゆきましょう．

ここで導入した閾値関数は，識別関数の出力を無理やりに0または1に振り分けることによって，正しい結果が出る学習データに関しては重みの修正をしないという処理を実現する役割があります．パーセプトロンの学習規則でも，識別結果が間違った場合のみ重みを修正するというアルゴリズムでした．

この前提から必然的に出てくる結果として，どのように重みを修正しても，すべての学習データに対して正しい識別ができなければ，パーセプトロンのアルゴリズムは停止しないということがいえます．逆に，学習データが線形分離可能であれば，必ず有限時間で線形識別面を見つけて停止します（パーセプトロンの収束定理）．

一方，Widrow–Hoff の学習規則は，識別結果が正しくても，識別関数の出力と教師信号との間に差があれば，それを小さくするように重みを修正します．逆にいうと，識別結果に関係なく重みを修正するわけです．

したがって，すべての学習データを正しく識別できなくても，誤差を最小にするところでこのアルゴリズムは停止します（実際には誤差の修正幅が閾値以下になったところで停止）.

さて，ここで気をつけなければいけないことは，Widrow–Hoff の学習規則が停止するということと，線形識別面が見つかったということは無関係だということです.

つまり，Widrow–Hoff の学習規則は全学習データに対して誤差を最小にするように動作しているのであって，学習データの性質が悪ければ†，特徴空間上で線形識別面が存在するにもかかわらず，それが発見できないということがありえます.

このように，学習アルゴリズムを比較するときは，全データに対してなんらかの基準で最適化するようにパラメータを調整するものか，誤識別を起こすデータに着目して，それをなるべく減らすようにパラメータを調整するものかということを区別しておく必要があります.

演習問題

5.1 特徴ベクトルが 1 次元の場合の Widrow–Hoff の学習規則を表計算ソフトによって実現せよ.

5.2 例題 5.3 の Scilab コードを，確率的最急降下法によって重みを求めるように改変せよ.

† 少数の極端な値をとるデータが識別面を引き付けているようなケースを想定してください.

第6章

限界は破れるか（1）

—サポートベクトルマシン

第4章で説明したパーセプトロンの学習規則では，学習データが特徴空間上で線形分離可能であれば，誤識別0で分離する識別面を学習してくれます．しかし，線形分離不可能である場合は，このアルゴリズムは停止しません．学習の前に，学習データが線形分離可能であるかどうかを調べられればよいのですが，一般的な高次元の空間で調べるのは難しい問題です．

ここでは，このパーセプトロンの学習規則の限界に挑戦するアプローチを紹介します．

6.1 識別面は見つかったけれど

パーセプトロンの学習規則では，線形分離不可能である場合に停止しないことが最大の問題でした．しかし，線形分離可能な場合に誤認識0となる識別面が学習できたとしても，それで万事OKかというと必ずしもそうとはいえません．まず，そちらの問題から考えてゆきましょう．

パーセプトロンの学習規則では，誤識別が起こるごとに識別関数の重みを調整してゆき，誤識別が起こらなくなれば学習は停止します．図6.1の網掛け範囲からはみ出さなければ，すべての識別面は誤識別0となります．識別面がこの範囲内に収まればパーセプトロンの学習規則は停止するので，この範囲内のどの部分に識別面が設定されるかはわかりません．

たしかに学習データだけを見れば，どの識別面も正しいものです．しかし，パターン認識システムの性能は，未知データに対する**識別率**で評価されます[†]．学習データぎりぎりを通る識別面よりも，真ん中あたりですっぱりと割ってくれる識別面のほうが，未知データに対しても誤りが少なくなることが期待できます．

この真ん中あたりというのをどのようにして求めればよいのでしょうか．

† そもそも「未知」のデータに対してどのようにして評価するかは第9章で説明します．

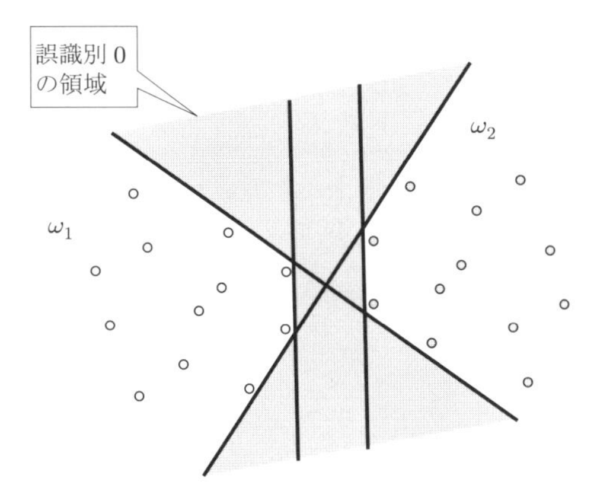

図 6.1　線形分離可能な学習データと識別面

6.2 サポートベクトルマシンの学習アルゴリズム

6.2.1 サポートベクトル

ここでは識別面を決める問題を，各クラスのプロトタイプを学習データの中から選ぶ問題に置き換えます．十分な数の学習データがあり，かつそれが線形分離可能ならば，第 4 章で取り上げた重みを調節するという問題と同じ問題だと考えて差し支えありません．2 クラス問題では，識別面は各クラスのプロトタイプの中点を通るので，プロトタイプを選ぶという問題は，識別面を定めるという問題と等しくなるということはすでに説明しました．

図 6.2 に示すように，クラスの境界に位置する学習データのうち，どのデータの組をプロトタイプに選ぶかによって，識別面の位置が変わってきます．1 の識別面は，誤りなくデータを分離しているものの，識別面に近い場所に学習データがあり，少し

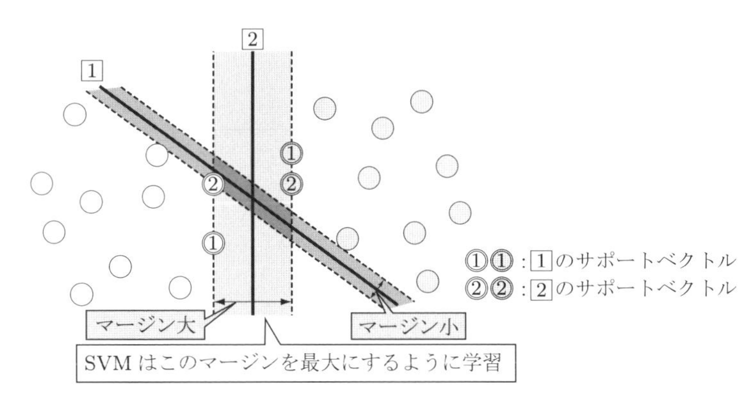

図 6.2　マージンとサポートベクトル

でも特徴の値が異なれば，反対のクラスに識別されてしまいそうです．一方，[2] の識別面は，クラスの境界に位置する学習データとの距離が離れており，より適切な識別面であるということがいえます．この識別面を決める学習データを**サポートベクトル**とよび，各クラスのサポートベクトルと識別面との距離を**マージン**とよびます．マージンが最大になるような識別面を得るアルゴリズムが**サポートベクトルマシン**（support vector machine; 以降 SVM）です．

6.2.2　マージンを最大にする

それでは，SVM の学習方法を説明しましょう．

まず，これまでと同様に学習データの集合 χ を以下のように定義します．

$$\chi = \{\boldsymbol{x}_1, \ldots, \boldsymbol{x}_n\}$$

いま，2 クラス問題を考え，それぞれのデータに対する正解クラスラベル y_i を以下のように定義します[†1]．

$$\{y_1, \ldots, y_n\} \quad (y_i = 1\ (\boldsymbol{x}_i \in \omega_1),\ y_i = -1\ (\boldsymbol{x}_i \in \omega_2))$$

ここで，識別面 $g(\boldsymbol{x})$ を以下のように表します（ここでは $\boldsymbol{x}, \boldsymbol{w}$ は d 次元です）．

$$g(\boldsymbol{x}) = \boldsymbol{w}^T\boldsymbol{x} + w_0 = 0 \tag{6.1}$$

これまでは，プロトタイプが決まると識別面が定まりました．ここでは，各クラスからのサポートベクトルが定まると，識別面が定まります．すなわち，識別面は各クラスからのサポートベクトルの垂直二等分超平面なので，マージンを最大にするという問題は，サポートベクトルと識別面との距離を最大化するという問題になります．

ここで，点と平面の距離の公式[†2] から，サポートベクトル $\boldsymbol{x}_i$（学習データの中で識別面との距離が最小のもの）と識別面 $\boldsymbol{w}^T\boldsymbol{x} + w_0 = 0$ との距離は以下のようになります．

$$\min_{i=1,\ldots,n} \frac{|\boldsymbol{w}^T\boldsymbol{x}_i + w_0|}{\|\boldsymbol{w}\|} \tag{6.2}$$

一方，式 (6.1) において，$\boldsymbol{w}$ や w_0 を定数倍しても，この式が表す識別面は変わり

---

†1　ここで $\boldsymbol{x}_i \in \omega_2$ の正解ラベルを 2 ではなく -1 にしたのには理由があります．式 (6.5) のところで説明します．

†2　2 次元の場合，点 (x_1, y_1) と平面 $ax + by + c = 0$ との距離は $|ax_1 + by_1 + c|/\sqrt{a^2 + b^2}$ となります．分子は平面の式に点の座標を代入したもの，分母は定数を除いた平面の式の係数をベクトルとみなしたときのノルムです．

ません．したがって，一般性を失うことなく以下の制約を設けることができます．

$$\min_{i=1,\ldots,n} |\boldsymbol{w}^T \boldsymbol{x}_i + w_0| = 1 \tag{6.3}$$

式 (6.2)，(6.3) より，サポートベクトルと識別面との距離は，

$$\min_{i=1,\ldots,n} \frac{|\boldsymbol{w}^T \boldsymbol{x}_i + w_0|}{\|\boldsymbol{w}\|} = \frac{1}{\|\boldsymbol{w}\|} \tag{6.4}$$

となり，マージンを最大化するという問題は，右辺の分母である $\|\boldsymbol{w}\|$ を最小化するという非常に単純な問題になりました．後の展開のために，これを $(1/2)\|\boldsymbol{w}\|^2$ を最小化するという問題に置き換えておきます．

ただし，最小化の操作は，誤識別が起こらない範囲で行わなければなりません．この制約は，正解ラベルの設定と，式 (6.3) から以下の不等式で表現できます．

$$y_i(\boldsymbol{w}^T \boldsymbol{x}_i + w_0) \geq 1 \quad (i = 1, \ldots, n) \tag{6.5}$$

識別関数の正負と正解クラスラベルの正負を合わせたことによって，誤識別が起こらないという条件をこのような簡単な式で表現することができました．

このような一定の条件が与えられたもとでの最小化問題は，**ラグランジュの未定乗数法**[†] を用いて解くことができます．

上記の問題に対応した**ラグランジュ関数** L は，**ラグランジュ係数** $\boldsymbol{\alpha}$ $(\alpha_i \geq 0,\ i = 1, \ldots, n)$ を導入して，以下のように定義できます．ラグランジュ関数 L の極値を与えるパラメータが，もとの式を最小とするパラメータであるというのが，ラグランジュの未定乗数法です．

$$L(\boldsymbol{w}, w_0, \boldsymbol{\alpha}) = \frac{1}{2}\|\boldsymbol{w}\|^2 - \sum_{i=1}^{n} \alpha_i \{y_i(\boldsymbol{w}^T \boldsymbol{x}_i + w_0) - 1\} \tag{6.6}$$

極値では L の勾配が 0 になるので，以下の式が成り立ちます．

$$\frac{\partial L}{\partial w_0} = 0 \quad \Rightarrow \quad \sum_{i=1}^{n} \alpha_i y_i = 0 \tag{6.7}$$

$$\frac{\partial L}{\partial \boldsymbol{w}} = 0 \quad \Rightarrow \quad \boldsymbol{w} = \sum_{i=1}^{n} \alpha_i y_i \boldsymbol{x}_i \tag{6.8}$$

これを式 (6.6) の L の式に代入して，以下の式を得ます．

---

† $g(\boldsymbol{x}) = 0$ という等式制約条件の下で，$f(\boldsymbol{x})$ の最小値を求める問題は，関数 $L(\boldsymbol{x}, \lambda) = f(\boldsymbol{x}) - \lambda g(\boldsymbol{x})$ の極値を求める問題に置き換えることができます．詳しくは付録 A.4 を参照してください．

$$L(\boldsymbol{\alpha}) = \sum_{i=1}^{n} \alpha_i - \frac{1}{2} \sum_{i,j=1}^{n} \alpha_i \alpha_j y_i y_j \boldsymbol{x}_i^T \boldsymbol{x}_j \tag{6.9}$$

式 (6.9) では，パラメータは $\boldsymbol{\alpha}$ だけになりました．これは，式 (6.5) の不等式制約を満たしたうえでの $(1/2)\|\boldsymbol{w}\|^2$ の最小化という主問題に対して，α_i が非負という制約を満たしたうえでの $L(\boldsymbol{\alpha})$ の最大化という双対問題になっています．

式 (6.9) の形より，これは $\boldsymbol{\alpha}$ に関する 2 次計画問題とよばれるもので，もとの問題よりも簡単な形になっています．2 次計画問題を解決する関数は Scilab などの数値計算ソフトウェアに用意されているほど一般的なものですが，計算量が変数の数の 3 乗に比例するので，学習データ数 n が大きくなると，非常に多くの計算時間を要します．

そこで，SVM を実装したツールでは，2 変数だけを取り出して，残りの変数は固定したうえで最適化を行うという作業を，取り出す変数を変えて繰り返し行う**逐次最小最適化** (sequential minimal optimization; SMO) などの効率のよいアルゴリズムが用いられています．

この 2 次計画問題を解くと，$\alpha_i \neq 0$ となるのはサポートベクトル $\boldsymbol{x}_i$ に対応するもののみで，大半は $\alpha_i = 0$ となります．この α_i を式 (6.8) に代入することで，$\boldsymbol{w}$ を得ることができます．また，$\boldsymbol{x}_{s1}, \boldsymbol{x}_{s2}$ をそれぞれクラス ω_1, ω_2 に属するサポートベクトルとすると，w_0 は以下の式で求めることができます．

$$w_0 = -\frac{1}{2}(\boldsymbol{w}^T \boldsymbol{x}_{s1} + \boldsymbol{w}^T \boldsymbol{x}_{s2}) \tag{6.10}$$

この方法で，学習データが線形分離可能な場合には，マージンを最大にする識別面が見つかります．

例題 6.1　機械学習ツール Weka の SMO を用いて，図 6.3 のデータに対する識別関数を求めよ．

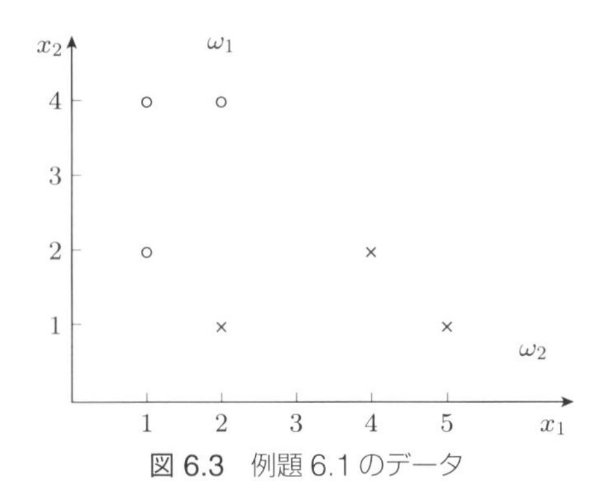

図 6.3　例題 6.1 のデータ

▷**解答例** Weka[†1] はニュージーランドの Waikato 大学で開発されたフリーのデータマイニングソフトウェアです．基本的な学習手法が実装されており，GUI（graphical user interface）を通じて機械学習の手順を試すことができるので，初学者にお勧めのツールです．

まず，学習データを用意します．図 6.3 のデータを図 6.4 のように表現することで Weka で読み込むことができます．この形式を ARFF (attribute-relation file format) 形式とよびます．先頭行ではデータ集合の名前を **@relation** の後ろに書きます．次に，**@attribute** で特徴の名前とそのとりうる値（連続値や{晴，曇り，雨}などのカテゴリ値）を宣言します．クラスのラベルも特徴と同じ形式で記述し，GUI を使った学習実験手順の中で，どの特徴がクラスラベルなのかを指定します．最後に個々の学習データは **@data** 行以降，1 行に 1 データで，各属性を **@attribute** で宣言した順に，コンマで区切って記述します．ここではクラス (class) には正解ラベルの 1 または −1 を付与します．

テキストエディタを使って，図 6.4 のファイル（ex6-1.arff）を作成しましょう[†2]．

ex6-1.arff

```
@relation ex6-1             % データ集合名は ex6-1
@attribute x1 real          % 特徴 x1 は連続値
@attribute x2 real          % 特徴 x2 は連続値
@attribute class {1,-1}     % クラスラベル
@data
1,2,1
1,4,1
2,4,1
2,1,-1
5,1,-1
4,2,-1
```

図 6.4 ARFF 形式のデータ (ex6-1.arff)

次に，Weka を起動します．インストールされたフォルダの Weka 3.9 という鳥のアイコンで示されたショートカットをダブルクリックしてください．図 6.5 のような初期画面になります．

Weka はいくつかのインタフェースを用意しています．ここでは [Explorer] を選択して GUI ツールを起動します．[Open file...] をクリックし，先ほど作成した学習データファイル ex6-1.arff を読み込みます．読込み後の画面（図 6.6）には，データの最大・最小・平均・標準偏差などが示されています．

次に，[Classify] タブをクリックし，機械学習のステップに進みます（図 6.7）．

†1 http://www.cs.waikato.ac.nz/ml/weka/ 本書で使用したバージョンは 3.9.1 です．
†2 % 以降は注釈なので，入力不要です．

図 6.5　Weka の起動画面

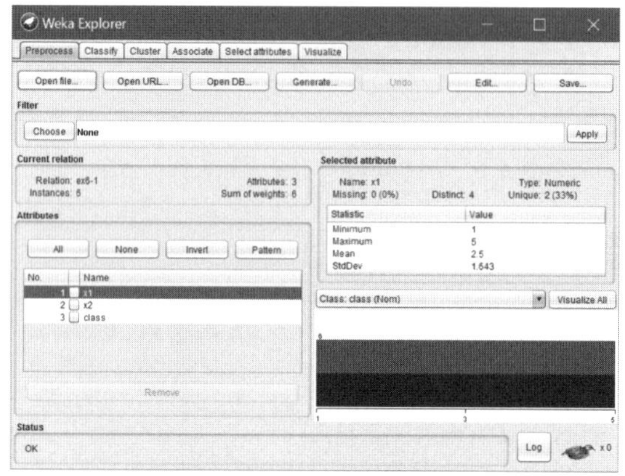

図 6.6　データの分析画面

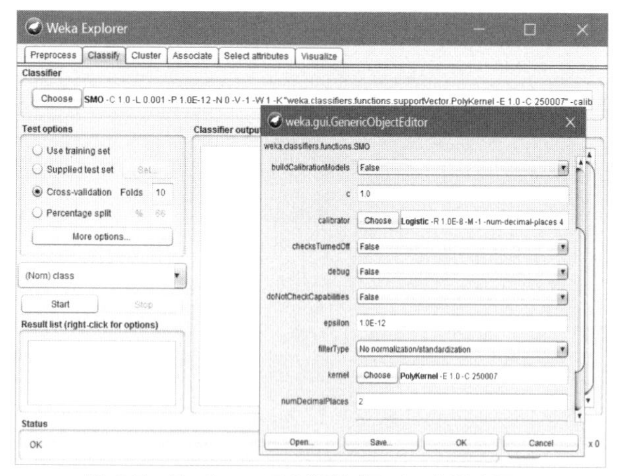

図 6.7　Explorer での学習パラメータ設定画面

[Classifier] 領域の [Choose] ボタンをクリックすると，さまざまな学習アルゴリズムが選択できます．ここでは，SVM の逐次最小最適化アルゴリズムである [SMO] を選択します（[functions] のグループ下にあります）．さまざまな学習のオプションが自動設定されますが，SMO と表示されたテキスト領域をクリックすると手動でも設定できます．ここでは，学習された識別面を確認するためにデータの標準化を行いません．したがって，立ち上げた手動設定用のウィンドウ（図 6.7 の手前側）中の [filterType] 項目の値を [No normalization/standardization] にして [OK] ボタンを押します．

そして，Explorer の [Test options] 領域で [Use training set] を選び†，[Start] ボタンをクリックすると学習が始まります．

Explorer の [Classifier output] の領域には以下のような学習結果が表示されています（出力の前半部分．一部省略）．

```
=== Run information ===

Scheme:       weka.classifiers.functions.SMO ...
Relation:     ex6-1
Instances:    6
Attributes:   3
              x1
              x2
              class
Test mode:    evaluate on training data

=== Classifier model (full training set) ===

SMO
Kernel used:  Linear Kernel: K(x,y) = <x,y>
Classifier for classes: 1, -1
BinarySMO
Machine linear: showing attribute weights, not support vectors.

         1      * x1
 +      -1      * x2
 -       0
```

一番下の式が学習された識別面（$g(x_1, x_2) = x_1 - x_2 = 0$）です．これは $x_2 = x_1$ なので，図 6.8 に示すように，サポートベクトルの垂直二等分線になっています．

† 学習データを用いて評価することを意味します．本来は，未知データに対する誤り率を評価する [Cross-validation]（交差確認法）を選択すべきですが，ここでは学習データを用いて学習ができていることを確認するにとどめます．交差確認法については第 9 章で説明します．

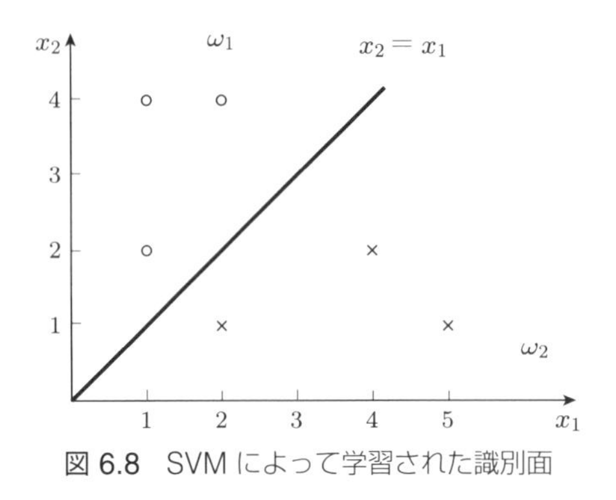

図 6.8 SVM によって学習された識別面

6.3 線形分離可能にしてしまう

さて，パーセプトロンの学習規則におけるもう一つの問題点に迫りましょう．それは学習データが線形分離不可能な場合に停止しないという問題点でした．実はこの問題に対処可能なことがSVMの最大の利点なのです．順を追って説明しましょう．

6.3.1 高次元空間への写像

第3章で説明したように，一般に特徴空間の次元数 d が大きい場合は，線形識別面が存在する可能性が高くなります．そこで，この性質を逆手にとって，低次元の特徴ベクトルを高次元に写像し（図 6.9 参照），線形分離の可能性を高めてしまい，その高次元空間上で SVM を使って識別超平面を求めるという方法が考えられます．

この方法は，むやみに特徴を増やして次元を上げる方法とは違います．識別に役立つ特徴で構成された d 次元空間に対して，もとの空間におけるデータ間の距離関係を保存する方式で高次元に**非線形変換**しても，その高次元空間上での線形識別器の性能

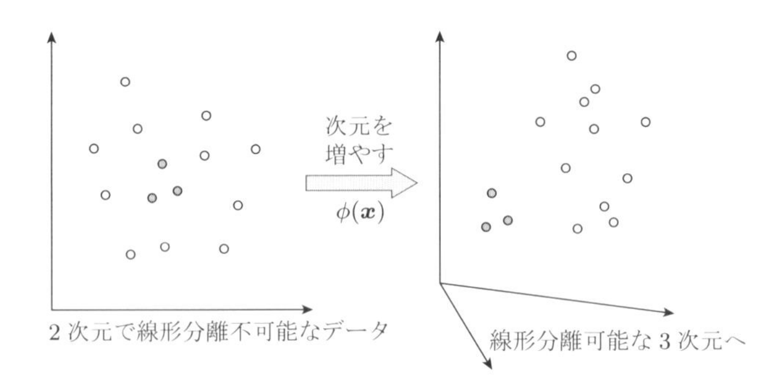

図 6.9 高次元空間への写像の例

はもとの空間の性能を反映することがわかっています．一方，識別に無関係な特徴を持ち込むと，データが疎らに分布し，本来の分布の性質がこわされやすくなってしまいます．

しかし問題は，もとの空間におけるデータ間の距離関係を保存するような，そんな都合のよい非線形写像が見つかるかということです．

6.3.2 カーネル法

ここで，もとの特徴空間上の 2 点 $\boldsymbol{x}, \boldsymbol{x}'$ の距離に基づいて定義されるある関数 $K(\boldsymbol{x}, \boldsymbol{x}')$ を考えます．この関数を**カーネル関数**とよびます．そして，非線形写像を ϕ としたときに，以下の関係が成り立つことを仮定します．

$$K(\boldsymbol{x}, \boldsymbol{x}') = \phi(\boldsymbol{x})^T \phi(\boldsymbol{x}') \tag{6.11}$$

つまり，もとの空間での 2 点間の距離が，非線形写像後の空間における内積に反映されるという形式で，近さの情報を保存します．

そうすると，写像後の空間での識別関数 $g(\boldsymbol{x})$ は以下のように書くことができます．

$$g(\boldsymbol{x}) = \boldsymbol{w}^T \phi(\boldsymbol{x}) + w_0 \tag{6.12}$$

ここで，SVM を適用すると，$\boldsymbol{w}$ は式 (6.8) のようになるので，$g(\boldsymbol{x})$ は以下のように書くことができます．

$$\begin{aligned} g(\boldsymbol{x}) &= \sum_{i=1}^{n} \alpha_i y_i \phi(\boldsymbol{x})^T \phi(\boldsymbol{x}_i) + w_0 \\ &= \sum_{i=1}^{n} \alpha_i y_i K(\boldsymbol{x}, \boldsymbol{x}_i) + w_0 \end{aligned} \tag{6.13}$$

同様に，式 (6.9) より，学習の問題も以下の $L(\boldsymbol{\alpha})$ を最大化するという問題になります．

$$\begin{aligned} L(\boldsymbol{\alpha}) &= \sum_{i=1}^{n} \alpha_i - \frac{1}{2} \sum_{i,j=1}^{n} \alpha_i \alpha_j y_i y_j \phi(\boldsymbol{x})^T \phi(\boldsymbol{x}_i) \\ &= \sum_{i=1}^{n} \alpha_i - \frac{1}{2} \sum_{i,j=1}^{n} \alpha_i \alpha_j y_i y_j K(\boldsymbol{x}_i, \boldsymbol{x}_j) \end{aligned} \tag{6.14}$$

ここで注意すべきなのは，式 (6.13)，(6.14) のどちらの式からも ϕ が消えているということです．カーネル関数 K を定めてしまえば，複雑な非線形変換 ϕ の具体的な形を決めることなく識別面を得ることができるのです．このように，複雑な非線形変換を求めるという操作を避ける方法を**カーネルトリック**とよびます．これが近年，SVM がいろいろな応用に使われている理由です．

6.3.3 具体的なカーネル関数

さて，カーネル関数が**正定値関数**という条件を満たすときには，このような非線形変換 ϕ が存在することがわかっています．そのようなカーネル関数の例としては，以下のような**多項式カーネル関数**[†1] や

$$K(\boldsymbol{x}, \boldsymbol{x}') = (\boldsymbol{x}^T \boldsymbol{x}')^p \quad (p : \text{自然数}) \tag{6.15}$$

以下のような**ガウスカーネル関数**[†2]

$$K(\boldsymbol{x}, \boldsymbol{x}') = \exp\left(-\frac{\|\boldsymbol{x} - \boldsymbol{x}'\|^2}{\sigma^2}\right) \tag{6.16}$$

などがあります．

多項式カーネルによる写像を具体的に求めてみましょう．式 (6.15) において，$p = 2, \boldsymbol{x} = (x_1, x_2), \boldsymbol{x}' = (x_1', x_2')$ とした場合，カーネル関数は以下のように展開できます．

$$\begin{aligned}
K(\boldsymbol{x}, \boldsymbol{x}') &= (\boldsymbol{x}^T \boldsymbol{x}')^2 \\
&= (x_1 x_1' + x_2 x_2')^2 \\
&= x_1^2 {x_1'}^2 + 2x_1 x_2 x_1' x_2' + {x_1'}^2 {x_2'}^2 \\
&= (x_1^2, \sqrt{2} x_1 x_2, x_2^2) \cdot ({x_1'}^2, \sqrt{2} x_1' x_2', {x_2'}^2)
\end{aligned} \tag{6.17}$$

すなわち，この場合は $\phi(\boldsymbol{x}) = (x_1^2, \sqrt{2}x_1 x_2, x_2^2)^T$ となって，2 次元から 3 次元への写像となっていることがわかります．写像後の 1 次元目と 3 次元目は，$\boldsymbol{x}$ にもとから存在する次元の 2 乗なのでその性質は大きく変わりませんが，2 次元目に積の項（すなわち相関）が入っています．これは，単語の出現頻度をベクトルとして文書を分類するような問題において，特定の単語の共起が特定の分類結果に寄与するようなケースで有効にはたらきます．

また，ガウスカーネル関数はべき級数展開が可能なので，無限次元に写像している

---

†1 $K(\boldsymbol{x}, \boldsymbol{x}') = (\boldsymbol{x}^T \boldsymbol{x}' + 1)^p$ と定義されることもあります．

†2 σ^2 はバンド幅とよばれ，カーネル関数を平滑化するパラメータです．

とみなすことができます．無限次元の特徴空間なので，理論的には線形識別面が必ず存在することになります．

非線形変換後の空間で見つかった線形分離超平面は，もとの空間では複雑な非線形曲面に対応します．この非線形変換で線形分離可能な高次元にデータを飛ばしてしまい，マージン最大化基準で信頼できる識別面を求めるという SVM の方法は非常に強力で，文書分類やバイオインフォマティックスなど，とくに特徴ベクトルが数千〜数十万次元といった高次元になるような応用分野でも広く利用されています．

例題 6.2 Weka の SMO を用いて，図 6.10 のデータに対する識別関数を求めよ．ただし，多項式カーネルを用いて，次数は $p=3$ とせよ．

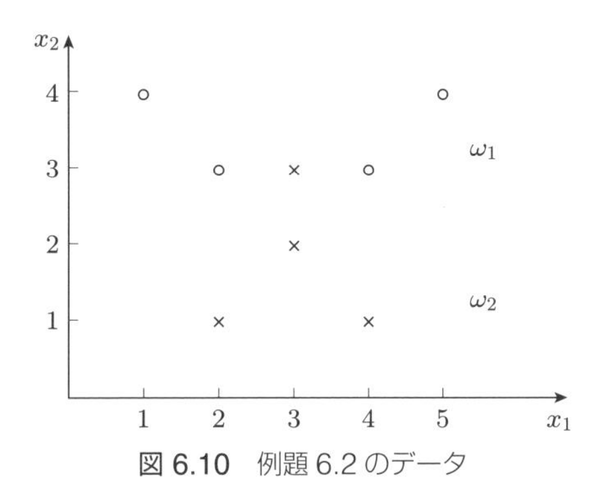

図 6.10　例題 6.2 のデータ

▷解答例　図 6.10 のデータから，図 6.11 のファイル（ex6-2.arff）を作成します．

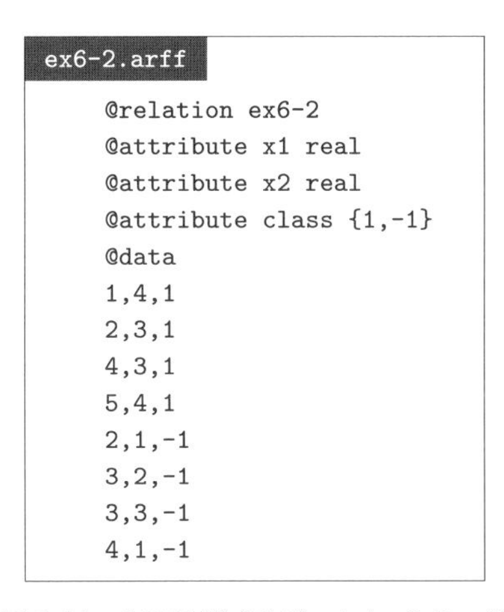

```
ex6-2.arff
@relation ex6-2
@attribute x1 real
@attribute x2 real
@attribute class {1,-1}
@data
1,4,1
2,3,1
4,3,1
5,4,1
2,1,-1
3,2,-1
3,3,-1
4,1,-1
```

図 6.11　ARFF 形式のデータ (ex6-2.arff)

例題 6.1 と同様に Weka を起動してデータを読み込み，識別器を SMO とします．次に SMO のパラメータを設定します．例題 6.1 と同じく，[filterType] の項目は [Nonomalization/standardization] を選択します．次に，[kernel] の値に表示されている [PolyKernel] の文字列をクリックしてカーネルのオプションを設定します．次数のオプションである [exponent] の値を 3 に設定してから学習させます．

```
=== Run information ===

Scheme: weka.classifiers.functions.SMO ...
Relation:     ex6-2
Instances:    8
Attributes:   3
              x1
              x2
              class
Test mode:    evaluate on training data

=== Classifier model (full training set) ===
SMO
Kernel used:  Poly Kernel: K(x,y) = <x,y>^3.0
Classifier for classes: 1, -1
BinarySMO

 -       0.2073 * <4 3 > * X]
 +       0.4911 * <3 3 > * X]
 +       0.0359 * <4 1 > * X]
 -       0.3197 * <2 3 > * X]
 +      14.661
```

このとき，カーネル関数は $(\boldsymbol{x}^T\boldsymbol{x}')^3$ です．上記の式ですべてのデータが識別できていることを確認してください．

本章で説明した SVM は，以下の三つの利点から，広く利用されてきました．

- 学習は 2 次計画問題なので，必ず最適解が見つかる．
- 求めるパラメータ（α_i）の大半が 0 となるので，そのような状況に特化した高速な最適化アルゴリズム（たとえば SMO）を用いることができる．
- カーネル関数を用いて，線形分離可能な高次元空間に特徴ベクトルを非線形写像することができる．また，二つのデータ間にカーネル関数さえ定義できれば，極端な場合はもとのデータが特徴ベクトルの形で表現されていなくてもよい（たとえば，文の構文解析結果の木構造を入力とするような場合）．

SVM の理論的背景は少し複雑ですが，腰を据えてじっくりと学ぶ価値はあります．

その際には，高村の機械学習の教科書[4]や竹内・烏山の専門書[5]をお勧めします．

演習問題

6.1 線形分離不可能なデータに対しても，制約を緩めることによって，SVM を用いて識別面を見つけることができる．この方法を調べよ．

6.2 SVM は基本的に 2 値分類器である．SVM を三つ以上のクラスの識別に用いる方法を考えよ．

第7章

限界は破れるか（2）

―ニューラルネットワーク

第5章で説明した誤差評価に基づく学習における問題点は，線形分離可能な場合であっても，得られた識別関数で誤識別0になるとは限らないということでした．誤差評価に基づく学習は，特徴空間上で各クラスの学習データの分布が重なっていても適用できるアルゴリズムなので，誤識別0を保証することはできません．

そこで，非線形識別関数を用いて，誤識別をなるべく減らす方法を考えます．その方法として，ここではニューラルネットワークを紹介します．

また近年は，深い階層をもつディープニューラルネットワークにおける学習が可能になり，パターン認識のみにとどまらず，機械翻訳やその他の知的問題解決にも応用されています．ディープニューラルネットワークについては，通常のニューラルネットワークにどのような工夫が加えられたことによって進歩したのか，という観点からその概要を説明します．

7.1 ニューラルネットワークの構成

ニューラルネットワークの計算機構は，生物の情報処理のメカニズムを単純にモデル化したものです．生物の情報処理は，**ニューロン**とよばれる神経細胞が，**シナプス**とよばれる結合部位を通じて相互に多数結合した複雑なネットワーク（図7.1参照）

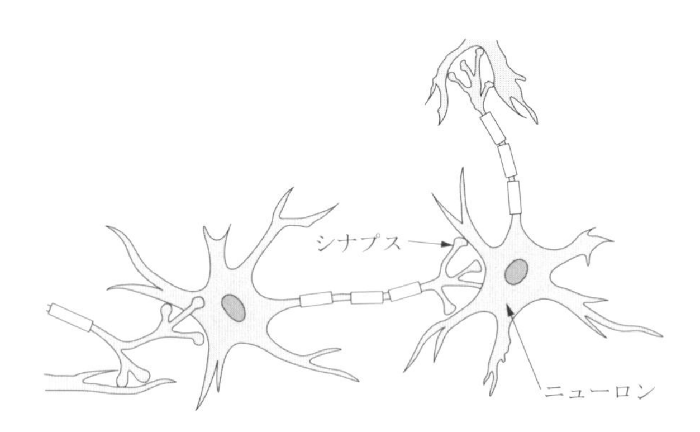

図7.1　神経細胞からなるネットワーク

によって行われています．それぞれのニューロンは，結合しているニューロンから出力される電気信号に正または負の重みをかけた信号を受け取り，その和が一定値（閾値）に達すれば自分も電気信号を発するという動きをします．ニューロンのはたらきは，図 7.2 に示すような**閾値論理ユニット**でモデル化することができます．

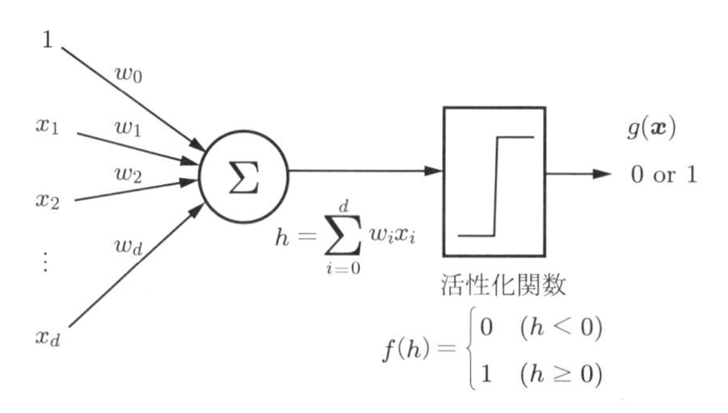

図 7.2 閾値論理ユニットモデル

入力の重み付き和 h から出力を決める関数 $f(h)$ を一般に**活性化関数**とよび，閾値論理ユニットは，引数が負の場合は 0 を，非負の場合は 1 を出力する閾値関数を活性化関数として採用したものです．

このユニットを多数結合したものが**ニューラルネットワーク**です．生物の神経細胞ネットワークには，信号が前方に戻る**フィードバック**が存在することがわかっており，かなり複雑な構造をもっています．しかし，パターン認識に適用するニューラルネットワークは，一般には図 7.3 に示すような単純な階層構造で作成します．この形

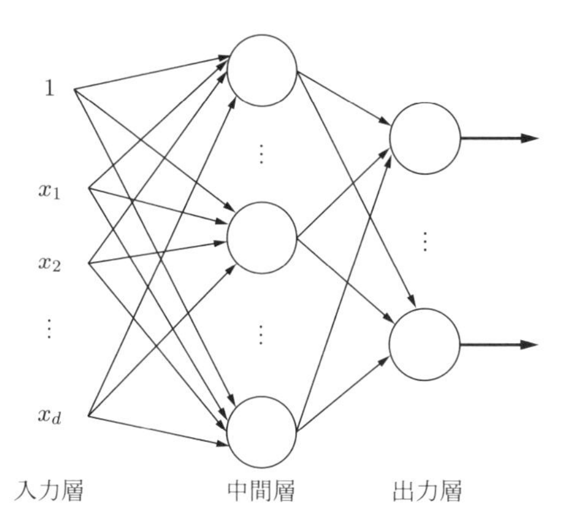

図 7.3 フィードフォワード型のニューラルネットワーク

式を**フィードフォワード** (feed forward) **型**のニューラルネットワークとよびます[†1].

フィードフォワード型のニューラルネットワークは，一般に**入力層**，**中間層**，**出力層**の3種類の層で構成されます．入力層は外界の情報を受け取る細胞（たとえば視神経細胞）に相当し[†2]，中間層はその信号を脳に伝える細胞，出力層はクラスを識別する脳細胞に相当します．

フィードフォワード型のニューラルネットワークでは，ユニット間の結合は隣接する層間でのみ存在し，入力側へ戻るフィードバックがないので，信号の伝播は入力層から出力層への一方向です．

入力層は入力信号をそのまま出力し，その信号に重みがかけられて中間層へ伝わります．中間層では，複数の入力層から伝わった信号の重み付き和が求められ，その和が閾値を超えると1，閾値以下なら0を出力層へ出力します．出力層でも同様の処理が行われ，最終的に1を出力するユニットに対応するクラスが認識結果となります．多クラス識別の場合は，出力層のユニット数はクラス数cと一致しますが，この場合，複数の出力層が1を出力する可能性があります．そのような場合には，図7.2の活性化関数$f(h)$として，閾値関数ではなく，以下の**ソフトマックス関数**を用いることがあります．

$$g_k = \frac{\exp(h_k)}{\sum_{j=1}^{c} \exp(h_j)} \tag{7.1}$$

ただし，h_kはクラスkに対応する出力層ユニットにおける，中間層からの出力の重み付き和です．

活性化関数にソフトマックス関数を用いた場合，それぞれの出力層ユニットの出力g_kをすべて足し合わせると1になるので，この値をネットワークに与えられた入力がクラスkである確率とみなすこともできます．

7.2 誤差逆伝播法による学習

ここでは，フィードフォワード型ニューラルネットワークにおける学習について説明します．学習するものは結合の重みです．

---

†1 これに対して一般的なグラフ構造をとる相互結合型のニューラルネットワークもあります．すべてのユニットが相互に結合し，ネットワークのエネルギーが最小になるように状態変化を繰り返すホップフィールドモデルや，ホップフィールドモデルの局所最適解の問題を避けるために温度の概念を導入し，確率的に状態変化をするボルツマンマシンなどがあります．

†2 パターン認識システムの識別部としてニューラルネットワークを実装する場合は，一般的には特徴ベクトルが入力されます．

7.2.1 誤差逆伝播法の名前の由来

フィードフォワード型のニューラルネットワークにおける各ユニットでの処理は，閾値関数による非線形変換を行っています．この結果を重み付きで足し合わせることによって，特徴空間上の**非線形識別面**を得ることができます．この非線形識別面による識別誤差が最小になるように結合重みを調整することが，ここでの問題です．

中間層から出力層への重みの調整は，その時点でのネットワークの出力と教師信号とを比較することで，第 5 章で述べた誤差評価に基づく学習が使えます．しかし，入力層から中間層への重みを決定するにはどうすればよいでしょうか．中間層に対する教師信号はありません．このような場合に，階層的なネットワークの重みを学習する方法として**誤差逆伝播法**（図 7.4）があります．

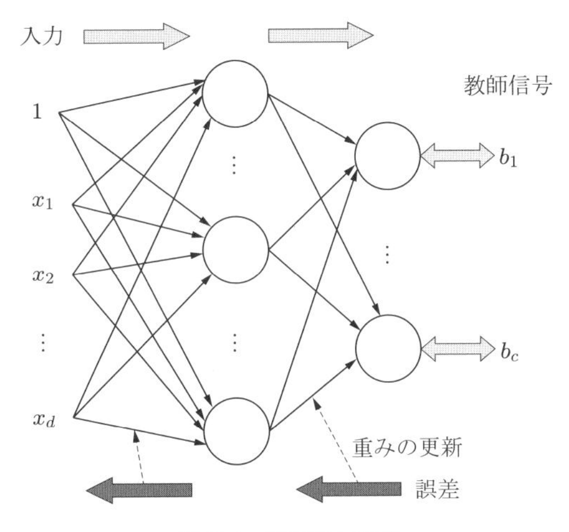

図 7.4 誤差逆伝播法

入力信号が入力層→中間層→出力層と伝わってゆくのに対して，誤差信号が逆に伝わることによって，重みを修正します．これが誤差逆伝播法の名前の由来です．

7.2.2 結合重みの調整アルゴリズム

それでは，誤差逆伝播法の手順を具体的に説明しましょう．

多階層のネットワークにも適用できるように，3 階層ではなくもっと多くの階層からなるネットワークを考えます．そのうちのある階層に着目し，その階層のユニットをインデックス j を用いて，ユニット j と表記します．そして，1 階層前のユニットをインデックス i で，1 階層後のユニットをインデックス k で指すこととします（図 7.5）．

いま，このネットワークに学習データ $\boldsymbol{x}_p$ が入力されたとします．そうすると，ユ

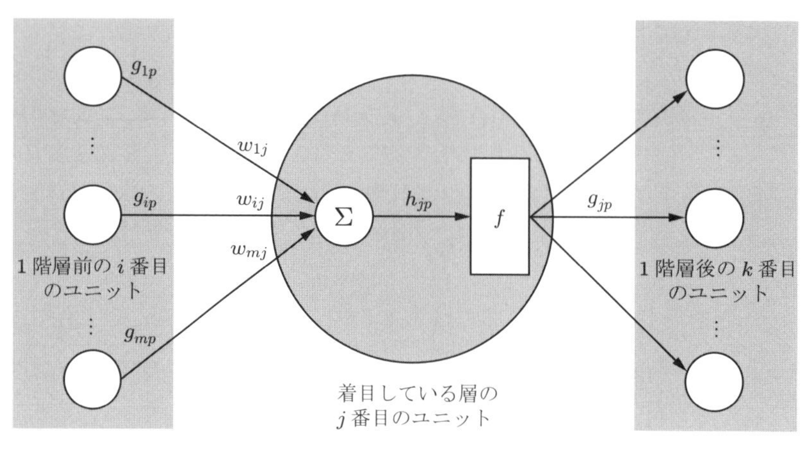

図 7.5 閾値論理ユニットの入出力

ニット j には，j と結合をもつ1階層前のユニットからの重み付き信号が入力されます．1階層前の i 番目のユニットからの信号を g_{ip}，重みを w_{ij} とすると，ユニット j への入力 h_{jp} は，

$$h_{jp} = \sum_i w_{ij} g_{ip} \tag{7.2}$$

となり，ユニット j の出力 g_{jp} は，f を活性化関数とすると，

$$g_{jp} = f(h_{jp}) \tag{7.3}$$

となります．

ここで誤差評価に基づく学習法を適用します．学習データ $\boldsymbol{x}_p$ に対する誤差は，出力層のユニット l の出力 g_{lp} と教師信号 b_{lp} の差の2乗和で定義します．

$$J_p = \frac{1}{2} \sum_l (g_{lp} - b_{lp})^2 \tag{7.4}$$

調整する方法は，第5章で説明した**確率的最急降下法**です．個々の学習データが提示されるごとに以下の式で重みを調整します．

$$w'_{ij} = w_{ij} - \rho \frac{\partial J_p}{\partial w_{ij}} \tag{7.5}$$

w_{ij}, w'_{ij} はそれぞれ更新前，更新後の重み，ρ は学習係数です．

7.2.3 調整量を求める

さてここで，$\partial J_p / \partial w_{ij}$ を計算してみましょう．この値は，結合重み w_{ij} を変化させたときの，誤差 J_p の変化量を表しています．ユニット j から出力された値が，いくつかの層を経由して，最終的に出力層の出力に影響を与え，その結果として誤差が求まるので，誤差 J_p はユニット j の出力 h_{jp}（閾値関数をかける前のもの）の関数であるといえます．一方，h_{jp} は，式 (7.2) より，w_{ij} の関数です．したがって，**合成関数の微分の公式**† を適用すると，$\partial J_p/\partial w_{ij}$ は以下のようになります．

$$\frac{\partial J_p}{\partial w_{ij}} = \frac{\partial J_p}{\partial h_{jp}} \cdot \frac{\partial h_{jp}}{\partial w_{ij}} \tag{7.6}$$

右辺第 2 項は式 (7.2) より，g_{ip} となります．右辺第 1 項をあらためて ε_{jp} と置いて，さらに計算を進めてゆきましょう．ε_{jp} は h_{jp} に関する誤差 J_p の変化量です．

ε_{jp} の定義に，合成関数の微分の公式を適用します．

$$\varepsilon_{jp} = \frac{\partial J_p}{\partial h_{jp}} = \frac{\partial J_p}{\partial g_{jp}} \cdot \frac{\partial g_{jp}}{\partial h_{jp}} = \frac{\partial J_p}{\partial g_{jp}} \cdot f'(h_{jp}) \tag{7.7}$$

最後の変形は式 (7.3) の定義を用いました．

さて，式 (7.7) の最右辺第 1 項は，ユニット j が出力層か中間層かで求め方が異なります．

ユニット j が出力層の場合は $j = l$ なので，式 (7.4) より，

$$\frac{\partial J_p}{\partial g_{jp}} = g_{jp} - b_{jp} \tag{7.8}$$

となります．ユニット j が中間層の場合は，さらにここでも合成関数の微分の公式を用いて，

$$\frac{\partial J_p}{\partial g_{jp}} = \sum_k \frac{\partial J_p}{\partial h_{kp}} \cdot \frac{\partial h_{kp}}{\partial g_{jp}} \tag{7.9}$$

となります．ここで，これまでの変形とは違って和の形になっているのは，ユニット j からの出力 g_{jp} が複数の上位ユニット k の入力となっているので，誤差 J_p への影響は，その複数の経路の影響を足し合わせたものになるからです．

右辺第 1 項は式 (7.7) より ε_{kp} となり，第 2 項は式 (7.2) より w_{jk} となります．したがって，

$$\frac{\partial J_p}{\partial g_{jp}} = \sum_k \varepsilon_{kp} w_{jk} \tag{7.10}$$

---

† $y = f(u), u = g(x)$ がそれぞれ u, x で微分可能なとき，$dy/dx = (dy/du) \cdot (du/dx)$ となります．

となります．

最後に残ったのは式 (7.7) 最右辺の $f'(h_{jp})$ です．この f に閾値関数を用いると，微分不可能となるため，この修正式は適用できません．そこで，微分可能で，かつ閾値関数と同じような振舞いをする関数を探します．それが**シグモイド関数**（図 7.6）とよばれるもので，以下のように定義されます．

$$S(u) = \frac{1}{1 + \exp(-\beta u)} \tag{7.11}$$

ただし β は定数で，この値を大きくするほど立上りが急になります．

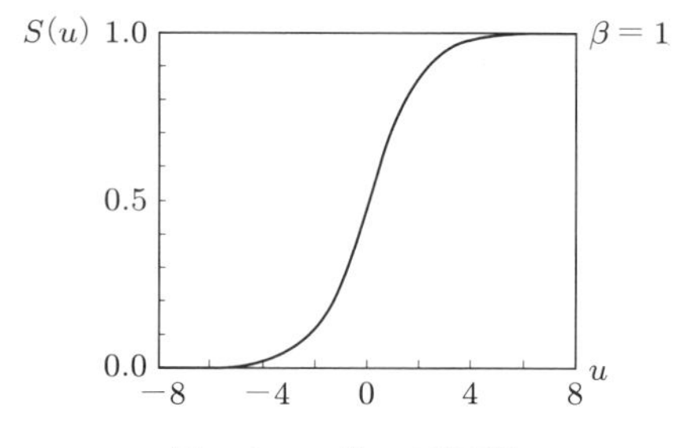

図 7.6　シグモイド関数

以降 $\beta = 1$ としてシグモイド関数を微分すると，$S'(u) = S(u)\{1 - S(u)\}$ になるので，$f'(h_{jp})$ は以下のようになります．

$$f'(h_{jp}) = g_{jp}(1 - g_{jp}) \tag{7.12}$$

これより，各ユニットにおける誤差の変化量 ε_{jp} は以下のようになります．

$$\varepsilon_{jp} = \begin{cases} (g_{jp} - b_{jp})g_{jp}(1 - g_{jp}) & \text{（出力層）} \\ \left(\sum_k \varepsilon_{kp} w_{jk}\right) g_{jp}(1 - g_{jp}) & \text{（中間層）} \end{cases} \tag{7.13}$$

最終的に，重みの修正式 (7.5) は以下のようになりました．

$$w'_{ij} = \begin{cases} w_{ij} - \rho(g_{jp} - b_{jp})g_{jp}(1 - g_{jp})g_{ip} & \text{（出力層）} \\ w_{ij} - \rho\left(\sum_k \varepsilon_{kp} w_{jk}\right) g_{jp}(1 - g_{jp})g_{ip} & \text{（中間層）} \end{cases} \tag{7.14}$$

中間層の誤差の変化量 ε_{jp} を決めるのに，その 1 階層上の誤差の変化量 ε_{kp} を用いています．これが誤差が逆に伝播するということです[†1]．

この計算式に基づいて，繰り返し学習データを与えて重みを調整します．一定回数の調整を行うか，重みの調整量が一定値以下になれば学習を終了します．ニューラルネットワークでは非線形識別面を学習しているので，誤差関数は複雑な形になります．その複雑な誤差関数に対して最急降下法を使っているので，原理的には学習が終了してもそれが**局所最適解**[†2]である可能性はあります．したがって，異なる初期値から複数回学習を試みるのが一般的な方法です．

例題 7.1 Weka を用いて，母音を認識するニューラルネットワークを構成せよ．

▷解答例 Weka を利用してニューラルネットワークの学習を体験してみましょう．まず，学習データを作成します．本来は，音声を録音し，特徴抽出をすべきですが，ここでは学習がメインなので，データを自作することにします．図 3.2 を見ながら，適当な (F_1, F_2) の組をプロットし，それがどの母音であるかという正解ラベルを付けておきます．ここでは，図 7.7 のようなファイル（ex7-1.arff）をエディタで作成します．

ex7-1.arff

```
@relation ex7-1
@attribute f1 real
@attribute f2 real
@attribute vowel {a, i, u, e, o}
@data
700,1100,a
240,1900,i
240,1100,u
440,1700,e
400,750,o
800,1400,a
250,2100,i
210,1400,u
400,1600,e
560,800,o
750,1380,a
260,1950,i
210,1430,u
440,1650,e
500,810,o
```

図 7.7 ARFF 形式のデータ（母音のフォルマント，ex7-1.arff）

†1 出力層は，教師から出力と教師信号との差 $(g_{lp} - b_{lp})$ に比例した量 ε_{lp} で怒られ，次に後ろを振り返って，自分に誤った情報を伝えた中間層に対して，教師から怒られた量 ε_{lp} と，自分と中間層の間の重み w_{jk} の積に比例した怒りをぶつける，といったイメージです．

†2 局所最適解とは，極小値（その近辺の狭い範囲のパラメータで見れば最小値）にはなっているが，最小値ではない（パラメータの全範囲に渡って探すと，もっと小さな値が存在する）解のことです．

例題 6.1 と同様に Weka を起動してデータを読み込みます．次に，[Classify] タブの [Classifier] 領域でニューラルネットワークを表す [MultilayerPerceptron] を選択します（[functions] のグループ下にあります）．そして MultilayerPerceptron と書かれた領域をクリックしてオプション設定画面を表示させます．この中の [GUI] という項目の値を [True] にすると，学習中にネットワーク構造を表示させることができます．

そして，[Test options] 領域で [Use training set] を選び，[Start] ボタンをクリックするとニューラルネットワークの構成が表示されます（図 7.8）．さらにそのウィンドウの [Start] ボタンをクリックすると学習が始まります．[Start] ボタンの右側に表示されている Epoch（学習の繰返し回数）の数字の変化が止まれば学習終了なので，[Accept] ボタンをクリックします．

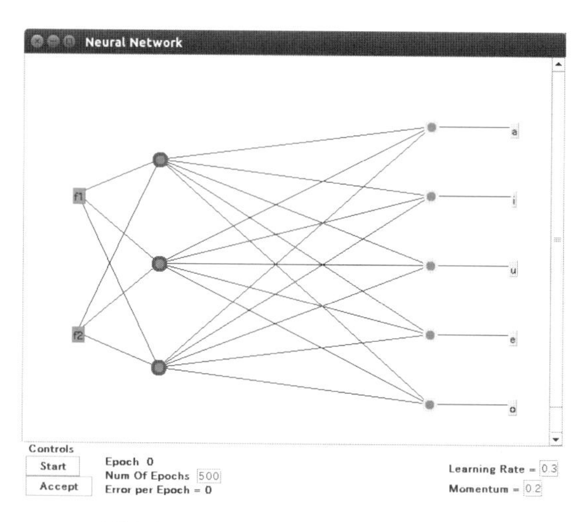

図 7.8　ニューラルネットワークの構成

もとの画面に戻ると，[Classifier output] 領域に以下のような学習結果が表示されています．

```
Correctly Classified Instances          15              100     %
Incorrectly Classified Instances         0                0     %
:
=== Confusion Matrix ===

 a b c d e   <-- classified as
 3 0 0 0 0 | a = a
 0 3 0 0 0 | b = i
 0 0 3 0 0 | c = u
 0 0 0 3 0 | d = e
 0 0 0 0 3 | e = o
```

出力の上のほうに各ユニット結合の重みが示されています．ここでは，学習データを用いて評価しているので，識別率は100%になりました．

7.2.4 過学習に気をつけよう

ニューラルネットワークを用いれば，誤識別の少ない非線形識別面を学習することが可能です．実際，適切に中間層の数を選べば，学習データに対しては誤識別が限りなく0に近づくニューラルネットワークを作成するのもそれほど難しくはありません．

しかし，このようなニューラルネットワークは未知データに対しては誤識別率が高くなる傾向があります．学習データにフィットしすぎた非線形識別面を学習してしまうというイメージです．これを一般に**過学習**といいます．

ニューラルネットワークのパラメータは，ユニット間の結合数だけあるので，これまでに説明してきた機械学習手法と比較してかなり多くなります．パラメータが多いということは，関数としての自由度が高いということなので，一般的に過学習が生じやすくなります．ニューラルネットワークは簡易で強力な識別器ですが，この過学習が起こらないように学習を制御するのが実用上は一番難しいところです．

7.3 ディープニューラルネットワーク

ここまでは，3階層のフィードフォワード型ニューラルネットワークを中心に解説してきましたが，人間の神経回路網は，はるかに複雑な構造をもっているはずです．そこで，誤差逆伝播法による学習が流行した1980年代後半にも，ニューラルネットワークの階層を深くして性能を向上させようとする試みはなされてきました．しかし，多段階に誤差逆伝播法を適用すると，誤差が小さくなって消失してしまうという問題点があり，深い階層のニューラルネットワークの学習はうまくはゆきませんでした．しかし，2006年頃に考案された事前学習法をきっかけに，階層の深い**ディープニューラルネットワーク**に関する研究が盛んになり，さまざまな成果を挙げてきました．

本節では，ディープニューラルネットワークにおける学習の問題点を明らかにし，その問題に対する解決法を，(1) 多階層学習における工夫と，(2) 問題に特化した構造の導入という観点から説明してゆきます†．

† Wekaでのディープニューラルネットワークによる識別の手順は，付録Cで説明します．

7.3.1 勾配消失問題とは

ディープニューラルネットワークは，図7.9のようにフィードフォワード型ニューラルネットワークの中間層を多層にして，性能を向上させたり，適用可能なタスクを増やそうとしたものです．しかし，誤差逆伝播法による多層ネットワークの学習は，重みの修正量が層を戻るにつれて小さくなってゆく**勾配消失問題**に直面し，思うような性能向上は長い間実現できませんでした（演習問題7.2参照）．

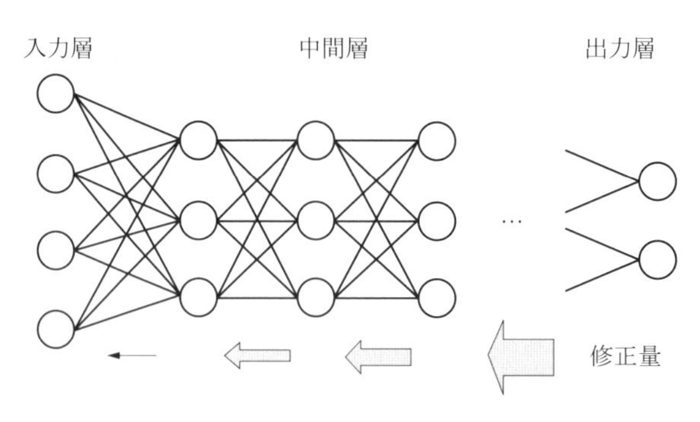

図7.9 ディープニューラルネットワーク

勾配消失問題の原因を考えてみましょう．式(7.13)より，誤差の変化量を計算する式には，必ず各段階でシグモイド関数の微分 $S'(h_{jp}) = g_{jp}(1 - g_{jp})$ がかけられます．この値が実際どのようになるのかを調べるために，ユニット j への入力 h_{jp} を横軸，シグモイド関数の微分 $S'(h_{jp})$ を縦軸としたグラフを図7.10に示します．

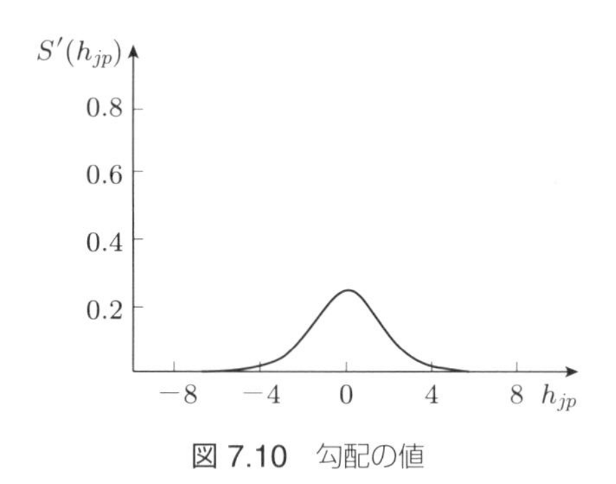

図7.10 勾配の値

勾配は最大でも0.25（$h_{jp} = 0$ でシグモイド関数の出力が0.5のとき）であり，比較的大きい値をもつのは $h_{jp} = 0$ の近辺に限られます．すなわち，多くの場合に勾配が0に近い値となり，これが多段にかけ合わされるので，学習が進まないということになります．

7.3.2 多階層学習における工夫

(1) 事前学習法

勾配消失問題に対処する方法として，**事前学習法**が考案されました．誤差逆伝播法を用いた学習を行う前に，なんらかの方法で重みの初期パラメータを適切なものに事前調整しておくというアイディアです．

いま，入力層と，それに隣接する一番手前側の中間層との重みを事前調整する問題（図 7.11(a)）を考えます．

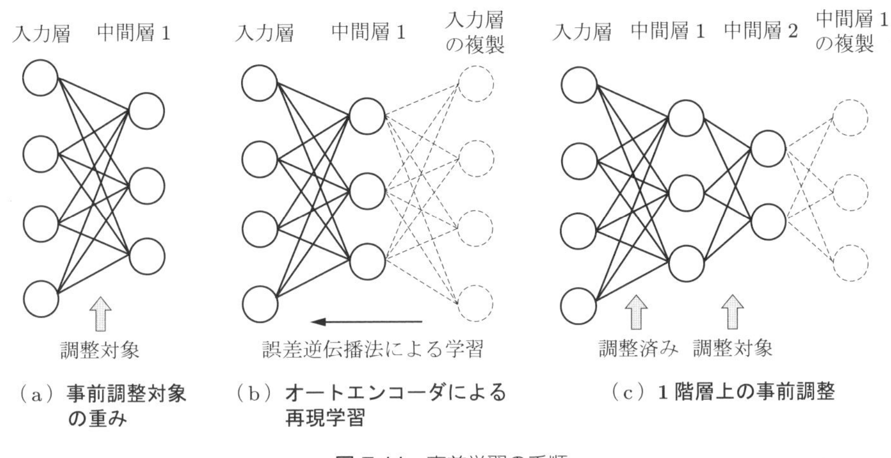

（a）**事前調整対象の重み**　（b）**オートエンコーダによる再現学習**　（c）**1 階層上の事前調整**

図 7.11 事前学習の手順

特定の入力 $\boldsymbol{x}_p$ に対して，望ましい中間層の活性化状態がわかっていれば，それを教師信号として重みを学習することができます．しかし，そのようなものは得られないので，ここで問題を，より少ないユニット数で，できるだけ損失無く特徴ベクトルの情報を表現するということに切り替えます．このような表現は，中間層の上に入力層のユニットをコピーして出力層とした**オートエンコーダ**において，入力層の情報を出力層に再現する学習を行うことで得ることができます（図 7.11(b)）（演習問題 7.3 参照）．

オートエンコーダでは，一般に中間層のユニット数を入力層のユニット数よりも少なく設定するので，単なる恒等写像では入力層の情報を出力層（入力層を複製したもの）に再現することはできません．より低次元に圧縮された情報表現を獲得するという課題が中間層に課せられます．

このようにして入力層と一番手前側の中間層との重みを調整した後は，その重みを固定し，同様の学習を一番手前側の中間層と次の中間層の間で行い，以後これを出力層まで繰り返します（図 7.11(c)）．入力層から上位に上がるにつれノードの数は減るので，うまく特徴となる情報を抽出しないと情報を保持することはできません．このプロセスで，もとの情報を保持しつつ，抽象度の高い情報表現を獲得してゆくことを階層を重ねて行うことが事前学習のアイディアです．

(2) 活性化関数の工夫

勾配消失問題への別のアプローチとして，ユニットの活性化関数を工夫する方法があります．シグモイド関数ではなく，rectified linear 関数とよばれる $f(x) = \max(0, x)$（引数が負のときは 0，0 以上のときはその値を出力）を活性化関数としたユニットを，**ReLU**(rectified linear unit)（図 7.12）とよびます．

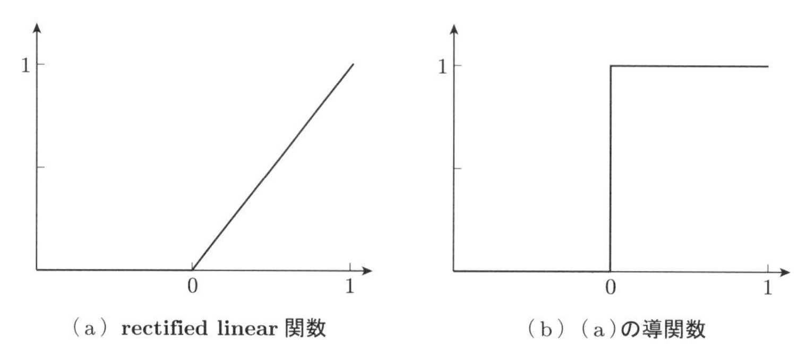

（a）**rectified linear 関数**　（b）（a）**の導関数**

図 7.12　rectified linear 関数とその導関数

ReLU を用いると，半分の領域で勾配が 1 になるので，誤差が消失しません．また，多くのユニットの出力が 0 であるスパース（疎ら）なネットワークになる点や，勾配計算が高速に行える点などが，ディープニューラルネットワークの学習に有利にはたらくので，事前学習なしでも学習が行えることが報告されています．

(3) 過学習の回避

ニューラルネットワークの階層を深くすると，それだけパラメータも増えるので，過学習の問題がより深刻になります．そこで，ランダムに一定割合のユニットを消して学習を行う**ドロップアウト**（図 7.13）を用いると，過学習が起こりにくくなり，汎用性が高まることが報告されています．

ドロップアウトによる学習では，まず各層のユニットを割合 p でランダムに無効化します．たとえば $p = 0.5$ とすると，半数のユニットからなるニューラルネットワークができます．そして，このネットワークに対して，ミニバッチ一つ分のデータで誤差逆伝播法による学習を行います．対象とするミニバッチのデータが変わるごとに，無効化するユニットを選び直して学習を繰り返します．

学習後，得られたニューラルネットワークを用いて識別を行う際には，重みを p 倍

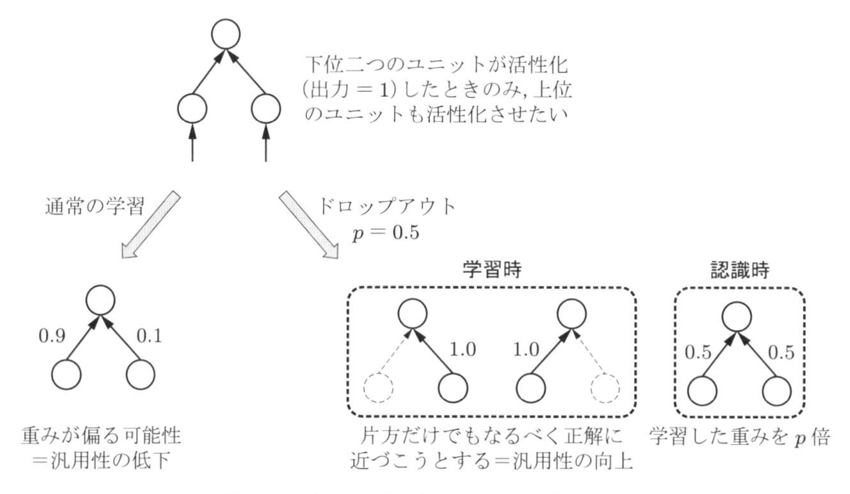

図 7.13　ドロップアウトによる汎用性の向上

して計算を行います．これは複数の学習済みネットワークの計算結果を平均化していることになります．

このドロップアウトによって過学習が生じにくくなっている理由は，学習時の自由度を意図的に下げていることにあります．自由度が高いと，結合重みが不適切な値（学習データに対しては正解を出力できるが，汎用性がないもの）に落ち着いてしまう可能性が高くなりますが，自由度が低いと，正解を出力するための結合重みの値は，入力の値が多少ぶれても，目標の出力値に近い値を出すものに調整されます（図 7.13）．

7.3.3 特化した構造をもつニューラルネットワーク

深い階層をもつニューラルネットワークで学習を成立させるもう一つの手段として，ネットワークの構造や層の役割をタスクに特化させるという方法があります．

(1) 畳込みニューラルネットワーク

タスクに特化したディープニューラルネットワークの代表的なものが，画像認識でよく用いられる**畳込みニューラルネットワーク** (convolutional neural network; CNN) です．CNN は，**畳込み層**と，**プーリング層**を交互に配置し，最後のプーリング層の出力を受ける通常のニューラルネットワークを最終出力側に配置したものです（図 7.14）．

畳込み層の処理は，第 3 章で説明したフィルタをかける処理に相当します（図 7.15）．最初の畳込み層は入力画像と同じ大きさのものを，準備したいフィルタの種

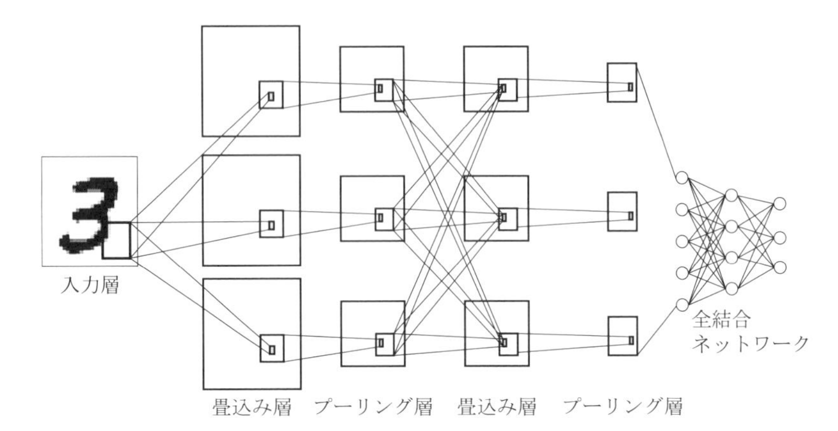

図 7.14 畳込みニューラルネットワーク

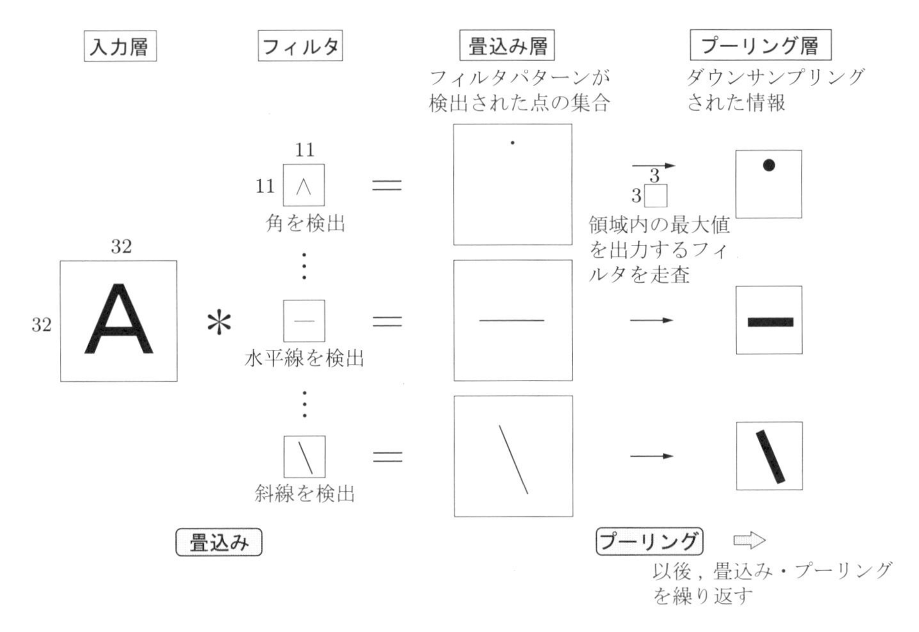

図 7.15 畳込みニューラルネットワークの演算

類数分だけ用意します．畳込み層の各ユニットは，入力画像中の一部とのみ結合をもち，その重みは全ユニットで共有されます．この結合をもつ範囲はフィルタサイズに相当し，この範囲のことを**受容野**とよびます．図 7.14 では，最初の畳込み層は 3 種類のフィルタに相当する処理を行っています．ここでは，それぞれ画像中の異なる特徴的なパターンを学習し，フィルタ係数として獲得しています．

プーリング層は畳込み層よりも少ないユニット数で構成されます．各ユニットは，畳込み層と同様に受容野をもち，その範囲の値の平均あるいは最大値を出力とします[†]．これは，受容野内のパターンの位置変化を吸収していることになります．

畳込みニューラルネットワークでは，特定のユニットは，前の階層の特定の領域の出力だけを受けるという制約を設けているので，単純な全結合のネットワークに比べて，ユニット間の結合数が少なくなります．また，同じ階層のユニット間で重みを共有することで，学習すべきパラメータが大幅に減っていることになります．これらの工夫によって，画像を直接入力とする多階層のニューラルネットワークを構成し，特徴抽出処理において，「何を特徴として抽出するか」ということも学習の対象とすることができました．このことが，畳込みニューラルネットワークが各種の画像認識タスクにおいて高い性能を示している原因だと考えられます．

(2) リカレントニューラルネットワーク

もう一つのタスクに特化した構造をもつニューラルネットワークとして，中間層の出力が時間遅れで自分自身に戻ってくる構造をもつ**リカレントニューラルネットワーク**（図 7.16(a)）があります．リカレントニューラルネットワークは時系列信号や自然言語などの系列パターンを扱うことができます．

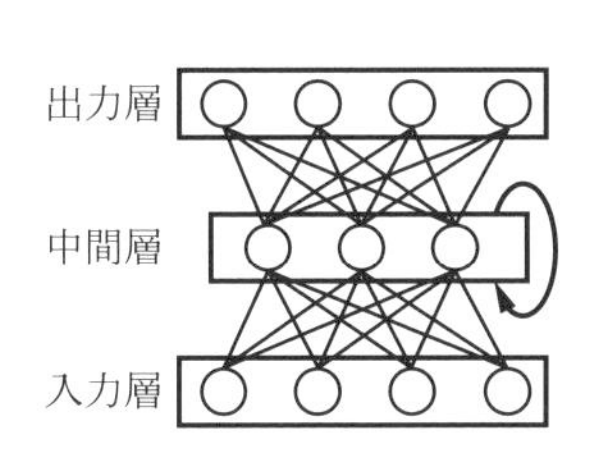

（a）**リカレントニューラルネットワーク**

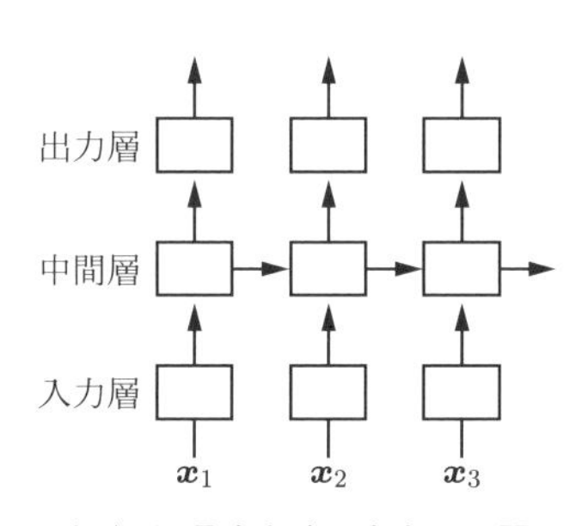

（b）**帰還路を時間方向に展開**

図 7.16　リカレントニューラルネットワーク

このリカレントニューラルネットワークへの入力は，特徴ベクトルの系列 $\boldsymbol{x}_1, \boldsymbol{x}_2, \ldots, \boldsymbol{x}_T$ という形式になります．たとえば，動画像を入力して異常検知を行ったり，ベクトル化された単語系列を入力して品詞列を出力するようなタスクが具体的に考えられます．これらに共通していることは，単純に各時点の入力からだけでは出力を決めることが難しく，それまでの入力系列の情報がなんらかの役に立つという点です．

リカレントニューラルネットワークの中間層は，入力層からの情報に加えて，一つ

---

† 畳込み層からプーリング層への重みは学習の対象ではありません．

前の中間層の活性化状態を入力とします．この振舞いを時間方向に展開したものが，図7.16(b)です．時刻tにおける出力は，時刻$t-1$以前のすべての入力をもとに計算されるので，これが深い構造をもっていることがわかります．

そして，問題となる結合重みの学習ですが，単純な誤差逆伝播法ではやはり勾配消失問題が生じてしまいます．この問題への対処法として，リカレントニューラルネットワークでは，中間層のユニットを，記憶構造をもつ特殊なメモリユニットに置き換えるという工夫をします．この方法を，**長・短期記憶**（long short-term memory; LSTM）とよび，メモリユニットを**LSTMセル**とよびます．LSTMセルは，入力層からの情報と，時間遅れの中間層からの情報を入力として，それぞれの重み付き和に活性化関数をかけて出力を決めるところは通常のユニットと同じです．通常のユニットとの違いは，内部に情報の流れを制御する三つのゲート（入力ゲート・出力ゲート・忘却ゲート）をもつ点です．これらのゲートの開閉は入力情報をもとに判定され，現在の入力が自分に関係があるものか，自分は出力に影響を与えるべきか，これまでの情報を忘れてもよいかが判断されます（判断基準も学習の対象です）．学習時には誤差もゲートで制御されるので，必要な誤差のみが伝播することで，勾配消失問題が回避されています．

ディープニューラルネットワークに関する研究は文字通り日進月歩で，それまでの常識が次々と塗り替えられています．それでも，基礎の部分がわかっていないと，何が進歩したのかが理解できません．ディープニューラルネットワークの全体像を把握する書籍としては，岡谷の専門書[6]をお勧めします．

演習問題

7.1 例題6.2（図6.10）のデータに対してニューラルネットワークを用いて識別器を構成せよ．

7.2 例題7.1のデータに対してニューラルネットワークを多階層にして，誤差が消失する現象を確認せよ．なお，Wekaの `[MultilayerPerceptron]` では，パラメータ `[hiddenLayers]` の値を“3,3”とすると，3ユニットからなる中間層を2層設定することができる．

7.3 入力層の八つのユニットがそれぞれ0から7までの数字を表すという設定で，中間層のユニット数を3とするオートエンコーダの学習を行え．

第8章 未知データを推定しよう

―統計的方法

この章では，パターン認識システムの間違う確率を最小にする方法を考えます．

この間違う確率というのは，学習データに対する誤識別率ではなく，今後パターン認識システムに入力されることが予想されるデータ（すなわち未知データ）に対して計算しなければなりません．しかし，未知データというのは，いま手に入っていないから未知データなのです．手に入っていないデータに対する誤り確率をどうやって計算するのでしょうか．

この章では，学習データから未知データの統計的性質を推定し，それをパターン認識に適用する方法を学びます．

8.1 間違う確率を最小にしたい

第5章での誤差評価に基づく学習や，第7章でのニューラルネットワークの学習では，識別部の出力と教師信号との誤差が最小になるように識別部のパラメータを調整する方法を紹介しました．しかし究極の目標は，出力誤差最小のシステムではなく，認識誤りをしないパターン認識システムを開発することだったはずです．ところが，手書き文字などでは人間が見ても判別に苦しむデータがあることからわかるように，これは現実的には不可能です．したがって，誤りが0となるようなシステムではなく，未知データに対する誤り確率がもっとも小さくなるようなパターン認識プログラムを開発することを目標にします†．

8.1.1 誤り確率最小の判定法

ここでは，「身長による（成人）男女識別システム」を例にとって説明します．つまり，1次元特徴ベクトルによる2クラス識別の問題です．

---

† 実はもう一歩先があります．判定結果によっては間違っても損失が少ないケース（たとえば健康な人を病気と判定してしまう）と，取返しがつかないケース（たとえば病人を健康と判定してしまう）があることがあります．このような場合は，それらの損失量を見積もり，その損失量の期待値がもっとも小さくなるようにパターン認識システムを設計します．

それぞれのクラスの身長が，図 8.1 のように分布しているとすると，この問題においては，男クラス $\omega_{男}$ のデータの分布と女クラス $\omega_{女}$ のデータの分布は重なっている部分があります．ということは，ある特徴ベクトル（たとえば 165 cm）をもつデータは，男の場合もあれば女の場合もあるということです．だからといって，どのような特徴ベクトルが入ってきても同じぐらい不確かであるというわけではありません．図 8.1 の分布では，155 cm という特徴ベクトルはクラス $\omega_{女}$ から出てきた確率が高い（$p(155|\omega_{女}) > p(155|\omega_{男})$）でしょうし，185 cm ならばクラス $\omega_{男}$ クラスから出てきた確率が高い（$p(185|\omega_{女}) < p(185|\omega_{男})$）とみなせます．

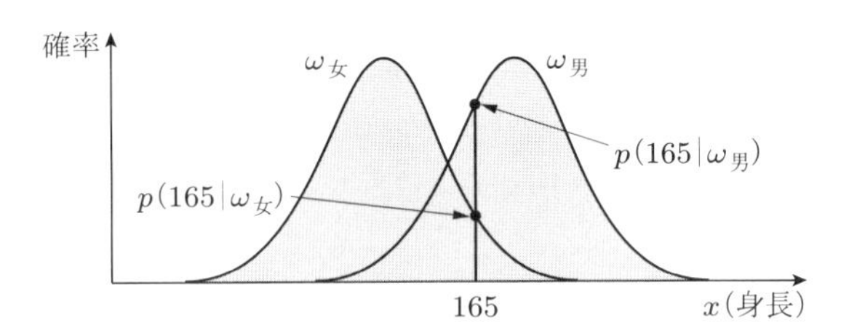

図 8.1 男女の身長の分布の例

したがって，この問題で誤り確率を最小にしようとすれば，入力された個々の特徴ベクトル $\boldsymbol{x}$ に対して，確率の高い方のクラスを認識結果にすればよいわけです．特徴ベクトル $\boldsymbol{x}$ が入力されたという条件の下で，その結果がクラス ω_i である確率を条件付き確率 $P(\omega_i|\boldsymbol{x})$ で表現すると†，もっとも誤り確率が低くなるような判定法は以下のようになります．

$$\begin{cases} P(\omega_{男}|\boldsymbol{x}) > P(\omega_{女}|\boldsymbol{x}) & \Rightarrow \quad \boldsymbol{x} \in \omega_{男} \\ P(\omega_{男}|\boldsymbol{x}) < P(\omega_{女}|\boldsymbol{x}) & \Rightarrow \quad \boldsymbol{x} \in \omega_{女} \end{cases} \tag{8.1}$$

この式で出てきた $P(\omega_i|\boldsymbol{x})$ は，特徴ベクトル $\boldsymbol{x}$ を観測した後で，それがクラス ω_i である確率を表していることから，**事後確率**といいます．また，この判定法を**事後確率最大化識別**（maximum a posteriori probability discrimination，**MAP 識別**）といいます．

8.1.2 事後確率の求め方

特徴ベクトル $\boldsymbol{x}$ のすべての値に対して事後確率の値が求まれば，この問題は終了です．

† 確率を表す式の記号 P と p は使い分けがあります．$P(A)$ は離散的事象 A が生起する確率を，$p(x)$ は連続値 x に対して定義される確率密度関数を表します．

そのためには同じ身長の人を多く集めてきて，その男女比を求めればよいのです．身長は通常ミリメートル単位で測るので，1,300 mm から 2,000 mm までの 701 段階をとりうる特徴ベクトルとして，それぞれ 2,000 人ぐらい集めれば信頼できる事後確率が得られるでしょう．$701 \times 2,000$ ですから，140 万人ぐらいですね….

このように 1 次元の特徴ベクトルでも大変です．一般の特徴ベクトル $\boldsymbol{x}$ はこの例のような 1 次元であるようなことはまずありません．音声認識の場合は，10 ms 程度の区間の特徴を 20 数次元から 30 数次元の連続値ベクトルで表します．この特徴ベクトルがぴったり一致するデータを大量に集めることなど，不可能であることがわかるでしょう．

結論をいいます．一般に，統計的なパターン認識問題においては，事後確率は直接には求められません．

8.1.3 事後確率の間接的な求め方

直接求められないのであれば，間接的に求めましょう．

ベイズの定理という便利な確率論の定理があります．いま，事象† A, B があるとして，その起こる確率をそれぞれ $P(A), P(B)$ で表します．これらは確率なので 0 以上 1 以下の実数値をとります．事象 A が観測された後で，事象 B が起こる確率を条件付き確率 $P(B|A)$ で表します．逆に，事象 B が観測された後で，事象 A が起こる確率は $P(A|B)$ となります．これらの値も確率なので 0 以上 1 以下の実数値です．これらの $P(A), P(B), P(B|A), P(A|B)$ の間には，以下の関係（ベイズの定理）があります．

$$P(A|B) = \frac{P(B|A)P(A)}{P(B)} \tag{8.2}$$

両辺に $P(B)$ をかけると，右辺と左辺では A と B の役割を入れ替えただけになるので，直観的に正しそうな式だとわかります．ここで，A にクラス ω_i，B に特徴ベクトル $\boldsymbol{x}$ を入れると以下のようになります．

$$P(\omega_i|\boldsymbol{x}) = \frac{p(\boldsymbol{x}|\omega_i)P(\omega_i)}{p(\boldsymbol{x})} \tag{8.3}$$

すなわち，事後確率最大化識別に用いる事後確率 $P(\omega_i|\boldsymbol{x})$ は，$p(\boldsymbol{x}|\omega_i), P(\omega_i), p(\boldsymbol{x})$ がわかれば，それらの値からベイズの定理を用いて計算できるということがわかりました．

---

† 事象とは，「出来事」を難しくいったものくらいに考えてください．「パターン認識システムに 170 cm という特徴ベクトルが入力された」というのも事象ですし，「男だった」というのも事象です．

8.1.4　厄介者 $p(\boldsymbol{x})$ を消そう

ところが事はそう簡単には行きません.

今度は, $p(\boldsymbol{x})$ というややこしい項が出てきました. 特徴ベクトル $\boldsymbol{x}$ が観測される確率です. 多次元・連続値の特徴ベクトルでは, 同じ値をとるものを見つけるのすら不可能に近いのに, それらの観測確率を求めるなど, とても無理でしょう.

ここで, 式 (8.1) をもう一度見直してみましょう. 実は, クラスを識別するためには $P(\omega_{男}|\boldsymbol{x})$ と $P(\omega_{女}|\boldsymbol{x})$ の値を求めなくてもよいのです. その大小関係さえ求まれば, 事後確率最大化識別は可能だということを式 (8.1) は表しています.

ここで, ある関数 $f(u)$ の最大値そのものには興味がなくて, $f(u)$ の最大値を与える u の値を得たいときには, 以下の記法を使います[†].

$$\arg\max_u f(u) \tag{8.4}$$

この $\arg\max$ 記法を用いると, 事後確率最大化識別は以下のように表せます.

$$\arg\max_i P(\omega_i|\boldsymbol{x}) = \arg\max_i \frac{p(\boldsymbol{x}|\omega_i)P(\omega_i)}{p(\boldsymbol{x})} \tag{8.5}$$

この式の左辺の意味するところは,「i をとりうる値の範囲でいろいろと変えたときに, $P(\omega_i|\boldsymbol{x})$ の最大値を与える i を求めよ」ということです. さて, 右辺を見てみると, その分母である $p(\boldsymbol{x})$ の値自体は i をいろいろと変えても変化しません. ということは, 分母を取り払った以下の式でも同じ値が得られるということになります.

$$\arg\max_i \frac{p(\boldsymbol{x}|\omega_i)P(\omega_i)}{p(\boldsymbol{x})} = \arg\max_i p(\boldsymbol{x}|\omega_i)P(\omega_i) \tag{8.6}$$

これで厄介者の $p(\boldsymbol{x})$ は消えました.

8.1.5　事前確率 $P(\omega_i)$ を求める

残った $p(\boldsymbol{x}|\omega_i)$ と $P(\omega_i)$ のうち, 簡単なほうからやっつけましょう.

$P(\omega_i)$ は, 式の形を解釈すると, ω_i が起こる確率です. ここでの例でいうと, 答えが「男である確率」と「女である確率」です. このパターン認識システムを駅などに設置する場合は, その駅を利用する男女比を求めておけばよさそうです. 女子大の校門などに設置する場合は, そうとう偏りのある値になりそうです.

すなわち, 認識結果である各クラスが, それぞれどれくらいの確率で出現するかを求めればよいことになります. これは学習データが一定量得られれば, そこに含まれ

† 第 4 章では arg min 記法として出てきました.

る各クラスの要素の割合で推定することができます．

$$P(\omega_i) = \frac{n_i}{N} \tag{8.7}$$

ただし，N は全学習データ数，n_i はそのうちのクラス ω_i に属するデータ数です．

この確率は特徴ベクトル $\boldsymbol{x}$ の項を含んでいません．すなわち，特徴を観測する前に求めることができる確率なので，**事前確率**といいます．

8.1.6　最後の難敵「クラス分布 $p(\boldsymbol{x}|\omega_i)$」

最後に $p(\boldsymbol{x}|\omega_i)$ が残りました．

これは，あるクラス ω_i のデータとして特徴ベクトル $\boldsymbol{x}$ が観測される確率を表します．すなわち，学習データをあるクラスに限定したときの特徴ベクトルの分布なので，**クラス分布**とよびます．クラス分布は，連続値ベクトル $\boldsymbol{x}$ を引数として，確率値を返す関数（クラス分布関数とよびます）とみなすことができます．確率論では，このような関数を**確率密度関数**とよびます．

ここで特徴ベクトル $\boldsymbol{x}$ は，認識対象をクラス分けするのに役立つ情報を選んでいるというのが前提でした．だいたいこの値をとればこのクラスであるという判断ができるということです．逆にいうと，ちょっと値が変わったぐらいで，そのクラスらしさががたっと落ちてしまうような情報は，特徴ベクトルに選んでいないはずです．すなわち，クラス分布 $p(\boldsymbol{x}|\omega_i)$ は，クラス ω_i なら $\boldsymbol{x}$ はおよそこのあたりの値をとりやすいだろうと思われるところをピークにして，そこから離れれば離れるほど出現確率がだんだん低くなってゆくような確率分布として表現できると思われます．つまり，確率密度関数そのものはわからなくても，関数の形はおおよそ推測できるということです．そして，その確率密度関数のピークの位置や広がり具合を学習データから推定するのが，統計的な方法によるパターン認識の基本的な考え方になります．具体的な推定方法は，以降の節で詳しく見てゆきます．

これで事後確率最大化識別の理論は完成です．入力された特徴ベクトル $\boldsymbol{x}$ に対して事後確率最大となるクラス ω_i は，事前確率とクラス分布をもとに求めることができます．そして，この識別法は（事前確率とクラス分布が正しく推定されているという前提で）誤り確率を最小にする識別法なのです．

8.2　データの広がりを推定する

ここでは，クラス分布を推定する問題を，データの集合が与えられたときに，その確率密度関数を推定する問題に一般化して考えます．

8.2.1 未知データの統計的性質を予測する

前節と同じく身長による男女の判別という例で考えます．確率密度関数の形としては，平均付近に多くのデータが集まり，平均から離れてゆくに従ってデータが少なくなってゆくようなものが望ましいと思われます．このような形を表現するのには，次式に示す**正規分布**† が適している場合が多くあります．

$$p(\boldsymbol{x}|\omega_i) = \frac{1}{(2\pi)^{d/2}|\boldsymbol{\Sigma}_i|^{1/2}} \exp\left\{-\frac{1}{2}(\boldsymbol{x}-\boldsymbol{m}_i)^T \boldsymbol{\Sigma}_i^{-1}(\boldsymbol{x}-\boldsymbol{m}_i)\right\} \quad (8.8)$$

ここで，$\boldsymbol{m}_i$ はクラス ω_i の平均ベクトル，$\boldsymbol{\Sigma}_i$ はクラス ω_i の共分散行列，d は特徴ベクトルの次元数，π はおなじみの円周率です．また，$|\boldsymbol{\Sigma}_i|$，$\boldsymbol{\Sigma}_i^{-1}$ はそれぞれ共分散行列の行列式，逆行列を表します．$\boldsymbol{x}$ が 1 次元の場合の正規分布の式は，平均を m_i，分散を σ^2 とすると，

$$p(x|\omega_i) = \frac{1}{\sqrt{2\pi\sigma^2}} \exp\left\{-\frac{(x-m_i)^2}{2\sigma^2}\right\} \quad (8.9)$$

となり，概形は図 8.2 のようになります．

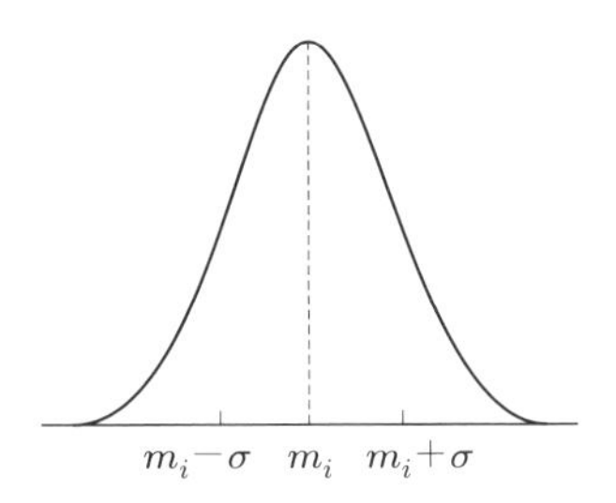

図 8.2 1 次元正規分布の概形

式 (8.8) の形からもわかるように，正規分布は平均ベクトルと共分散行列が定まれば，その形が決まります．すなわち，確率密度関数を推定するという問題は，その形を正規分布だと仮定することによって，分布のパラメータである平均ベクトルと共分散行列を推定するという問題に置き換えることができます．

上記の平均ベクトルと共分散行列は，認識対象とするすべてのデータ（未知のデータを含む）に対して求めなければなりません．それでは，未知の分布の平均ベクトルや共分散行列は，どのように推定することができるのか考えてゆきましょう．

まず，個々の未知データそのものを予測することは当然ながらできません．たとえ

† テストの成績の分布などでよく見かける左右対称な釣鐘型の分布です．クラス分布関数として正規分布を使う理由は付録 A.5 を参照してください．

ば，身長による男女の判別システムに，次に入力されるデータの特徴ベクトル（身長のことです）とクラス（男か女か）を正確に予測することは，まず不可能です．

しかし，未知データの集合の性質ならばどうでしょうか．たとえば一ヶ月かけて大量のデータを集め，特徴ベクトルの平均とクラスの出現割合を求めたとします．このようにして得られたデータから，次の一ヶ月分のデータに対して特徴ベクトルの平均とクラスの出現割合を予測するようにいわれたら，あなたならどうしますか．次の一ヶ月は通常とまったく違ったデータが入力されることがわかっている場合を除いては，やはり，最初のデータから得られた値をそのまま答えるでしょう．すなわち，個々のデータを予測することは難しいけれど，データの集合がもつ統計的性質ならある程度予測可能だということです．

この考え方を，確率密度関数のパラメータ推定に当てはめると，学習データの平均ベクトルと共分散行列を，そのまま確率密度関数のパラメータとするのがもっとも尤（もっと）もらしい予測ということになります．

8.2.2 最尤推定

別の角度から，このやり方を検討しましょう．

いま，一定数の学習データが得られているとします．このデータが，ある確率密度関数に従って生成されたものであるとすると，図 8.3(a) と図 8.3(b) のどちらの分布から生成されたと推定されるでしょうか．

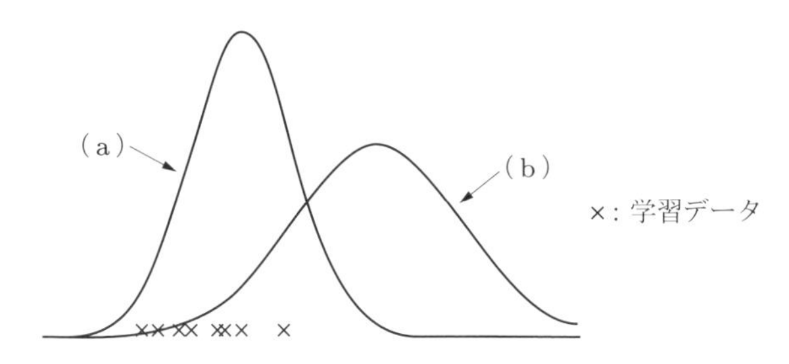

図 8.3 学習データと確率密度関数

図 (b) の確率密度関数からこれらのデータが得られる確率も 0 ではありません．しかし，どちらの分布を仮定したほうが尤もらしいかというと，図 (b) よりは図 (a) のほうを選ぶでしょう．

この直観を定式化してみましょう．図 8.3 のように，確率密度関数が正規分布であることを前提とし，分布のパラメータを $\boldsymbol{\theta}$（この場合は平均 m と分散 σ^2）で表現することとします．そうすると，学習データ中のあるデータ x_p がこの分布から生成される確率は，$p(x_p|\boldsymbol{\theta})$ となります．$\boldsymbol{\theta}$ が与えられると，正規分布の式が決まるので，そ

れを用いて x_p が生成される確率を求めることができるということを意味しています．この分布からすべての学習データ χ が生成される確率は，個々のデータが他のデータとは無関係に生成されたと仮定すると，以下のように表現することができます†1．

$$p(\chi|\boldsymbol{\theta}) = \prod_{x_p \in \chi} p(x_p|\boldsymbol{\theta}) \tag{8.10}$$

式 (8.10) は，学習データ集合がその分布から生成された尤もらしさを表していると考えることができるので，**尤度**（ゆうど）とよばれています．実際の計算には，対数をとることで積を和に変換した**対数尤度**が用いられます．

確率密度関数として正規分布を仮定して，対数尤度を最大にする $\boldsymbol{\theta}$ を計算すると†2，学習データのパラメータと一致します．すなわち，もっとも尤もらしい分布の平均値と分散は，学習データの平均値と分散であるという直観的に妥当な結論が導かれたことになります．このパラメータの推定方法を**最尤推定**といいます．

このように，確率密度関数の形を仮定して，そのパラメータをデータによって推定する学習法を**パラメトリックな方法**とよびます．一方，NN 法のように，データの分布を考慮せずに，誤識別に着目して識別関数を学習する方法を**ノンパラメトリックな方法**とよびます．

8.2.3 統計的な識別

ここで述べた最尤推定を使って確率密度関数が定まると，式 (8.6) の方法で識別ができることになります．そこで，式 (8.6) の右辺を識別関数 $g_i(\boldsymbol{x})$ と置いて，その値が最大となる i を求めます．

$$g_i(\boldsymbol{x}) = p(\boldsymbol{x}|\omega_i)P(\omega_i) \tag{8.11}$$

さらにここで，もう一つ工夫をします．

式 (8.11) の右辺は確率のかけ算です．クラス数が多い場合や，めったに観測されない特徴ベクトルが観測された場合など，それらの確率は小さいものになることが予想されます．小さいものどうしの積を計算機で求める際には，**アンダーフロー**が問題になります．電卓で大きい数どうしをかけ合わせたときに，桁が（左に）あふれたという経験はあると思います．その現象は**オーバーフロー**といいます．アンダーフローはその逆で，小さいものどうしをかけ合わせることによって，答えが小さくなりすぎて，桁が右にあふれることを指します．

---

†1 $\prod$ はそれに続く式中の変数の中で，$\prod$ の下段に示す変数を初期値（= の右側）から最終値（上段）まで変化させ，それぞれをかけ合わせたものです．$\prod_{i=1}^{n} P_i = P_1 \cdot P_2 \cdot \cdots \cdot P_n$ となります．

†2 式 (8.10) 右辺の対数をとり，$p(x_p)$ に正規分布の式を代入し，σ と m で偏微分したものを 0 と置いて解きます．

このアンダーフローの問題を避けるために，式 (8.11) の右辺の対数をとったものをあらためて $g_i(\boldsymbol{x})$ とします．

$$g_i(\boldsymbol{x}) = \log p(\boldsymbol{x}|\omega_i) + \log P(\omega_i) \tag{8.12}$$

log は単調増加関数なので，この操作によって最大値をとる i に変化はありません．こうすることによって，かけ算が足し算に変わり，アンダーフローの問題を避けることができます．

さて，ここで式 (8.12) の $p(\boldsymbol{x}|\omega_i)$ に正規分布の式 (8.8) を当てはめます．

$$\begin{aligned} g_i(\boldsymbol{x}) &= -\frac{1}{2}(\boldsymbol{x}-\boldsymbol{m}_i)^T \boldsymbol{\Sigma}_i^{-1}(\boldsymbol{x}-\boldsymbol{m}_i) \\ &\quad - \frac{1}{2}\log|\boldsymbol{\Sigma}_i| - \frac{d}{2}\log 2\pi + \log P(\omega_i) \\ &= -\frac{1}{2}\boldsymbol{x}^T \boldsymbol{\Sigma}_i^{-1}\boldsymbol{x} + \boldsymbol{x}^T \boldsymbol{\Sigma}_i^{-1}\boldsymbol{m}_i - \frac{1}{2}\boldsymbol{m}_i^T \boldsymbol{\Sigma}_i^{-1}\boldsymbol{m}_i \\ &\quad - \frac{1}{2}\log|\boldsymbol{\Sigma}_i| - \frac{d}{2}\log 2\pi + \log P(\omega_i) \end{aligned} \tag{8.13}$$

式 (8.13) の第 1 項からわかるように，この識別関数は $\boldsymbol{x}$ の 2 次関数となります．2 クラスの場合なら，その識別面が 2 次曲面になるということです．

ここで，共分散行列 $\boldsymbol{\Sigma}_i$ を各クラス共通として $\boldsymbol{\Sigma}_0$ としてみましょう．つまり，各クラスのデータの広がり方が等しいと仮定します．そうすると，式 (8.13) の第 1 項は $-(1/2)\boldsymbol{x}^T \boldsymbol{\Sigma}_0^{-1}\boldsymbol{x}$ となって，i がかかわる要素が消えるので，全クラスに共通の値となります．同様にして i によって値が変化しない項を整理すると，この場合の識別関数 $g_i(\boldsymbol{x})$ は以下のような $\boldsymbol{x}$ の 1 次関数となります．

$$g_i(\boldsymbol{x}) = \boldsymbol{x}^T \boldsymbol{\Sigma}_0^{-1}\boldsymbol{m}_i - \frac{1}{2}\boldsymbol{m}_i^T \boldsymbol{\Sigma}_0^{-1}\boldsymbol{m}_i + \log P(\omega_i) \tag{8.14}$$

つまり，データの広がり方が等しければ，識別面は超平面になるということです．

さらに特徴空間の各軸に関して，第 3 章で説明した主成分分析による直交化，および標準化を行うことにより共分散行列を単位行列 ($\boldsymbol{\Sigma}_0 = I$) とします．また，事前確率 $P(\omega_i)$ が全クラスで等しいと仮定します．そうすると，識別関数 $g_i(\boldsymbol{x})$ は

$$g_i(\boldsymbol{x}) = \boldsymbol{m}_i^T \boldsymbol{x} - \frac{1}{2}\|\boldsymbol{m}_i\|^2 \tag{8.15}$$

となります．これは，各クラスの平均ベクトルをプロトタイプとした NN 法と同じ形になります．

逆にいうと，NN 法は各クラスの共分散行列を等しいと強引に仮定し，かつ事前確率を考慮していない方法だということができます．これが NN 法で単純なユークリッド距離を使うのは問題があるといった点です．相関を取り除いたり，標準化を行ったりしていないデータに対して，単純なユークリッド距離でプロトタイプとの距離を計算するのは，本来成り立っていないはずの仮定を前提としてしまっていることになります．

例題 8.1 図 8.4 に示す 2 クラスの 2 次元データの平均ベクトル・共分散行列を求めよ．また，識別面をおおまかに図示せよ．ただし，2 クラスの事前確率は等しいものとする．

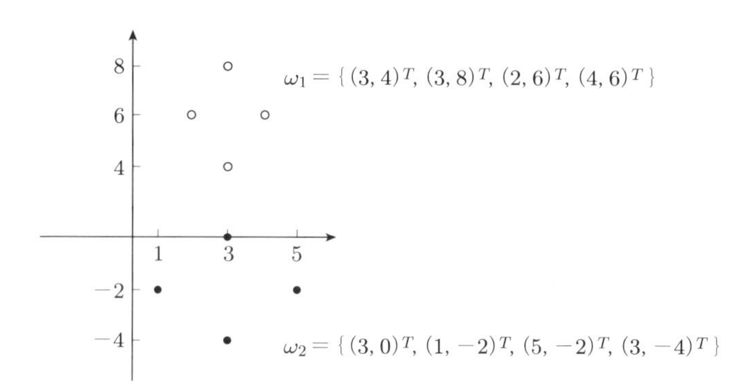

図 8.4 例題 8.1 のデータ

▷解答例 クラス ω_1, ω_2 の平均ベクトルはそれぞれ以下のようになります．

$$\boldsymbol{m}_1 = \frac{1}{4}\begin{pmatrix} 3+3+2+4 \\ 4+8+6+6 \end{pmatrix} = \begin{pmatrix} 3 \\ 6 \end{pmatrix}$$

$$\boldsymbol{m}_2 = \frac{1}{4}\begin{pmatrix} 3+1+5+3 \\ 0-2-2-4 \end{pmatrix} = \begin{pmatrix} 3 \\ -2 \end{pmatrix}$$

これを共分散行列の定義に当てはめると，以下の共分散行列が得られます．

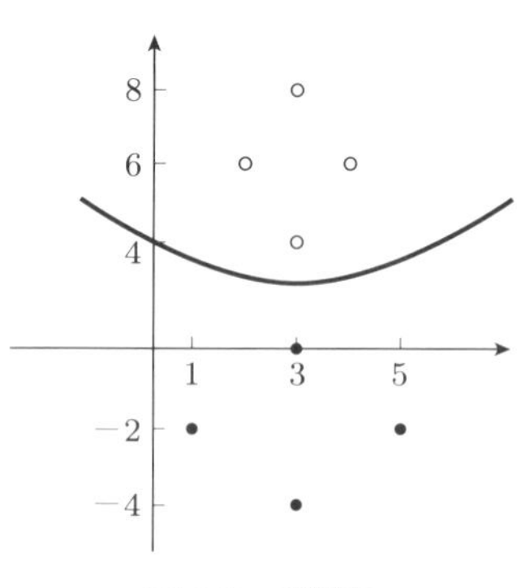

図 8.5 識別面

$$\boldsymbol{\Sigma}_1 = \begin{pmatrix} \frac{1}{2} & 0 \\ 0 & 2 \end{pmatrix}, \quad \boldsymbol{\Sigma}_2 = \begin{pmatrix} 2 & 0 \\ 0 & 2 \end{pmatrix}$$

ここで共分散行列が二つのクラスで異なるので，識別面は 2 次曲線になります．分散の広いほうが領域が広くなるはずなので，およそ図 8.5 に示すような形になります．

例題 8.2 Scilab を用いて例題 8.1 のデータから識別関数を計算し，3 次元にプロットして関数の概形を確認せよ．

▷解答例 以下のコードのように書くことができます．

コード 8.1 正規分布を仮定した識別関数 (Scilab)

```
 1 --> clear; clf();
 2 --> function z=normal(x,y)
 3 -->    z = 1/((2 * %pi) * det(S)^(0.5))..
 4 -->        * exp(-0.5 * ([x;y]-m)' * inv(S) * ([x;y]-m));
 5 --> endfunction
 6 -->
 7 --> X1 = [3 4; 3 8; 2 6; 4 6]; // クラス 1 のデータ
 8 --> X2 = [3 0; 1 -2; 5 -2; 3 -4]; // クラス 2 のデータ
 9 --> // 各クラスの平均ベクトルと共分散行列
10 --> m1 = mean(X1, 'r')';
11 --> m2 = mean(X2, 'r')';
12 --> S1 = cov(X1);
13 --> S2 = cov(X2);
14 -->
15 --> x = [-1:0.5:8]; y = [-8:0.5:12]; // プロットする範囲
16 --> m = m1; S = S1;
17 --> fplot3d(x, y, normal, flag=[2,2,4]);
18 --> m = m2; S = S2;
19 --> fplot3d(x, y, normal, flag=[4,2,4], alpha=89.5, theta=-62);
```

コード 8.1 によって表示された 3 次元グラフ（図 8.6）は，マウスを右クリックしなが

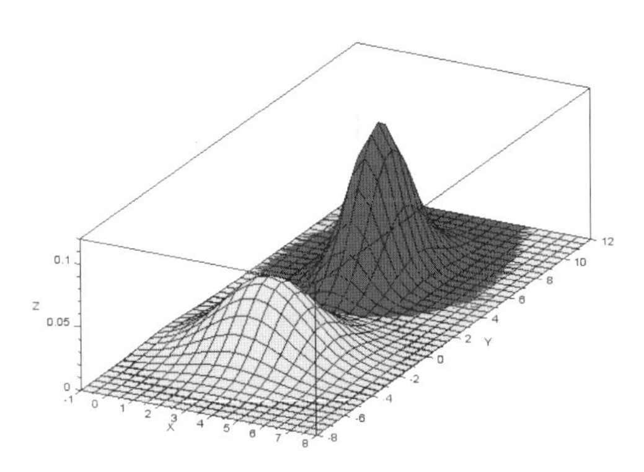

図 8.6 正規分布を仮定した識別関数

らドラッグすると，見る角度を変えることができます．

8.3 実践的な統計的識別

ここまで説明してきた統計的識別手法を実際のパターン認識に用いる際には，状況に応じてさらなる工夫が必要な場合があります．以下では，その工夫のいくつかを紹介します．

8.3.1 単純ベイズ法

クラス分布関数として正規分布を用いる場合，推定するべきパラメータの数は，特徴ベクトルの次元数を d とすると，1 クラスあたり d^2+d 個（共分散行列：$d \times d$ 行列，平均ベクトル：d 次元）になります．次元数 d がそれなりに大きく，学習データがその数に見合わない場合は，これらのパラメータの推定はあまり信頼できないものになります．

そのような場合に，「特徴ベクトルの各次元は独立である」と仮定することによって，推定するパラメータを減らすことができます．この仮定を式で表すと以下のようになります．

$$p(\boldsymbol{x}|\omega_i) \simeq \prod_{j=1}^{d} p(x_j|\omega_i) \tag{8.16}$$

こうすると，推定するべきパラメータは，各次元の平均と分散だけになるので，1 クラスあたり $2d$ 個ということになります．この方法を，**単純ベイズ法**とよびます（Weka での実行は演習問題 8.3 を参照）．

8.3.2 ベイズ推定

ここでは少し別の視点から，学習データが少ないときにどうするか，という問題を考えてみます．最尤推定の背後にある考え方は，確率密度関数には「真のパラメータ」が存在していて，それを限られた数の観測済みデータから推定するというものだということができます．

いま，サイコロのそれぞれの目の出やすさを調べるために 3 回振って，3 回とも 1 が出たとします．最尤推定に基づくと，この時点での結論は「このサイコロは 1 の目が出る確率が 1，その他の目が出る確率は 0」ということになります．

一方，真のパラメータというものの存在を仮定せず，パラメータの分布を考える立場があります．そして，学習をその分布の変化として捉えます．サイコロの例では，実際に振ってみるまでは，すべての目が等しく出ると推定するのが妥当です．そこで，上記の例のように振ってみて3回とも1が出たとすれば，1の目が他の目よりも高い確率で出るのではないか，と少し疑ってみたくなります．これは，パラメータの分布が，すべての目が等確率で出るという値をピークとするものから，1の目が出やすくなるものをピークとするものに少しシフトすることを表しています．

このように，パラメータの事前分布に対して，観測データを用いてパラメータの事後分布を推定する方法を**ベイズ推定**とよびます．ベイズ推定は，パラメータの事前分布にある程度の知見がある場合には，少ない学習データでよりよい確率密度関数を推定することができます†.

8.3.3 複雑な確率密度関数の推定

ここでは少し状況を変えて，学習データはそれなりに揃っているのだけれど，単純な正規分布ではクラス分布関数を表現できない，という場面を考えます．

前節では，確率密度関数の形を正規分布と仮定して，そのパラメータを学習データから推定しました．しかし，世の中の多くの現象が正規分布に従うといっても，すべての特徴量がそうなるとは限りません．たとえば母音のフォルマントの位置は，男性と女性では異なりますし，方言によっても微妙に異なります．このような性質をもつ特徴は，複数のピークをもつ，複雑な分布になると考えられます．

そこで，このような複雑な分布を，複数の正規分布の重み付き足合せで近似することとします．このような分布を**混合分布**とよびます．平均 $\boldsymbol{m}_j$，共分散行列 $\boldsymbol{\Sigma}_j$ の正規分布を $N(\boldsymbol{m}_j, \boldsymbol{\Sigma}_j)$ と表記すると，混合分布は以下の式で表現することができます．

$$\sum_{j=1}^{m} w_j N(\boldsymbol{m}_j, \boldsymbol{\Sigma}_j) \tag{8.17}$$

ここで，w_j は j 番目の分布の重み，m は事前に設定した混合数です．前節と同様に最尤推定でパラメータを求めたいのですが，そのためには各データがどの分布から出てきたものかを特定する必要があります．しかし，学習データにはそのような情報は含まれていません．

このような場合に，適当な初期分布からスタートし，その初期分布が各データを生成する確率を求め（expectation ステップ），その確率の割合に応じて各データを分布に所属させたうえで最尤推定する（maximization ステップ）方法を用いることが

† ベイズ推定に関しては，杉山の教科書[7]で詳しく解説されています．

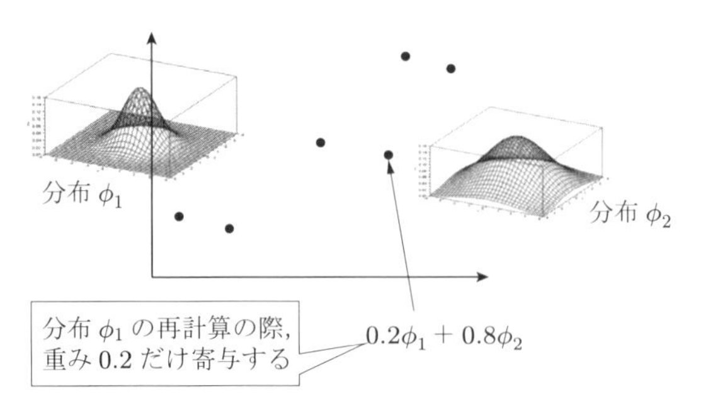

図 8.7 EM アルゴリズムの仕組み

できます．この方法で求めたパラメータを初期値とし，また expectation ステップと maximization ステップを繰り返してゆく方法を，**EM アルゴリズム**（図 8.7）とよびます．

適当な初期値で決めた分布が，データの集まりに引っ張られて，徐々に妥当な場所に収まってゆくイメージで考えてください．一般に EM アルゴリズムの結果は初期値に依存するので，求まるものは局所最適解に過ぎません．したがって，複数の初期値で学習を実行し，もっとも評価値が高くなるものを選ぶという過程が必要になります．

演習問題

8.1 図 8.8 に示す 2 クラスの 2 次元データの平均ベクトル・共分散行列を求めよ．また，識別面をおおまかに図示せよ．

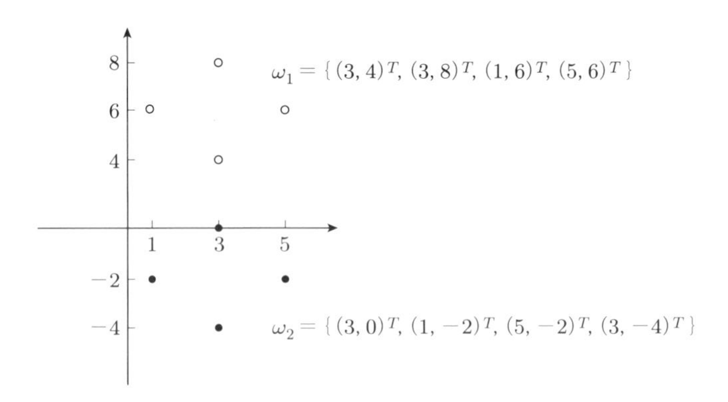

図 8.8 演習問題 8.1 のデータ

8.2 ある認識結果がどれだけ妥当であるかという情報を得るためには，$P(\omega_i|\boldsymbol{x})$ の値が必要になる．したがって，式 (8.3) の右辺の値を得るため，なんらかの方法で $p(\boldsymbol{x})$ の値を推定する必要がある．$p(\boldsymbol{x})$ を推定するにはどうすればよいか．

8.3 Weka の単純ベイズ法を用いて，例題 8.1 のデータを識別せよ．

第9章 本当にすごいシステムができたの？

第 1 部の最後として，作ったパターン認識システムを評価する方法を学びます．

これまでも何度か述べてきましたが，学習データに対して高い認識率を達成してもしかたがないのです．ニューラルネットワークなど，多くのパラメータで非線形識別面を学習する方法では，学習データに対して 100% に近い認識率を達成することはそれほど珍しいことではありません．

しかし，そのようなシステムは学習データに過剰に適応してしまっている（過学習を起こしている）可能性が高く，新しいデータに対しては誤認識を頻繁に起こしてしまうということがよくあります．

ここではまず，このような未知データに対する認識率の評価法について説明します．次に，この評価法に基づいてシステムの性能を向上させる方法について考察します．

9.1 未知データに対する認識率の評価

9.1.1 分割学習法

未知データに対する認識率を求めるもっとも簡単な方法は，手元の全データ χ を学習用データ χ_T と評価用データ χ_E に分割することです（図 9.1）．学習用データを使って識別部のパラメータ学習を行い，評価用データで認識率を測ります．評価用データは学習に使っていないので，これを未知データとみなすわけです．この方法を**分割学習法**といいます．

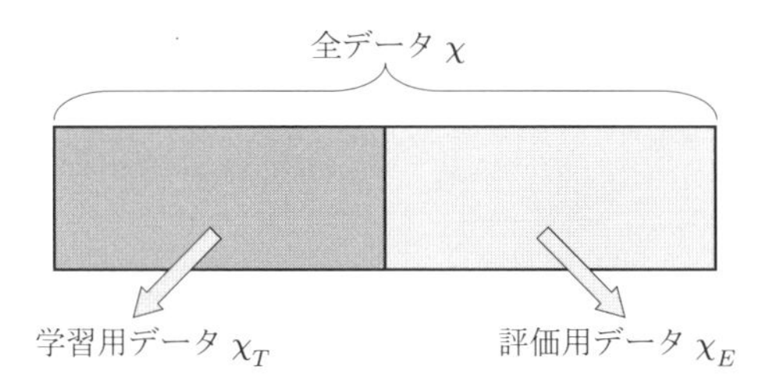

図 9.1　分割学習法

分割学習法は，評価にかかる手間がほぼ最低限であるという利点がありますが，この方法には二つの欠点があります．

一つ目は，学習に用いるデータが減るので，識別性能が下がってしまうという問題です．これまで紹介したどの学習アルゴリズムを用いるにしても，学習データの量が識別性能に大きく影響します．これをわざわざ減らすというのは，評価のためとはいえ，非常にもったいない話です．

この一つ目の問題を避けようとして，学習データを（全体の 2/3 や 9/10 などのように）多めに取ると，今度は二つ目の問題が生じてきます．二つ目の問題は，評価用データが少ないと，その分布が未知データの分布と異なる可能性が高くなってしまうということです．評価用データの分布が未知データの分布と異なると，当然のことながらその評価は信頼できません．これは第 8 章で学んだ確率密度関数の推定と本質的には同じことです．対象とするクラスの確率密度関数が精度よく推定できるのと同規模の評価用データがなければ，未知データの分布がきれいに反映されたデータ集合とはいえません．すなわち，評価のためにも学習のためにも，それぞれに十分なデータ量が必要なのです．

通常は，使えるデータ量は限られているので，単純に 2 分割するのはあまりよい方法とはいえません．

9.1.2 交差確認法

分割学習法の欠点を克服する方法として，**交差確認法**（cross validation，CV 法ともいいます）があります．

手元のデータを学習用データと評価用データに分割したうえで学習を行うという考え方は分割学習法と共通しています．違いは，すべてのデータを一通り評価用データに使うというところです（図 9.2）．

交差確認法の手順は以下のようになります．

1. χ を m 個のグループ $\chi_1, \ldots, \chi_m$ に分割する．
2. すべての χ_i $(1 \leq i \leq m)$ について，χ_i を除いた $(m-1)$ 個のグループで学習し，χ_i を用いて識別率を算出する†．
3. m 個の識別率の平均を識別率の推定値とする．

m の値としては，10 分割する方法などがよく見られます．この方法では，学習用に多くのデータを使うことができ（10 分割の場合は 9/10），またすべてのデータが一

† これまで χ_i はクラス ω_i に属する学習データ集合を表していましたが，ここではデータを m 分割したときの i 番目の集合という意味です．この場合，χ_i には，複数のクラスのデータが混じります．

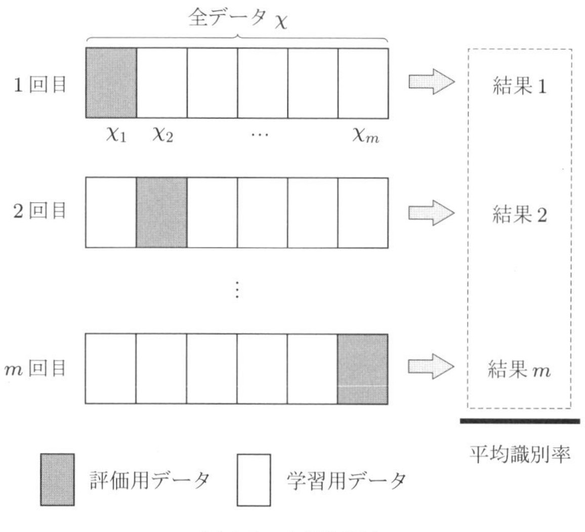

図 9.2　交差確認法

通り評価用に用いられるので，実現した学習性能の上限に近いシステムを，未知データの分布に（できるかぎり）近づけたデータで評価できます．

とくに，評価用データの要素数が 1 になるように分割する方法を**一つ抜き法**とよびます．

分割数 m が多くなるほどよい性能評価になるのですが，問題は評価にかかる時間です．この手順だと最低 m 回学習を行わなければなりません．各学習にかかる時間が数分程度でも，m が大きくなると大変です．まして，局所最適解を避けるために，複数の初期値でパラメータの収束条件が満たされるまで繰り返し学習するようなアルゴリズムだと，評価だけで数日間計算機を回し続けるということもありえます．

近年の傾向として，タスクとデータを決めて認識性能を競うコンペティションでは，あらかじめ配布された学習用データで学習し，後日配布される評価用データで評価する分割学習法の枠組みが用いられます．それ以外の場合では，パターン認識に関連した論文においては，交差確認法で評価を行っている論文が大半です．

例題 9.1　例題 7.1 において，分割数 3 の交差確認法で学習結果の評価を行え．

▷解答例　データの読込みまでは例題 7.1 と同じ手順を繰り返します．そして，機械学習の段階で交差確認法を指定するには，図 9.3 に示すように `[Test options]` 領域で `[Cross-validation]` のラジオボタンを選択し，`[Folds]` の項目には分割数 3 を入れます．そして，`[Choose]` ボタンから `[MultilayerPerceptron]` を選択し，`[Start]` ボタンで学習と評価を行います．

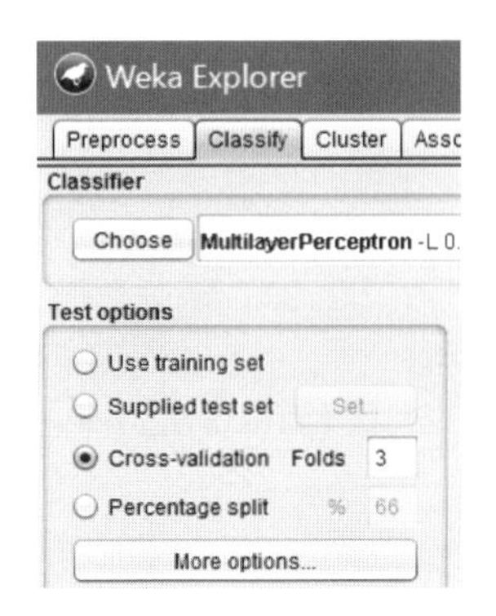

図 9.3 Weka での交差確認法の選択

学習および評価は分割数だけ行われます†．最終的な評価は，学習終了後に，以下のように [Classifier output] 領域に出力されます．

```
=== Confusion Matrix ===

 a b c d e   <- classified as
 2 0 0 0 1 | a = a
 0 3 0 0 0 | b = i
 0 0 3 0 0 | c = u
 0 0 0 3 0 | d = e
 0 0 0 0 3 | e = o
```

/a/ で一つ誤りがあります．こんなに少ないデータで学習しているのですから，誤りがないほうが不思議です．まあまあ妥当な結果だといえそうです．

9.2 システムを調整する方法

前節では，作成したシステムを交差確認法を用いて評価する方法を説明しました．

そこで満足ゆく結果が得られればそれでよいのですが，普通はそれでは終わりません．従来手法と比べてあまりよい結果が出なかったり，もしよい結果が出たとしても少しやり方を変えるだけでもっとよい結果が出るかもしれません．一通りシステムを作成し，最初の評価が出たら，一般的にはそれからシステムを調整するという作業が始まります．図 9.4 に従ってシステムを構築している場合は，それぞれのモジュールがその役割を適切に果たしているかを順に確認します．

† Weka では，分割数＋1 回繰り返されます．最後の回は全データを使って学習を行い，保存用のネットワークを作成しています．

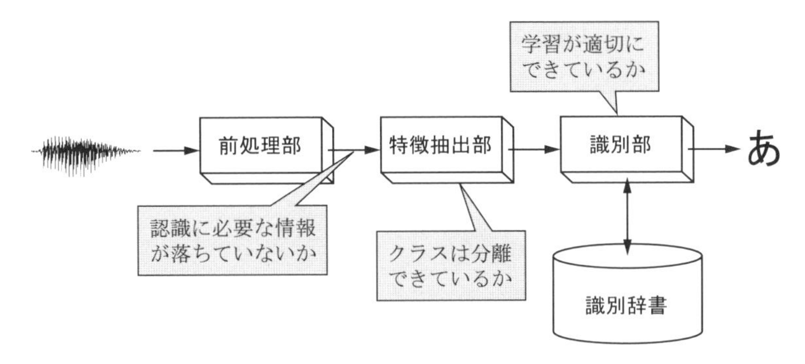

図 9.4 パターン認識システムの調整

9.2.1 前処理の確認

前処理部では，アナログ信号をディジタル化する際に，認識に必要な情報が落ちていないかということをチェックします．音声の場合だと，標本化周波数や量子化ビット数が適切かどうかを調べます．画像の場合だと，解像度が適切かどうかを調べます．

実際には，信号を取り込む段階での設定に問題があることも多く見られます．マイク入力レベルの調整やカメラの**キャリブレーション**（実世界のパラメータと画像のパラメータとの対応付け）が適切でないために，そもそも必要な情報が取れていない場合もあります．また，カメラのレンズに直接日光が当たってしまう場合など，通常のキャリブレーションでは対処できない状況が起こる可能性もあります．そのような場合には，通常の入力が得られていないことを察知して，後段の処理で誤動作を起こさないような機構を組み込んでおく必要があります．

さらに，ノイズ除去などを行っている場合は，かえって原信号の情報を落としていることもありえます．したがって，ノイズ除去処理後の複数のデータを目で見たり，耳で聴いたりして確認する必要があります．

9.2.2 特徴空間の評価

特徴抽出部では，特徴空間上で各クラスが適切に分離できているかどうかを確認します．

クラス間に重なりが多いのであれば，いくら識別部が学習をしても誤識別は減りません．一方，クラス間の重なりが少ないのに誤識別が多いのであれば，識別部に問題があるということになります．

2 次元の特徴量であれば，平面にプロットしてその重なりを確認することができますが，多次元では直観的に重なりを評価することは難しくなります．そこで，特徴空間の良さを評価するなんらかの尺度が必要になります．

(1) クラス内分散・クラス間分散比

特徴空間の簡易な評価法としては，**クラス内分散・クラス間分散比**を求めるという方法があります．

クラス内分散 σ_W^2 は，クラスごとのデータの分散を計算し，それを全クラスについて足し合わせたものです．この値が小さければ小さいほど，同じクラスのデータがまとまっていることになるので，よい特徴だということができます．

クラス間分散 σ_B^2 は，各クラスの平均ベクトルの分散です．こちらは大きければ大きいほど，クラスの平均どうしが離れていることになるので，識別面を決めやすい特徴だということができます．

クラス内分散を分母に，クラス間分散を分子にした値をクラス内分散・クラス間分散比 J_σ と定義します．この値が大きければ大きいほど，よい特徴空間だということができます．

$$\sigma_W^2 = \frac{1}{N}\sum_{i=1}^{c}\sum_{\boldsymbol{x}\in\chi_i}(\boldsymbol{x}-\boldsymbol{m}_i)^T(\boldsymbol{x}-\boldsymbol{m}_i) \tag{9.1}$$

$$\sigma_B^2 = \frac{1}{N}\sum_{i=1}^{c}n_i(\boldsymbol{m}_i-\boldsymbol{m})^T(\boldsymbol{m}_i-\boldsymbol{m}) \tag{9.2}$$

$$J_\sigma = \frac{\sigma_B^2}{\sigma_W^2} \tag{9.3}$$

ただし，N は全データ数，n_i はクラス ω_i のデータ数，$\boldsymbol{m}$ は全データの平均ベクトル，$\boldsymbol{m}_i$ はクラス ω_i の平均ベクトルを表します．

このクラス内分散・クラス間分散比という尺度は簡単に求められるという利点はあるのですが，問題点が二つあります．

一つ目の問題は，3クラス以上の場合，クラスどうしの重なりがあっても，そのクラスの組が他のクラスから離れているようなケースでは，クラス内分散・クラス間分散比が大きくなってしまうということです（図9.5）．つまり，多クラスの場合ではクラス間の重なりがうまく評価できていないということです．

二つ目の問題は，この尺度では，ある特徴空間が他の特徴空間に比べて相対的によいということがいえるだけで，要求される識別性能を発揮するかどうかは，識別部を実現してから評価しなければわからないということです．

(2) ベイズ誤り確率

これらの問題を克服するためには，クラス間の重なりを評価でき，またその評価値がなんらかの形でパターン認識システムの性能を示すものであればよいわけです．そ

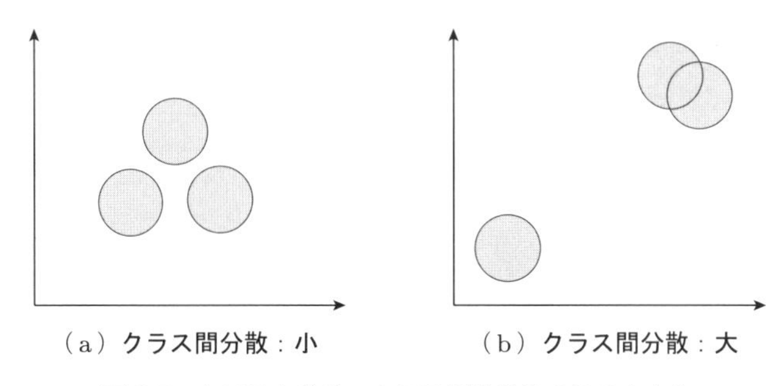

図 9.5　クラス内分散・クラス間分散比の値の大小と特徴空間の良さが対応しない例

のような要求を満たす評価尺度として，**ベイズ誤り確率**があります．

まず，1 次元の特徴量で考えましょう．これまでに出てきた身長を入力として男女を識別するような場合を思い浮かべてください．たとえば 165 cm という入力が得られた場合，男の場合も女の場合もありうるので，この特徴空間ではクラスの分布，すなわち確率密度関数に重なりがあることになります（図 9.6）．

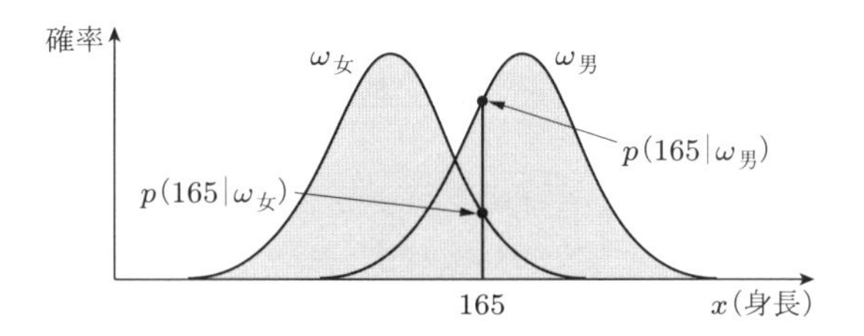

図 9.6　確率密度関数の重なり（図 8.1 再掲）

この確率密度関数が得られたうえで，事後確率最大化識別を行うと，165 cm という入力に対しては，$P(\omega_{男}|165), P(\omega_{女}|165)$ のいずれが大きいかを求めることになります．ベイズの定理を用い，かつ $P(\omega_{男}) = P(\omega_{女}) = 0.5$ を仮定すると，$p(165|\omega_{男}) > p(165|\omega_{女})$ なので，判定は男になります．この場合，判定が誤っている確率は $1 - P(\omega_{男}|165) = P(\omega_{女}|165)$ ということになります．

逆に，女と判定される特徴量 $\boldsymbol{x}$（たとえば 145 cm）が入力されたときは，その判定が誤っている確率は $P(\omega_{男}|145)$ となります．

したがって，一般に 2 クラス$\{\omega_1, \omega_2\}$の識別問題において，特徴量 $\boldsymbol{x}$ が与えられたとき，事後確率最大化識別が誤る確率 $e_B(\boldsymbol{x})$ は，以下のようになります．

$$e_B(\boldsymbol{x}) = \min\{P(\omega_1|\boldsymbol{x}), P(\omega_2|\boldsymbol{x})\} \tag{9.4}$$

これを $\boldsymbol{x}$ に関して積分したものがベイズ誤り確率[†1] e_B になります．ただし，$\boldsymbol{x}$ の分布は一様ではない[†2] ので，その出現確率 $p(\boldsymbol{x})$ がかけられています．

$$\begin{aligned} e_B &= \int e_B(\boldsymbol{x})p(\boldsymbol{x})d\boldsymbol{x} \\ &= \int \min\{P(\omega_1|\boldsymbol{x}), P(\omega_2|\boldsymbol{x})\}p(\boldsymbol{x})d\boldsymbol{x} \end{aligned} \tag{9.5}$$

このベイズ誤り確率 e_B は分布の重なりを表しているので，理論的には，この特徴空間ではこれ以上誤り確率を小さくできないという限界を示していることになります．

ベイズ誤り確率の計算にはクラス分布関数やデータの出現確率が必要になります．クラス分布関数を求めるということは，識別部の実装を前提としており，特徴抽出部だけを切り離して評価することができないという問題があります．また，データの出現確率は，離散事象ならばある程度推定できますが，連続値の場合は正確に求めることは難しくなります．

このように計算の難しいベイズ誤り確率ですが，その近似として 1-NN 法の誤識別率を用いることができます．学習データ数が十分に多い場合，ベイズ誤り確率 e_B と 1-NN 法の誤識別率 e_N の間に，以下の式で示す関係を理論的に導くことができます．

$$e_B \leq e_N \leq 2e_B \tag{9.6}$$

すなわち，1-NN 法の誤識別率はベイズ誤り確率の 2 倍を超えないことがいえるので，これを特徴空間の評価に用いることができます．ベイズ誤り確率の離散値の場合の推定方法は [8] で，連続値の場合の近似方法は [9] で解説されています．

9.2.3 識別部の調整

これまで説明してきた機械学習手法は，学習データを用いて識別器の**パラメータ**を調整する手法でした．パラメータとは，識別関数の重みや，ニューラルネットワークの結合重みのことです．このパラメータ調整は，与えられた指標（たとえば教師信号との 2 乗誤差）を最適化することを目標に行われるものでした．

その際，ニューラルネットワークの中間層のユニット数や学習係数などを事前に与える必要があるのですが，ツールを使ってパラメータ学習を行う際には，ツールが自動的に設定してくれることが多かったので，とくに意識はしませんでした．しかし，

---

†1 事後確率最大化識別はベイズ判定法ともよばれるので，この方法による誤識別の確率をベイズ誤り確率とよびます．

†2 $\boldsymbol{x}$ のすべての値が等確率で出現するわけではないということです．身長 160 cm や 170 cm は頻繁に観測されるでしょうが，230 cm はそうめったには観測されません．

実験の結果，識別部の性能が低いことがわかった場合には，これらの値を調整する必要があります．

(1) ハイパーパラメータの調整

学習すべきパラメータの数は，識別器の構成が決まらないことには定まりません．SVM の多項式カーネルの次数，ニューラルネットワークの中間層のユニット数，混合分布の混合数などがそれにあたります．これらの，識別器の構成を決める変数を**ハイパーパラメータ**とよびます．ハイパーパラメータが適切に設定されていないと，学習データが十分にあっても高い識別性能を実現することはできません．

一部のタスクに非常に特化した設定では，パラメータとハイパーパラメータという二つの調整値を同時に学習することが試みられています．しかし一般的には，たがいに依存関係のある，性質の違う調整値を同時に学習することはできません．片方の調整値が変化すると，それまで学習してきたもう片方の調整値の学習をやりなおさなければならないからです．たとえば，ニューラルネットワークにおいて中間層のユニット数が増えたら，すべてのユニット間の結合重みの学習をやり直さなければならないということです．このことは区分的線形識別関数のところでも説明しました．

一般的には，パラメータは学習データから学習し，ハイパーパラメータはその学習結果を評価して調整することになります．その調整手順は以下のようになります．

1. ハイパーパラメータ λ を固定し，与えられた学習データを用いて識別器を学習する．
2. 交差確認法などを用いて，未知データに対する識別器の誤識別率 e_λ を求める．
3. 可能な λ に対して，1., 2. を繰り返し，e_λ を最小とする λ を求める．

ただし，適用可能な λ が多すぎる場合は，λ の小さいものから順に性能を評価し，性能が下がり始めたところで，ピークになった λ を選ぶという方法がよく用いられます．一般に，λ を小さいほうから順に増やしてゆくと，識別器が徐々に複雑になるので，性能が上がってきます．しかし，ある程度以上の複雑さになると，学習データの量に比べてパラメータの数が多くなり，**過学習**の現象が起こり，テストデータに対する性能がまったく上がらないか，場合によっては下がってきます．この性質を利用して，過学習が起こる手前でハイパーパラメータを決めるということが可能になります（図 9.7）．

(2) 学習過程に影響を与えるパラメータの調整

識別部を調整するにあたって，事前調整が必要なパラメータがさらに二種類あります．一つは学習過程（とくに結果が出力されるまでの計算時間）に影響を与えるもの

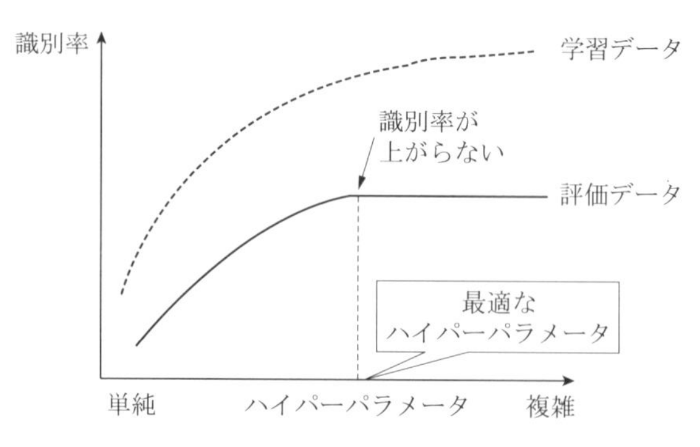

図 9.7　ハイパーパラメータ調整のイメージ

で，もう一つは学習結果に影響を与えるものです†．

学習過程に影響を与えるパラメータの代表的なものは，Widrow–Hoff の学習規則の学習係数や収束判定に用いる値です．これらの値の設定が不適切な場合，学習が途中までしか進まなかったり，結果がなかなか出なかったりします．

(3) 学習結果に影響を与えるパラメータの調整

学習結果に影響を与えるパラメータとしては，SVM で識別面との距離に関する制約を破っているデータの許容度を表す C（演習問題 6.1 参照）があります．この学習結果に影響を与えるパラメータは，識別部の構成を決めるハイパーパラメータと違って連続値をとることが多いので，最適なものを調べるには，ある程度の細かさで値を変化させて性能の変動を調べる必要があります．

また，学習結果に影響を与えるパラメータが複数ある場合は，各パラメータを離散化し，それらのすべての組合せを試す**グリッドサーチ**とよばれる方法がとられます．

例題 9.2　Weka の SVM やニューラルネットワークにおいて，設定可能な学習時のパラメータにどのようなものがあるか調査せよ．

▷解答例　Weka の SMO には図 9.8，MultilayerPerceptron には図 9.9 にそれぞれ示すパラメータがあります．

† この区別がそれほど明確でない場合や，これらの両方に影響を与えるパラメータもあります．

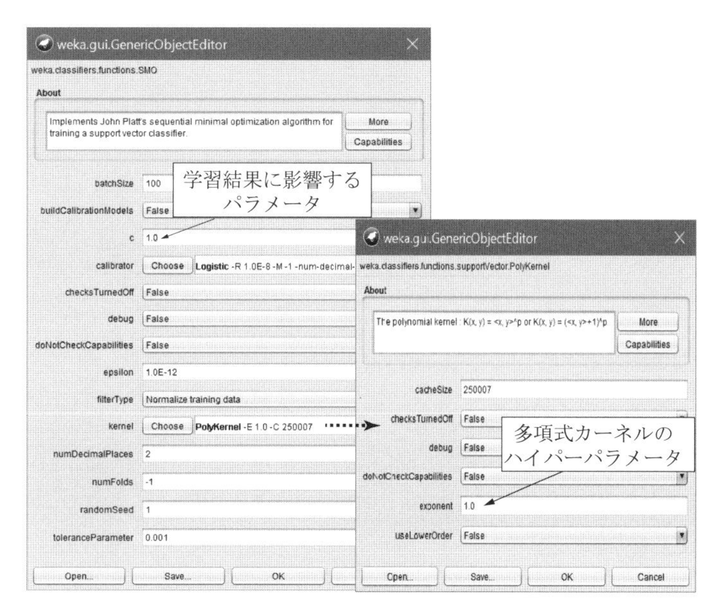

図 9.8 SMO のパラメータ

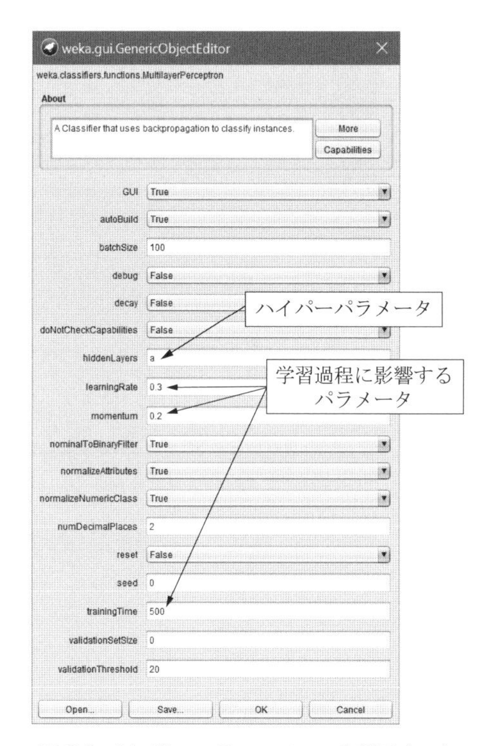

図 9.9 MultilayerPerceptron のパラメータ

演習問題

9.1 例題 7.1 のデータを用いて，この問題におけるニューラルネットワークの最適な中間層の素子数（ハイパーパラメータ）を求めよ．

9.2 Weka 付属のデータセット iris.arff を用いて，ニューラルネットワークの学習のためのパラメータを変化させ，結果への影響を調べよ．

第2部

実践編

第 2 部では，第 1 部で学んだパターン認識の理論を連続音声認識の問題に適用する方法を学びます．

フリーソフトを使って，音響モデルや言語モデルを作成したり，そのモデルを使って実際に音声認識を動かしたりしてみます．ただし，単なる How to の説明にならないように，まず理論から入ります．できるだけ直観的に理論を理解した後，実際にデータを取ったり，設定ファイルを作ったりして（いわゆる「手を動かして」），理論通りのことが実現できていることを確認してゆきます．

第10章
声をモデル化してみよう
―音響モデルの作り方・使い方・鍛え方

本章では，連続音声を認識する手法の概要を説明した後，その重要な要素の一つである音響モデルの作り方・使い方（確率の計算法）・鍛え方（学習法）を学びます．

10.1 連続音声の認識

連続音声認識とは，1音ずつ区切って入力する音韻認識や，1単語ずつ区切って入力する単語認識と異なり，通常の話し言葉のように文単位，あるいは複数の文が区切りなく発話された音声を認識するものです．連続音声認識システムは図10.1に示すようなモジュールで構成されます．

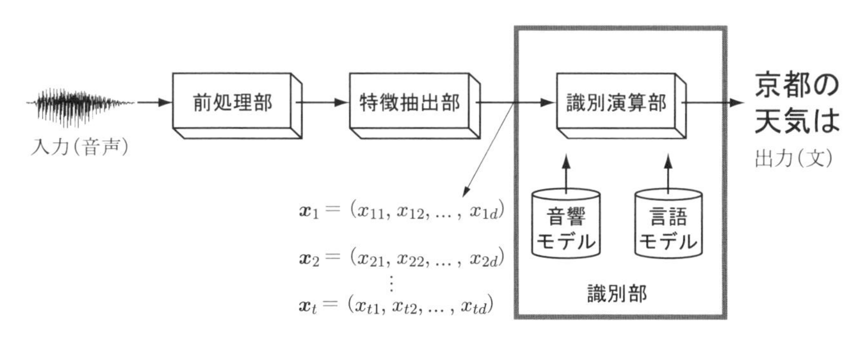

図10.1　連続音声認識システムの構成

一般的なパターン認識システムの構成を示した図1.2とはどこが違うでしょうか．もっとも異なるのは，特徴抽出部の出力が一つのベクトルではなく，ベクトルの系列になっているところです．

図1.2で示したシステムは，特徴抽出部から一つの特徴ベクトルが出力され，それを一つのクラスに対応付けました．たとえば，顔画像の認識であれば，カメラで撮影した1枚の画像から特徴ベクトルを抽出し，それが誰であるかという一つの結果を出力する問題になります．

図10.1で示した連続音声認識システムでは，入力である音声波形は，どこからど

こまでがどの音素に対応するかがわからないので，一定の短い時間（たとえば 10 ms）で区切った特徴ベクトルの系列を入力とすることになります．また，出力として出現可能な文すべてをクラスの要素とすることは難しいので，一般には音素または単語を一つのクラスに対応付け，出力である文は，音素または単語の系列として表現します．したがって，出力もクラスの系列になります．さらに，識別部の入力である特徴ベクトルの系列長と，出力であるクラスの系列長の間には，1 秒あたり何単語というような単純な関係は成り立たないので，出力系列の長さは未知となります．

すなわち連続音声認識は，特徴ベクトルの系列を入力として，長さが未知のクラスの系列を出力するという，パターン認識の中でももっとも難しい問題の一つであるということができます．

この問題に対する現在の解法は，**統計的パターン認識**の手法を用いるというものです．第 8 章で説明した事後確率最大化識別は，特徴ベクトル $\boldsymbol{x}$ を観測したときに，事後確率 $P(\omega_i|\boldsymbol{x})$ が最大になるようなクラス ω_i を認識結果とするというものでした．

$$\arg\max_i P(\omega_i|\boldsymbol{x}) = \arg\max_i p(\boldsymbol{x}|\omega_i)P(\omega_i) \tag{10.1}$$

ここで，$\boldsymbol{x}_1, \ldots, \boldsymbol{x}_t$ を長さ t の特徴ベクトルの系列，$\boldsymbol{w} = w_1, \ldots, w_n$ を n 単語からなる単語列とします．そうすると，統計的方法を用いた連続音声認識は，特徴ベクトル系列 $\boldsymbol{x}_1, \ldots, \boldsymbol{x}_t$ を観測したときに，事後確率が最大になるような単語列 $\boldsymbol{w} = w_1, \ldots, w_n$ を認識結果とするものになります．

$$\begin{aligned} &\arg\max_{\boldsymbol{w}} P(w_1, \ldots, w_n|\boldsymbol{x}_1, \ldots, \boldsymbol{x}_t) \\ &\quad = \arg\max_{\boldsymbol{w}} p(\boldsymbol{x}_1, \ldots, \boldsymbol{x}_t|w_1, \ldots, w_n)P(w_1, \ldots, w_n) \end{aligned} \tag{10.2}$$

第 8 章でも説明しましたが，この式の左辺に出現する事後確率の値を統計によって求めるのは実質的に不可能です．したがって，右辺の二つの確率の値を求めることにします．

右辺第 1 項 $p(\boldsymbol{x}_1, \ldots, \boldsymbol{x}_t|w_1, \ldots, w_n)$ は，単語列 $\boldsymbol{w} = w_1, \ldots, w_n$ を発声したときに，特徴ベクトル系列 $\boldsymbol{x}_1, \ldots, \boldsymbol{x}_t$ がどれくらいの確率で観測されるかということを表した条件付き確率です．この値を求めるための確率モデルは，ある単語がどのような音と対応しているかを表したものなので，**音響モデル**とよびます．

右辺第 2 項 $P(w_1, \ldots, w_n)$ は，単語列 $\boldsymbol{w} = w_1, \ldots, w_n$ がどのくらいの確率で観測されるかを示したものです．この値を求めるための確率モデルは，日常よく見かける単語列には高い確率を，文法的に誤っている単語列や意味がわからない単語列には低い確率を割り当てるようになっている必要があります．これを**言語モデル**とよび

ます．

これらの積を最大にする単語列を認識結果とするのですが，出現可能な単語列の数が膨大になる大語彙連続音声認識では，式 (10.2) の値をすべての単語列 $\boldsymbol{w}$ について求めることはできません．最大値をとりそうな候補に限定して計算を行う，いわゆる**探索**を行う必要があります．

この音響モデル・言語モデル・探索が図 10.1 の識別部を構成して，系列パターンの連続的な認識という，パターン認識の中のもっとも難しい問題への一つの解決法を与えています．本章の以降の節では，音響モデルの作り方・使い方・鍛え方について説明し，第 11 章でツールを使って音響モデルを作成してみます．言語モデルについては，第 12 章と第 13 章で，探索については第 14 章で詳しく説明します†1．

10.2 音響モデルの作り方

音響モデルとは，式 (10.2) 右辺の条件付き確率 $p(\boldsymbol{x}_1, \ldots, \boldsymbol{x}_t | w_1, \ldots, w_n)$ の値を与えてくれるメカニズムのことです．一般的にこの問題は，クラスの系列が与えられたときに，ある特徴ベクトルの系列が観測される確率を求める問題と捉えることができます．

単語列の長さと特徴ベクトル系列の長さが同じであれば問題は簡単です．一つのクラス w が与えられたときに，一つの特徴ベクトル $\boldsymbol{x}$ が観測される確率は，第 8 章で説明した方法でクラス分布関数 $p(\boldsymbol{x}|w)$ を推定することで得られます．この計算を系列の長さだけ繰り返し，それらをかけ合わせれば求める確率になります．

しかし連続音声認識の問題では，ある単語がいくつの特徴ベクトルに対応するかはわかりません．単語列からある特徴ベクトルの系列が生成される確率はどうやって求めればよいでしょうか．

まず，もっとも単純化した問題から特徴ベクトル系列と確率の関係を考えましょう．認識対象は単語とします．つまり，$p(\boldsymbol{x}_1, \ldots, \boldsymbol{x}_t | w)$ を求める問題を考えます．単語は音素の系列からなるものとします．そして特徴ベクトルを離散化した記号で表現するものとします．たとえば，音素/a/に対応する特徴ベクトルを A と表現します†2．

設定 1

いま，各音素の時間長をすべて等しいものとし，3 フレーム†3 で 1 音素に対応す

†1 音声認識の理論的な詳細に関しては，河原による教科書[10]や拙著[11]をご覧ください．
†2 特徴空間を超平面によって分割し，音素/a/に対応する区画に A という名前を付けたと考えます．
†3 フレームとは特徴ベクトル一つに対応する入力区間です．特徴ベクトルを数える単位と考えてもよいです．

るとします．また，特徴ベクトルの抽出処理に誤りは起こらないものとします．すなわち，/a/ と発声すると，特徴ベクトルとして必ず A が三つ得られるとします．そうすると，単語「あす」(/a/ /s/ /u/) の音響モデルとしては，特徴ベクトル系列が AAASSSUUU のときだけ値 1 を，これ以外の系列には値 0 を出力するメカニズムを作ればよいことになります．

このような入出力を行うモデルは，図 10.2 で示すような，各状態で記号を出力する**オートマトン**[†1] で作成することができます．丸は状態を表し，矢印は遷移を表します．

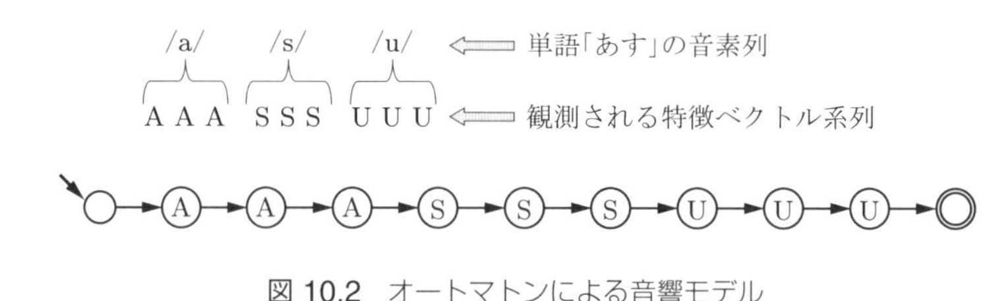

図 10.2 オートマトンによる音響モデル

一番左端の斜め方向の矢印の付いた丸が**初期状態**です．また，一番右端の二重丸は**最終状態**です．これらはオートマトンにおける処理の開始と終了を示す特殊な状態で，これらの状態からは記号は出力されません．初期状態と最終状態の間にある各状態では，その状態に対応付けられた記号を出力するものとします．このオートマトンは 3 音素（/a/ /s/ /u/）からなる単語「あす」の音響モデルです．各音素は 3 フレームの記号に対応するので，状態数を 9 とします[†2]．

このオートマトンの動作は，初期状態から始まります．初期状態から一つ右隣の状態に遷移して A を出力し，その後矢印で示された右隣の状態へ遷移します．遷移した後の状態でも，その状態に対応付けられた記号を出力し，また次の状態へ遷移します．つまり，図 10.2 に示すオートマトンは，記号列 AAASSSUUU を出力する機械とみなすことができます．

与えられた特徴ベクトル系列がこのオートマトンから出力された確率を求めるときは，オートマトンの出力記号と特徴ベクトル系列を前から順に比較します．記号が一致すれば次の状態へ進み，一致しなければそこで終了です．この手順で最終状態に達することができれば，観測された系列がこのオートマトンから出力された確率は 1 で，最終状態に達することができなければ確率は 0 です．

---

†1 一般的なオートマトンは，入力に従って内部状態を変化させ，入力記号列が受理できるかどうかを判定する仮想機械として説明されますが，この例のように，入力がなく，状態を移る（状態遷移とよびます）ごとに記号を出力するという定式化も可能です．

†2 初期状態と最終状態を含めると 11 状態になります．

すなわち，$P(\mathrm{AAASSSUUU} \mid \text{あす})$ の値のみが 1 で，$P(\mathrm{AAASSUUU} \mid \text{あす})$ や，$P(\mathrm{AAASSSUUE} \mid \text{あす})$ の値は 0 になります．

設定 2

さて，問題を少しだけ現実に近づけましょう．設定 1 では特徴ベクトル系列には誤りがないものとしましたが，現実にはそんなことはありません．入力信号に存在する雑音やさまざまな要因による入力信号のぶれが原因で，離散記号に対応付けるときに誤りが起こりえます．設定 2 では，各フレームにおいて一定の確率で誤りが生じるものとします．たとえば，音素 /a/ が入力されたとき，確率 0.8 で特徴 A が観測され，確率 0.1 で特徴 I が，確率 0.1 で特徴 O が観測されるとします．

このような設定で記号列の確率を求める場合は，**確率オートマトン**を使い，各状態で確率的に記号が出力されるものとします（図 10.3）．これらの確率を**出力確率**とよびます．

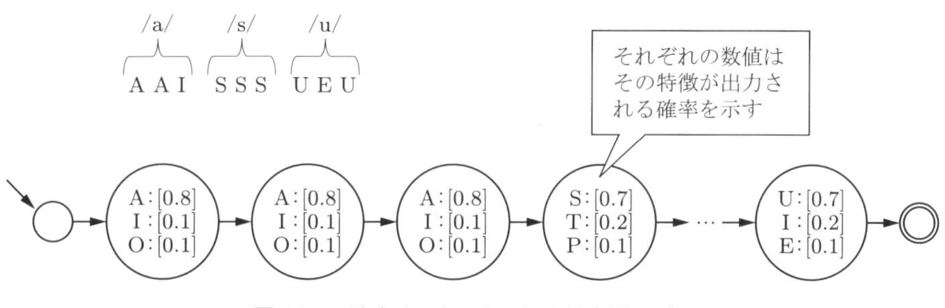

図 10.3 確率オートマトンによる音響モデル

この設定で，図 10.3 の確率オートマトンから特徴抽出誤りのまったくない特徴ベクトル系列 AAASSSUUU が出力される確率は，

$$
\begin{aligned}
&P(\mathrm{AAASSSUUU} \mid \text{あす}) \\
&= 0.8 \times 0.8 \times 0.8 \times 0.7 \times 0.7 \times 0.7 \times 0.7 \times 0.7 \times 0.7 \\
&= 6.0236288 \times 10^{-2}
\end{aligned}
$$

となり，少し特徴抽出誤りが含まれた特徴ベクトル系列 AAISSSUEU が出力される確率は，

$$
\begin{aligned}
&P(\mathrm{AAISSSUEU} \mid \text{あす}) \\
&= 0.8 \times 0.8 \times 0.1 \times 0.7 \times 0.7 \times 0.7 \times 0.7 \times 0.1 \times 0.7 \\
&= 1.075648 \times 10^{-3}
\end{aligned}
$$

となります．誤りが多く含まれるほど確率が下がります．

設定 3

さらにもう一つの制約を取り除いて，より現実の問題に近づけます．設定 3 では設定 2 に加えて，1 音素あたりのフレーム数がわからないものとします．こうなると簡単にはいきません．記号列の長さが不明なので，状態をいくつ用意すればよいのかわかりません．

この問題は，確率オートマトンのそれぞれの状態に，自分に戻ってくる状態遷移（**自己遷移**または**ループ**といいます）を付けることで解決します．こうすると，状態数以上の任意の長さをもつ特徴ベクトル系列に対して確率を得ることができます．

また，各音素での特徴ベクトル系列の平均的な長さを表すために，状態遷移にも確率を付けます．この確率を**遷移確率**とよびます．たとえば，/a/ という音素が平均的に 4 フレームの長さがあるとすれば，図 10.4 の状態 S_1 を 3 回回って状態 S_2 に遷移するという可能性がもっとも高いということにします．自己遷移を 3 回，次状態への遷移を 1 回通るので，それぞれに 0.75，0.25 という確率を割り振ります．

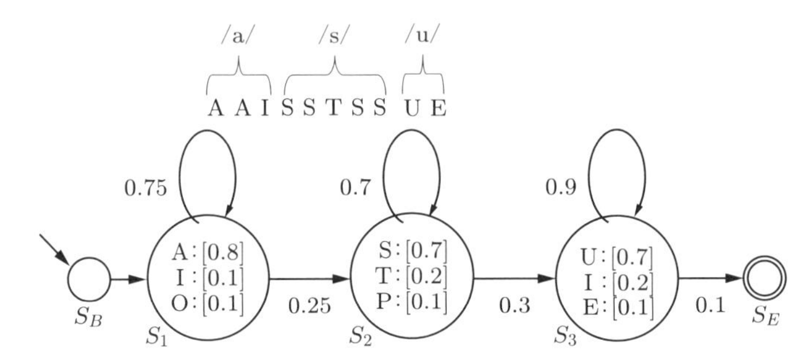

図 10.4 自己遷移付き確率オートマトンによる音響モデル

この自己遷移付き確率オートマトンを用いると，特徴ベクトル系列 AAISSTSSUE が出力される確率は，

$$
\begin{aligned}
&P(\text{AAISSTSSUE} \mid \text{あす}) \\
&= P(S_B \to S_1) \cdot P(\text{A} \mid S_1) \cdot P(S_1 \to S_1) \cdot P(\text{A} \mid S_1) \cdot \cdots \\
&\cdot P(\text{E} \mid S_3) \cdot P(S_3 \to S_E) \\
&= 1.0 \times 0.8 \times 0.75 \times 0.8 \times \cdots \times 0.1 \times 0.1 \\
&= 1.9611853 \times 10^{-7}
\end{aligned}
$$

となります．

設定 4

ここまでは説明を簡単にするために，各状態で出力可能な特徴ベクトルをいくつか

に制限してきました．たとえば図 10.4 の状態 S_1 では，特徴ベクトルは A, I, O のいずれかしか出力されません．しかし，このような制限を付けると，ある状態で出力確率が 0 の特徴ベクトルが，系列全体でたった一つ観測されただけで，系列全体の確率が（他の部分がいくら高い確率になっていたとしても）0 になってしまいます．この問題を避けるために，実際にはすべての状態ですべての特徴ベクトルに対してなんらかの確率を割り当てます（図 10.5）．

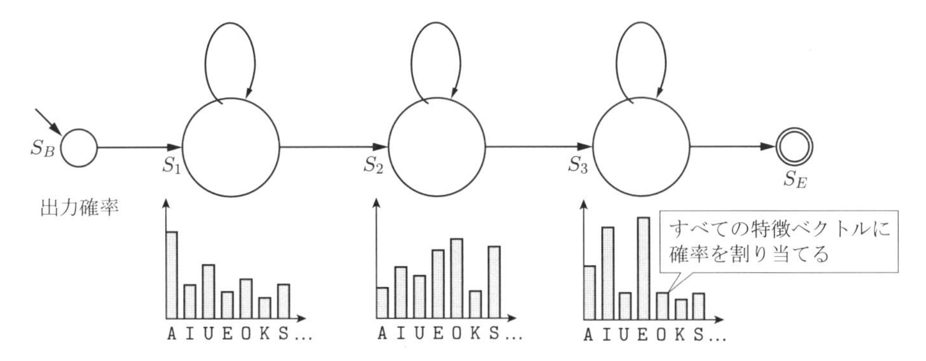

図 10.5　すべての状態ですべての記号が出力可能なオートマトン

ところが，そうすることによって，やっかいな問題が新たに一つ発生します．たとえば特徴ベクトル系列 AAISSTSSUE において，最初の特徴ベクトル A は図 10.5 の状態 S_1 が出力したものであることが，オートマトンの構造から決まります．しかし 2 番目の特徴ベクトル A は，状態 S_1 で自己遷移して再度状態 S_1 が出力したのか，状態 S_1 から状態 S_2 へ遷移して状態 S_2 が出力したのかわからなくなります．

つまり，ある系列に対して，もしそれが最終的に受理されたとしても，オートマトンのどの状態を通ってきたのかがわからないのです．このような性質を**非決定性**といいます．この非決定性は確率の計算をかなり複雑にします．

このような**確率的非決定性オートマトン**は，別名**隠れマルコフモデル**（hidden Markov model; **HMM**）とよばれます．出力系列が与えられたときに，どのような状態遷移が行われてきたかが隠れているので，このような名前が付いています．近年実用化されている音声認識システムの音響モデルには，この HMM がよく用いられています．

10.3 音響モデルの使い方

ここでは HMM を使って，観測された系列の確率を求めてみましょう．まず，可能な系列をすべて求めてその和を計算する単純な方法から入り，計算を効率よくする方法や，近似的な結果を求める方法を説明します．

10.3.1 HMM における確率計算

HMM の出力確率計算のもっとも単純な方法では，すべての可能な**状態遷移系列**を求め，それらの確率の和を求めます．ここでは例題を通じて，その計算方法を説明します．

例題 10.1 図 10.6 に示す HMM が与えられているとき，特徴ベクトル系列 “AAB” の出力確率を求めよ．

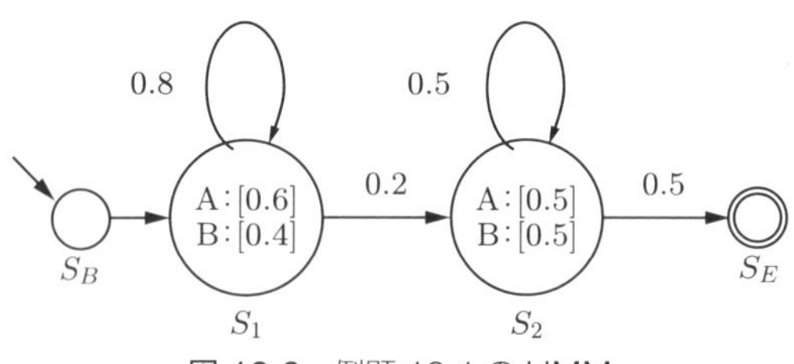

図 10.6 例題 10.1 の HMM

▷解答例 系列 “AAB” がこの HMM から出力されるということは，状態遷移系列において，最初の記号 A は状態 S_1 から，最後の記号 B は状態 S_2 から出力されるという制約がつきます．そして系列長が 3 で，状態数が 2 なので†，どちらかの状態で一度自己遷移します．したがって，可能な状態遷移系列は $S_B \to S_1 \to S_1 \to S_2 \to S_E$ と $S_B \to S_1 \to S_2 \to S_2 \to S_E$ で，それぞれの確率を求めると以下のようになります．

$$
\begin{aligned}
&P(S_B \to S_1) \cdot P(\mathrm{A}\,|S_1) \cdot P(S_1 \to S_1) \cdot P(\mathrm{A}\,|S_1) \cdot P(S_1 \to S_2) \\
&\cdot P(\mathrm{B}\,|S_2) \cdot P(S_2 \to S_E) \\
&\quad = 1.0 \times 0.6 \times 0.8 \times 0.6 \times 0.2 \times 0.5 \times 0.5 \\
&\quad = 0.0144
\end{aligned}
$$

$$
\begin{aligned}
&P(S_B \to S_1) \cdot P(\mathrm{A}\,|S_1) \cdot P(S_1 \to S_2) \cdot P(\mathrm{A}\,|S_2) \cdot P(S_2 \to S_2) \\
&\cdot P(\mathrm{B}\,|S_2) \cdot P(S_2 \to S_E) \\
&\quad = 1.0 \times 0.6 \times 0.2 \times 0.5 \times 0.5 \times 0.5 \times 0.5 \\
&\quad = 0.0075
\end{aligned}
$$

これらは同時には起こりえない事象なので，求める確率はこれらの和 $0.0144 + 0.0075 = 0.0219$ となります．

次は状態数が多い HMM を使って，もう少し長い系列の確率を計算してみましょう．

† 開始状態 S_B と最終状態 S_E は記号を出力しないので，状態数からは除外します．

例題 10.2 図 10.7 に示す HMM が与えられているとき，特徴ベクトル系列 “AAABB” の出力確率を求めよ．

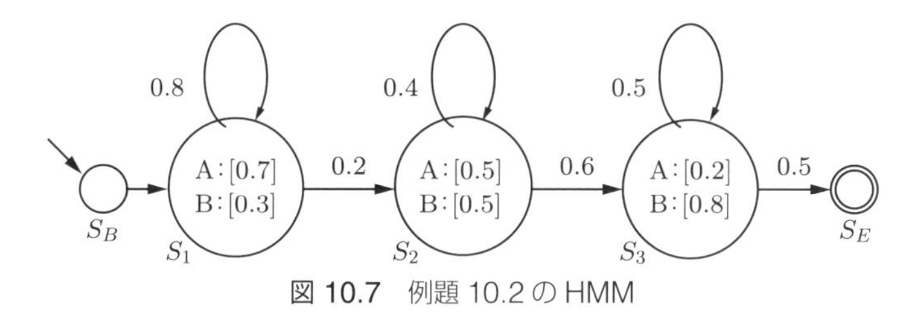

図 10.7 例題 10.2 の HMM

▷解答例 状態数が 3，系列長が 5 なので自己遷移を合計 2 回行うことから，可能な状態遷移系列は 6 通りです．各系列の確率は表 10.1 のようになります．

表 10.1 可能な状態遷移系列とその確率

状態遷移系列	確率
S_B S_1 S_1 S_1 S_2 S_3 S_E	0.0053
S_B S_1 S_1 S_2 S_2 S_3 S_E	0.0019
S_B S_1 S_1 S_2 S_3 S_3 S_E	0.0038
S_B S_1 S_2 S_2 S_2 S_3 S_E	0.0007
S_B S_1 S_2 S_2 S_3 S_3 S_E	0.0013
S_B S_1 S_2 S_3 S_3 S_3 S_E	0.0007

例題 10.1 と同様に，これらの確率の和 0.0137 が求める確率となります．

10.3.2 トレリスによる効率のよい計算

例題 10.2 では，可能な状態遷移をすべてリストアップし，その確率の和を計算しました．しかし，この計算は少し無駄が多いようです．たとえば表 10.1 の最初の三つの状態遷移系列では，「状態 S_1 で A を出力し，自己遷移の後，もう一度 A を出力する」確率の計算が共通しています．そこで，一度行った計算の結果を記録しておいて，必要になったときに再利用する方法を考えます．

図 10.8 に示すように，縦軸に状態，横軸に時間（特徴ベクトルの系列）をとり，格子状にセルを並べた計算シートを作成します．このシートを**トレリス**とよびます．

トレリスの各セルの値は，セルに入ってくる矢印すべてに対して，矢印のもとのセルの値・遷移確率・矢印の先のセルでの出力確率の三つをかける計算を行い，それらの和を求めます．この計算を左上から順に，入力記号ごとに行います．

図 10.8 では，①のセルが，先ほど例に挙げた「状態 S_1 で二つ目の A を出力した時点」に対応しています．この後，可能な系列は $S_1 \rightarrow S_2 \rightarrow S_3 \rightarrow S_E$,

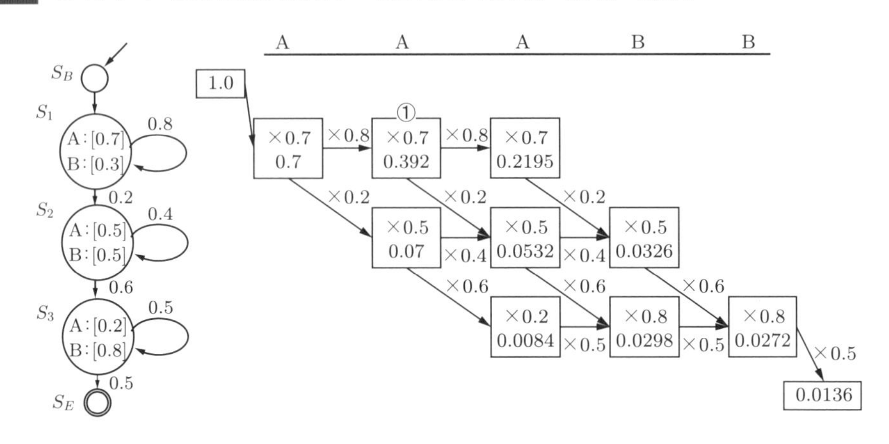

図 10.8 トレリス

$S_2 \to S_2 \to S_3 \to S_E$, $S_2 \to S_3 \to S_3 \to S_E$ と 3 通りありますが，これらの確率を計算する際，①のセル以前の計算を，後戻りしてやり直す必要はありません．

このように，途中の計算結果を記録することで，効率よく前向きに系列の確率計算を行う方法を **forward アルゴリズム**とよびます．

一般に，系列長を T，HMM の状態数を N とすると，すべての可能な状態遷移を数え上げてから確率を計算する方法では，すべての状態間で遷移可能とした場合，N^T に比例する計算時間がかかります．一方，forward アルゴリズムでは $N^2 \cdot T$ に比例する時間で済みます．

10.3.3 ビタビアルゴリズムによる近似計算

ここまでは単語認識を想定して，一つの HMM が特徴ベクトル系列を出力する確率（すなわち音響モデルスコア）の計算法を説明してきました．しかし，連続音声認識の音響モデルスコア計算は，そう簡単ではありません．連続音声は単語列なので，単語 HMM を結合することで大きな HMM を構成します．たとえば連続数字認識は，0 から 9 までの数字を表した 10 個の HMM を用意し，それらの初期状態と最終状態を一つにまとめ，さらに最終状態から初期状態へ戻る遷移を加えた HMM（図 10.9）で確率計算を行います．

そうすると重要なことは，観測された特徴ベクトル系列がこの HMM から出力される確率ではなく，どの HMM を通ればもっとも確率の高い経路となるかということになります．これが音響モデルスコアを最大とする単語列になるからです．

このもっとも高い確率の経路を求める計算は，forward アルゴリズムを少し改良するだけで行えます．forward アルゴリズムでは各セルの値を求める際に，入ってくる

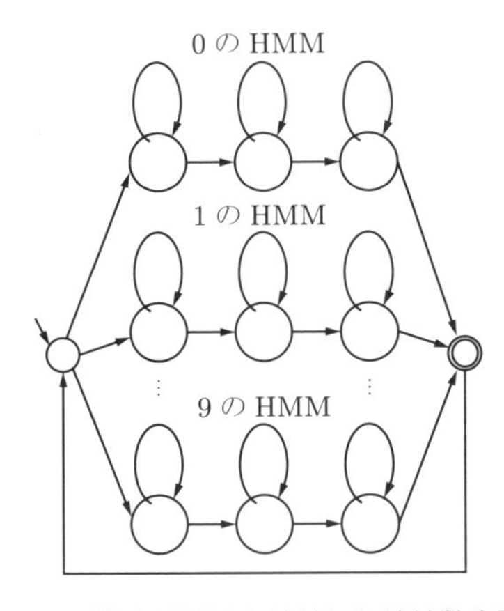

図 10.9　数字 HMM を連結した連続数字認識

確率の和を求めていましたが，この演算を，「入ってくる確率の最大値を求め，その最大値を与える経路の情報を保存しておく」という処理に置き換えます．これを**ビタビアルゴリズム**とよびます．トレリスでのビタビアルゴリズムを用いた計算過程を図 10.10 に示します．

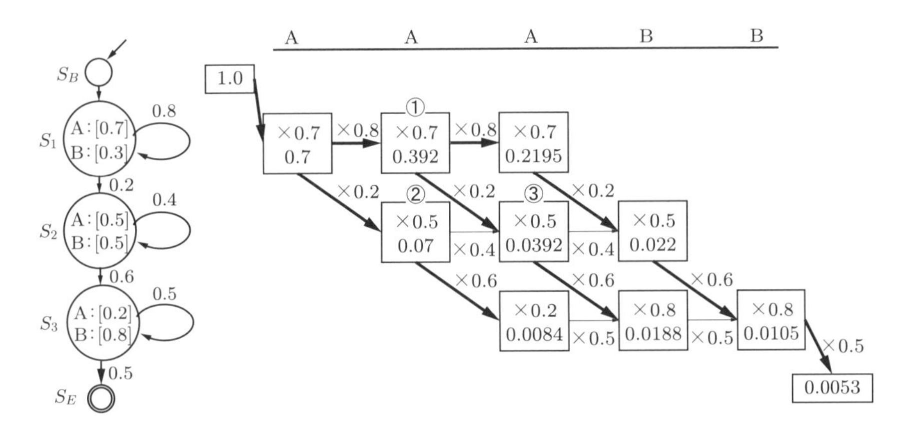

図 10.10　ビタビアルゴリズムのトレリス表現

たとえば ③のセルの値は，①のセルからの確率（$0.392 \times 0.2 = 0.0784$）と②のセルからの確率（$0.07 \times 0.4 = 0.028$）の大きいほうに，特徴 A の出力確率をかけたもの（$0.0784 \times 0.5 = 0.0392$）になります．そして，最大値を与えた経路の情報（図 10.10 の太矢印）を保存しておきます．この演算を，forward アルゴリズムと同様に，左上から順に出力記号ごとに行います．

右下のセルに到達して計算が終了した後に，最終状態から太矢印を逆にたどると，もっとも高い確率を与える経路を得ることができます．

なお，ビタビアルゴリズムによって得られる確率は，計算過程で最大値をとってしまっているので，正確な意味での確率ではありません．しかし，音声認識においては，forward アルゴリズムで求めた正確な確率と，ビタビアルゴリズムの確率のどちらを音響モデルスコアとしても，性能にそれほど差がないということが実験的に示されています．

10.4 音響モデルの鍛え方

ここまでは学習済みの HMM が与えられたものとして，出力確率の計算法を説明してきました．ここでは，どうやって HMM の学習を行うかについて説明します．まず構造を決め，それからパラメータを学習によって鍛えます．

まず，HMM の構造の決め方から考えてゆきましょう．

HMM はオートマトンの一種なので，状態間に自由に遷移を設定することができます．しかし，音響モデルとして用いる場合は，第 3 章で説明した声道の形の（非可逆な）変化を捉えることになるので，とくに複雑な遷移を想定する必要はありません．声道の形を一定時間似たような状態に保ち，次の形になめらかに移行するという現象は，図 10.5 のように，自己遷移を繰り返しながら一方向に状態が移る構造で表現することができます．状態数としては，母音はスペクトルが定常的なので 1 状態，子音はスペクトルが変化するので 3 状態にすることが多いようです．

このように構造を決定した後は，学習データを用いて，各状態のパラメータを推定します．まずは単純な設定から順に考えてゆきましょう．

10.4.1 状態遷移系列がわかっている場合

まず，学習データに対する状態遷移系列がわかっているものとし，これも学習データの一部として扱えると仮定します．

例として，特徴ベクトルが A, B の 2 種類，状態数が 2 の HMM を考えます．学習データ “ABAAABBA” に対して，“$S_B S_1 S_1 S_1 S_1 S_1 S_2 S_2 S_2 S_E$” という状態遷移系列がわかっているものとします（図 10.11）．

状態 S_1 に着目すると，特徴ベクトル A を 4 回，B を 1 回出力しています．したがって，このデータから最尤推定すると，$P(A|S_1) = 0.8$，$P(B|S_1) = 0.2$ になります．また，遷移確率は，自己遷移を 4 回行って，5 回目で状態 S_2 へ移動しているので，$P(S_1 \rightarrow S_1) = 0.8$，$P(S_1 \rightarrow S_2) = 0.2$ になります．状態 S_2 に対しても同様に出力確率と遷移確率を求めることができます．

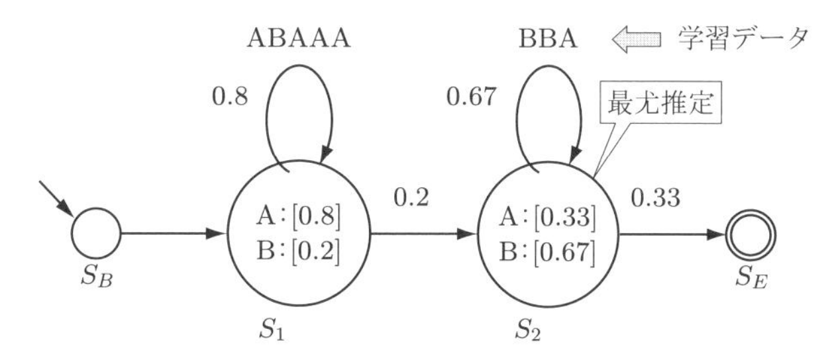

図 10.11 状態遷移系列がわかっている場合の学習

10.4.2 状態遷移系列の確率がわかっている場合

次に少し制限を緩めましょう．状態遷移系列を一つに特定することはできないけれど，複数の状態遷移系列に対してその確率が与えられている場合を考えます．

たとえば，上と同じ“ABAAABBA”という学習データに対して，状態遷移系列“$S_BS_1S_1S_1S_1S_1S_2S_2S_2S_E$”の確率が 0.6，“$S_BS_1S_1S_1S_1S_2S_2S_2S_2S_E$”の確率が 0.4 というように学習データが与えられたとします．

この場合は，それぞれの状態遷移系列に対して図 10.11 に示した方法でパラメータ

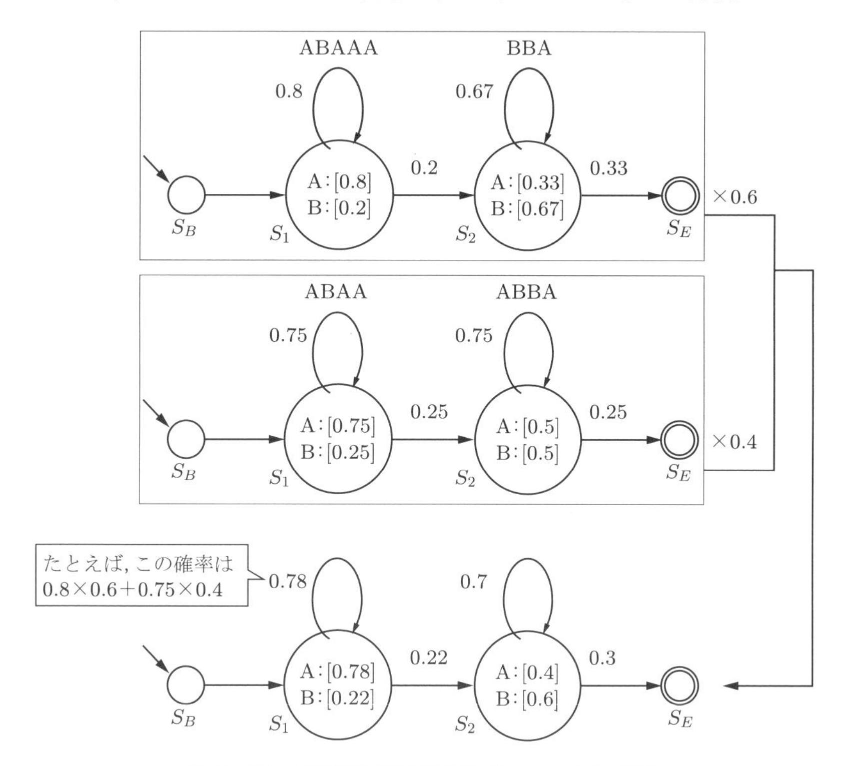

図 10.12 状態遷移系列の確率がわかっている学習

を最尤推定し，それらに対して状態遷移系列の確率をかけたものを図 10.12 に示すように足し合わせればよいのです．つまり，確率の高い状態遷移系列ほどパラメータ推定に与える影響が大きいということです．

10.4.3 Baum–Welch アルゴリズム

さて，最後は状態遷移系列の確率もわかっていない場合，つまり現実の HMM の学習を扱います．ここでは，まず**初期モデル**を設定します．出力確率と遷移確率に適当な初期値を割り振ったものを初期モデルとします．

次に，学習データとして与えられた特徴ベクトルのあらゆる可能な状態遷移系列に対して，初期モデルを使ってその生成確率を計算します．モデルのパラメータがでたらめなので，それに基づいて計算された状態遷移系列の生成確率も当然でたらめです．しかし，とりあえずこの確率を各系列に与えられた確率とみなすと，先に示した「状態遷移系列の確率がわかっている場合の学習」が行えます．これによって，各状態のパラメータが初期値から更新されます．

この更新後のパラメータは，初期値よりは少しだけ正しい値に近づいているのです．この操作を，パラメータの変化量が閾値より小さくなるまで繰り返します．この学習アルゴリズムを **Baum–Welch**（バーム–ウェルチ）**アルゴリズム**といいます．これは，第 8 章で説明した EM アルゴリズムそのものです．

例題で実際に計算しながら，この操作でパラメータがより正しいものに近づいてゆく様子を見てゆきましょう．

例題 10.3 初期モデルとして図 10.13 に示す HMM を設定したとき，学習データ “AAAB” を用いて Baum–Welch アルゴリズムでパラメータを学習せよ．

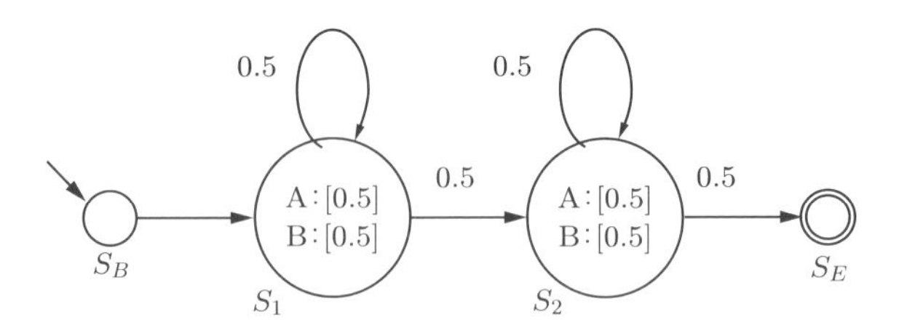

図 10.13 初期モデル

▷解答例 初期モデルはすべての状態における記号の出力確率が等しく，遷移確率も等しいものとなっています．

ここで，学習データとして “AAAB” を与えます．目標とする学習結果は状態 S_1 では A の出力確率が高く，状態 S_2 では B の出力確率が高いものです．また，状態 S_1 に留まる時間が長くなるように，状態 S_1 では自己遷移の遷移確率が高くなることが期待されます．

"AAAB" に対する可能な状態遷移系列は 3 種類で，初期モデルによるそれらの出現確率は以下のようになります．

$$P_{S_B S_1 S_1 S_1 S_2 S_E} = 0.5^8 = 0.00390625$$
$$P_{S_B S_1 S_1 S_2 S_2 S_E} = 0.5^8 = 0.00390625$$
$$P_{S_B S_1 S_2 S_2 S_2 S_E} = 0.5^8 = 0.00390625$$

上記の系列から集計すると，状態 S_1 で A を出力した回数は 6 回，B を出力した回数は 0 回です．すべての系列が等確率なので，単純に割合を学習後の確率としてかまいません．したがって $P(A|S_1) = 1.0$，$P(B|S_1) = 0$ となります．

状態 S_2 に関しては，"B", "AB", "AAB" が出力される確率がそれぞれ 1/3 なので，

$$P(\mathrm{A}\ |S_2) = 0 \times \frac{1}{3} + \frac{1}{2} \times \frac{1}{3} + \frac{2}{3} \times \frac{1}{3} \approx 0.389$$

$$P(\mathrm{B}\ |S_2) = 1 \times \frac{1}{3} + \frac{1}{2} \times \frac{1}{3} + \frac{1}{3} \times \frac{1}{3} \approx 0.611$$

となります．

また，遷移確率の計算は以下のようになります．

$$P(S_{11}) = \frac{2}{3} \times \frac{1}{3} + \frac{1}{2} \times \frac{1}{3} + 0 \times \frac{1}{3} \approx 0.389$$
$$P(S_{12}) = \frac{1}{3} \times \frac{1}{3} + \frac{1}{2} \times \frac{1}{3} + 1 \times \frac{1}{3} \approx 0.611$$
$$P(S_{22}) = 0 \times \frac{1}{3} + \frac{1}{2} \times \frac{1}{3} + \frac{2}{3} \times \frac{1}{3} \approx 0.389$$
$$P(S_{2E}) = 1 \times \frac{1}{3} + \frac{1}{2} \times \frac{1}{3} + \frac{1}{3} \times \frac{1}{3} \approx 0.611$$

したがって，学習後の HMM は図 10.14 のようになります．

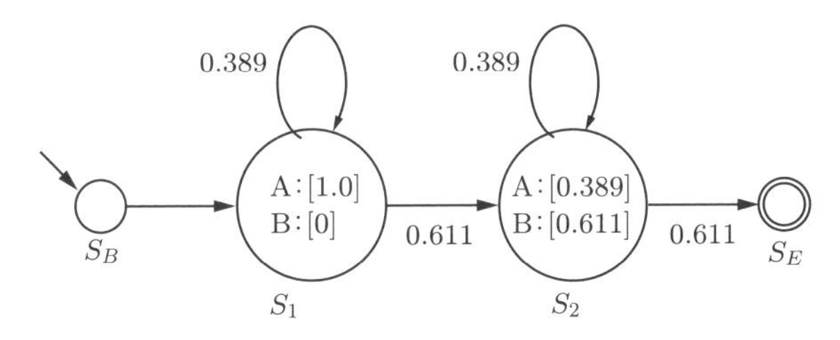

図 10.14　1 ステップの学習後の HMM

この学習によって，S_1 で A の出力される確率が，また S_2 で B の出力される確率がそれぞれ高くなりました．少しだけ目標に近づいてきました．

さて，この新しいパラメータで再度学習データのすべての状態遷移系列について出現確率を計算すると，

$$P_{S_B S_1 S_1 S_1 S_2 S_E} = P(A|S_1) \cdot P_{11} \cdot P(A|S_1) \cdot P_{11} \cdot P(A|S_1) \cdot P_{12} \cdot P(B|S_2) \cdot P_{2E}$$

$$
\begin{aligned}
&\approx 0.0345 \\
P_{S_B S_1 S_1 S_2 S_2 S_E} &= P(A|S_1) \cdot P_{11} \cdot P(A|S_1) \cdot P_{12} \cdot P(A|S_2) \cdot P_{22} \cdot P(B|S_2) \cdot P_{2E} \\
&\approx 0.0134 \\
P_{S_B S_1 S_2 S_2 S_2 S_E} &= P(A|S_1) \cdot P_{12} \cdot P(A|S_2) \cdot P_{22} \cdot P(A|S_2) \cdot P_{22} \cdot P(B|S_2) \cdot P_{2E} \\
&\approx 0.0052
\end{aligned}
$$

となり，それぞれの系列の出現確率の比を，足して1になるように計算すると，0.649:0.253:0.098になります．この結果に基づいて「状態遷移系列の確率がわかっている場合の学習」を行うと，各状態のパラメータは図10.15のようになります．

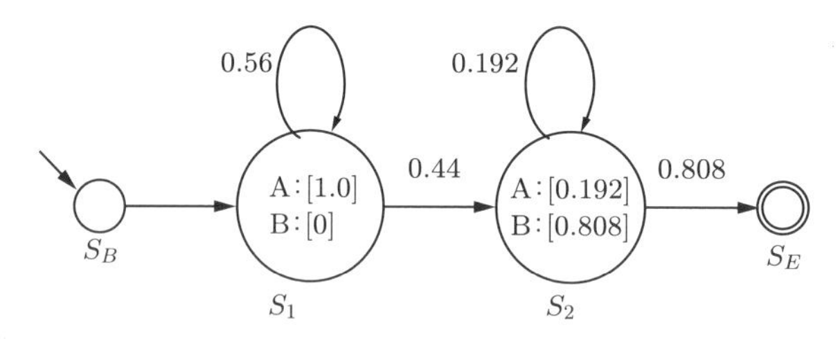

図10.15 2ステップの学習後のHMM

S_2でBの出力される確率が高くなり，状態遷移確率も，状態S_1ではループを回りやすく，状態S_2ではループを回りにくくなっています．

さらにこのパラメータでもう一度同じ処理を行うと，より目的のHMMに近くなります．これがBaum–Welchアルゴリズムの考え方です．

Baum–Welchアルゴリズムの学習過程は，最初はでたらめなパラメータであっても，学習データの系列がもつ統計的な性質が，その性質を反映させるようにパラメータを引っ張ってゆくようなイメージです．

実際には，全系列の確率を求めるのではなく，forwardアルゴリズムと，これを逆から行ったbackwardアルゴリズムを組み合わせて効率よく計算を行う，**forward-backwardアルゴリズム**がよく用いられています．

10.5 実際の音響モデル

10.5.1 離散値から連続値へ

ここまでは，各状態で離散記号に対して出力確率が与えられている離散分布HMMを用いて，系列の確率の計算法やパラメータの学習法を説明してきました．しかし，これは説明を簡潔にするためです．実際の音響モデルには，出力確率が確率密度関数で与えられる連続分布HMMを用います（図10.16）．確率密度関数として，正

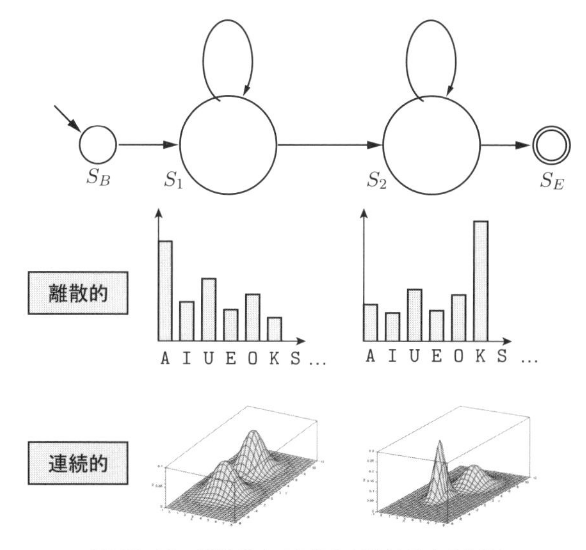

図 10.16 離散分布 HMM と連続分布 HMM

規分布を重み付きで足し合わせた GMM（Gausian mixture model）を使う方法を GMM-HMM 法とよびます.

系列の確率の計算法は，離散分布の場合と連続分布の場合とでとくに変わりはありません．パラメータの学習法は，第 8 章で説明した EM アルゴリズムを用います．正規分布の混合数は，あらかじめ 16 程度の大きめの値をとっておく方法と，学習結果に応じて調整する方法があります.

10.5.2 ディープニューラルネットワークによる高精度化

近年では，混合分布による出力確率の計算を，7.3 節で説明したディープニューラルネットワークに置き換えることで，より高精度になることが報告されています．この方法は，DNN-HMM 法とよばれます．その際，単純に入力層に特徴ベクトルを入力したときの出力層からの出力を確率とするのではなく，ディープニューラルネットワークの特徴に応じた工夫をします.

まず入力を，比較的長い時間（10 フレーム以上）に対するメルフィルタバンクの出力（2.2.1 項参照）とします．これは，MFCC の計算やその差分を求めていた特徴抽出処理を行わずに，特徴そのものをニューラルネットワークに学習させていることに相当します．そして，出力層のユニットをすべての HMM の状態数分用意します．そうすると，このニューラルネットワークは，ある音声信号が与えられたときに，その音声信号（厳密にいうとその音声信号の中央のフレーム）が生成される確率を，すべての HMM 状態について計算してくれるものということになります†1.

このニューラルネットワークを認識に用いる際には，単語列 $\boldsymbol{w}$ を HMM の状態遷移系列 $S_1, \ldots, S_t$ を用いた表現に置き換え，出力確率として各状態における $p(\boldsymbol{x}|S_i)$ を計算します．$p(\boldsymbol{x}|S_i)$ は，ベイズの定理で式 (10.3) のように変形することができます．

$$p(\boldsymbol{x}|S_i) = \frac{P(S_i|\boldsymbol{x})}{P(S_i)} p(\boldsymbol{x}) \tag{10.3}$$

$P(S_i)$ は別途最尤推定によって推定し†2，$p(\boldsymbol{x})$ は状態遷移とは無関係なので定数として扱います．残った $P(S_i|\boldsymbol{x})$ の値を，ニューラルネットワークで計算します（図 10.17）．

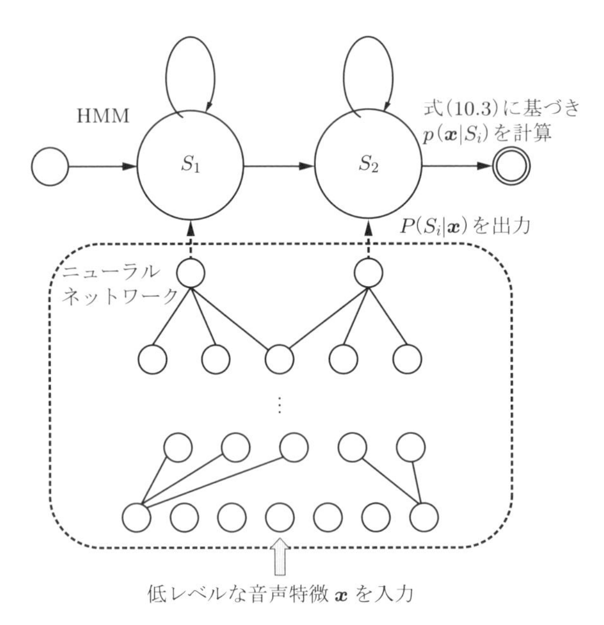

図 10.17　ディープニューラルネットワークによる音声認識

この方法の利点は，抽出する特徴もニューラルネットワークによって学習ができる点です．入力を，特徴抽出前の周波数分析だけを行ったデータ（低レベルな音声特徴）などにして，どのような特徴を識別に用いるかというところまで学習の対象とすることで性能が向上していると考えられています．また，各状態の出力確率の学習が識別

†1 DNN-HMM 法における教師データは，GMM-HMM 法で音声認識システムを作成し，学習データに対して求めたビタビ系列（すなわち入力のフレームと HMM 状態との対応）を正解とみなしたものを用います．
†2 正解とみなしたビタビ系列における状態の出現頻度から求めます．

的に行われている[†1]ことも性能向上の一因であると考えられます．第14章で説明する音声認識エンジン Julius は，この方法を採用することで高い認識精度を実現しています．

10.5.3 調音結合をモデル化する

最後は，HMM でモデル化する音声の単位について考えます．

10.2 節の説明では単語を一つの HMM に対応付けていました．小語彙の単語認識[†2]であればこれでもよいのですが，大語彙の単語認識や連続音声認識では語彙の追加が簡単になる音素単位の HMM を結合する方式を用います．

音素単位ということは，3.1 節で説明した日本語の音素の数だけ HMM を作成すればよいことになります．この単位で HMM を構成したものを，単音を基準にしているという意味で**モノフォン**といいます．

しかし，単音は音声のモデル化の単位としてはあまり好ましくありません．個々の音は前後の音によって大きく変化することがわかっています．前の音を出し終わった後の声道の形から，いまの音を出す形に変わって，さらに次の音の準備が始まります．このように，発声する音素が前後の音素の影響で変化することを**調音結合**といいます．

この調音結合を考慮して，前の音が何であるか，また後ろの音が何であるかという情報をつけて，一つのカテゴリとしたものを**トライフォン**といいます．三つ組音素ということです．トライフォンは前にくる音素を − 記号の前に，後ろにくる音素を + 記号の後ろに書いて，たとえば，前に /i/，後ろに /a/ がくる /g/ は “i-g+a” のように表記します．ただし，これは 3 音素を一度に認識するという意味ではありません．あくまで 1 音素単位で認識するのですが，認識対象のカテゴリとして 3 音素組を考え，その真ん中の音素を認識するわけです．

モノフォンよりも精密に音素をモデル化しているトライフォンを用いると，一般に認識率は上がります．しかし，単純に三つ組を考えると子音の連接を除いたとしても HMM が数千種類（クラス数に対応）になってしまいます．そこで，前後の条件を個別の音素ではなく，性質の似た複数の音素をひとまとめにした音素環境としてトライフォンのクラスを減らす工夫がなされています．

---

†1 ニューラルネットワークの学習の性質として，ある入力に対して正解となる出力ユニットの値だけが高くなるように，かつその他の出力ユニットの値は低くなるように調整されます．10.4 節で説明した学習法では，ある状態で特定の出力の確率が高くなっても，その他の状態には影響を与えません．

†2 第 11 章では単語を一つの HMM とする方法でツールの使い方を説明しています．

演習問題

10.1 図 10.18 の HMM において，入力 “BAAA” はどちらのクラスに認識されるか．ただし，確率計算はビタビアルゴリズムを用いて行え．また，各クラスの事前確率は等しいとする．

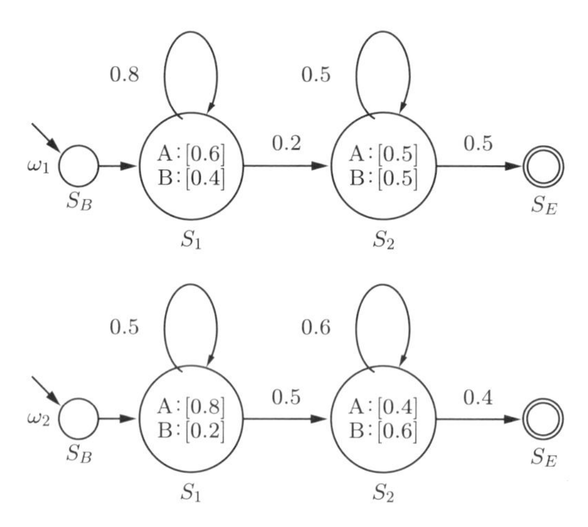

図 10.18 演習問題 10.1 の HMM

10.2 演習問題 10.1 において，事前確率が $P(\omega_1) = 0.3, P(\omega_2) = 0.7$ のときは，認識結果はどうなるか．

第11章 HTKを使って単語を認識してみよう

HTK (Hidden Markov Model Toolkit)† は，HMM の構築・学習・認識・評価などのためのツールキット（道具箱）です．データを準備するためのツールや評価のためのツールは主として音声認識を対象にしていますが，学習や認識のためのツールは対象に依存しないので，動画像の認識などにも応用できます．

ここでは，HTK を使って簡単な単語認識を実現する方法を紹介します．

11.1 HTKの構成

HTK は 30 数種類のツールの集まりです．最初からすべてのツールの使い方を理解するのは大変なので，ここでは表 11.1 に示す音声認識に必要最低限の 6 個のツールに絞って解説します．

表 11.1　HTK の基本コマンド

コマンド名	機能
HCopy	特徴抽出
HInit	HMM の初期化
HRest	HMM の学習
HParse	文法記述をネットワーク表現に変換
HVite	ビタビアルゴリズムによる認識
HResults	認識結果の集計

これから説明する単語認識実験の流れを図 11.1 に示します．HCopy や HVite など，H で始まる単語が HTK のツール名です．Unix のコマンドラインや Windows のコマンドプロンプトから，必要なオプションやファイル名などを指定して実行します．

詳しい手順は次節以降で見てゆくので，ここではざっと実験の全体の手順を説明します．

† 英国のケンブリッジ大学で開発され，教育や研究目的に無償で利用できます．本書は安定版である version 3.4.1 で実行を確認しています．http://htk.eng.cam.ac.uk/

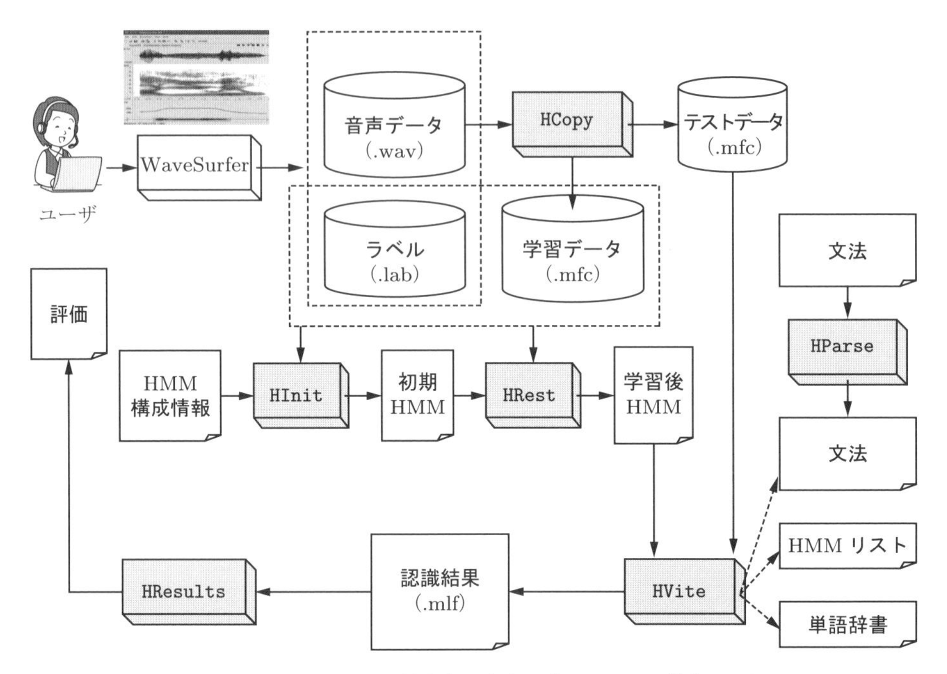

図 11.1　HTK を用いた基本的な音声認識システムの構築と評価

まず，WaveSurfer を使って実験用の音声を録音し，学習に必要な正解ラベル付けをします．そして，音声データに対して `HCopy` コマンドを適用し，音声の特徴抽出を行って学習データとします．

次に HMM の構成を決めます．GMM-HMM 法で認識を行うこととし，状態数・状態間の遷移可能性・正規分布の混合数などを決めて，**HMM 構成ファイル**を作成します．通常の音声認識では，音素単位で HMM を作成するのですが，ここでは作業を単純にするために単語単位で作成します．そして，`HInit` コマンドを使って学習データから HMM のパラメータの初期値を決めます．次に `HRest` コマンドを使って HMM 構成ファイル上のパラメータを繰り返し更新します．更新量が小さくなれば学習は終わりです．

最後に認識と評価です．まず，認識を行うための文法規則を書きます．文法規則といっても単語認識の場合は，対象とする単語を形式に従って並べて書くだけです．`HParse` コマンドを使って，記述した文法規則を HMM のネットワーク形式に変換します．認識は `HVite` コマンドを使ってビタビアルゴリズムで行います．最後に認識結果を `HResults` コマンドを用いて評価します．

以下では，これらのコマンドを使って「0」から「9」の単数字認識システムを作ります．では，データの準備から順を追って説明しましょう．

11.2 音声の録音とラベル付け

音声の録音とラベル付けは第 2 章の例題で使用した WaveSurfer で行います[†1]．ラベル付けとは，データの何秒から何秒までに，どのような音声が入っているかという情報をテキスト形式で付与することです．このラベルが学習データにおける正解情報となります．

まず，データを保存するフォルダを適当な場所に作ります．ここではそのフォルダ名を speech としておきましょう．

WaveSurfer を起動した後，[File] → [New]（または [新規作成] ボタン）を選び，構成は [Speech analysis] を使って音声を録音します．「0」から「9」までの数字を 3 回ずつ録音し，それぞれ data0-1.wav〜data9-3.wav というファイル名で speech フォルダに保存します．1 回録音するごとに [File] → [Save As...] を選んで保存してください．

次は録音した音声データに対して WaveSurfer の [HTK transcription] という構成を使ってラベル付けをします．（図 11.2）．ラベルファイルを格納するための label というフォルダを作っておきましょう．

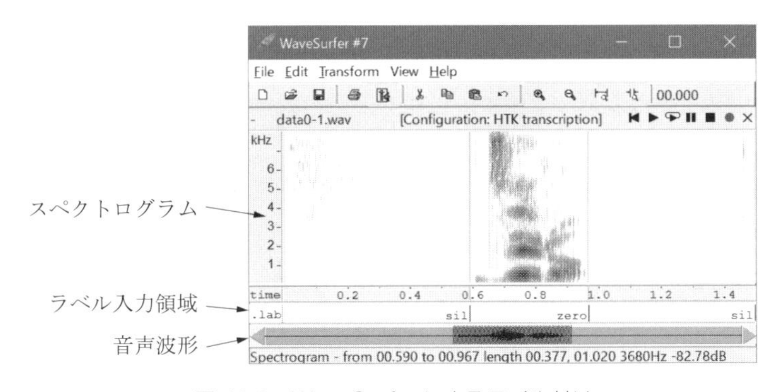

図 11.2　WaveSurfer によるラベル付け

ラベルは認識を行う単位に合わせて設定します．今回の認識対象は単語なので，「0」から「9」に対応するラベルとして，“zero” から “kyuu” を用意します[†2]．さらに単語認識にはもう一つ工夫が必要です．図 11.2 からもわかるように，認識したい単語の前後に無音区間が入っています．これらをデータとして含めてしまうと単語の識別

†1 HTK にも HSLab という音声収録・ラベル付けツールがありますが，使い勝手を考慮して，ここでは WaveSurfer を使います．

†2 ラベルとして「0」のように数字を使うと，後に説明する設定ファイル中で，パラメータなのかラベルなのか区別がつきにくくなるので，zero, ichi, ni, ... のように英字を使ってラベルを定義してください．

に無関係な情報が入ることになるので，あまり好ましくはありません．そこで，無音区間も一つの単語として扱います．ここでは無音区間を sil（silence の先頭 3 文字です）と名付け，ラベル付けを行います．

録音済みの音声データを [File] → [Open]（または [ファイルを開く] ボタン）でよび出します．ファイル名 data0-1.wav を選択して，[開く] をクリックすると，構成を選択するダイアログが出てくるので，ラベル付け用構成である [HTK transcription] を選びます．

そうすると，図 11.2 のように上段にスペクトログラム，中段にラベル入力領域，下段に音声波形が表示されます．これを利用して，無音区間と「ぜろ」という音声が入っている区間を切り分けてラベルを付けます．スペクトログラムの枠中にカーソルを移動すると赤い縦線が表示されます．「ぜろ」という音の始端付近で左クリックし，終端付近までドラッグして離します．そうすると選択した始端と終端がオレンジの縦線で示されます．再生ボタンを押すと，この選択した区間が再生されるので，「ぜろ」が切り出せていることを確認してください．

確認ができたら，今度はラベル入力領域にカーソルを移動します．赤い縦線がスペクトログラムの枠に出てくるので，「ぜろ」の区間の始端のオレンジの線と重なるよう左右の位置を調整してから右クリックします．ポップアップメニューが出るので，[Insert Label] を選びます．ラベルの枠にカーソルが点滅するので，sil と入力します．この要領で，今度は「ぜろ」の区間の終端の縦線に合わせて，zero とラベル付けします．最後にラベル入力領域の右端付近で同様の操作をし，sil とラベル付けします．図 11.2 のラベル枠のようになったでしょうか．ラベルを入力した後でも，区間の境界を移動させて微調整することができます†．

ここまでできたら，ラベル枠で右クリックし，[Save Transcription As...] からラベルファイルを保存します．label フォルダに data0-1.lab として保存してください．ラベルファイルは図 11.3 に示すような単純なテキストファイルです．数字はラベルの開始時間と終了時間を表しており，0.57 秒までと 0.95 秒以降が sil，この間

```
data0-1.lab
0 5731132 sil
5731132 9503968 zero
9503968 14994703 sil
```

図 11.3 ラベルファイル (data0-1.lab)

† ラベル領域を右クリックして選ぶメニューの中の [Properties...] で，あらかじめ入力可能なラベルを定義し，新たな構成として保存しておくことができます．こうすると，ラベル入力がメニューからワンクリックで行えるので，作業が楽になります．

が zero になります．

11.3 特徴抽出

次は HCopy コマンドによる特徴抽出です．HCopy コマンドは以下のように指定します．

HCopy

```
HCopy [オプション] 音声ファイル名 特徴ファイル名
        -C configFile 構成ファイル名を指定
        -S scriptFile スクリプトファイル名を指定
```

構成ファイルには音声ファイルの形式や，どのような特徴を抽出するかを指定します．3.1.1 項で述べたように，音声認識でよく用いられている特徴は MFCC なので，図 11.4 のように指定し†，ファイル名を config.hcopy として speech フォルダに保存します．

config.hcopy

```
SOURCEFORMAT = WAV          # .wav 形式
SOURCEKIND = WAVEFORM       # 入力：音声波形
SOURCERATE = 625            # 標本化周期 1/16000[s]
TARGETKIND = MFCC_0_D_A     # 出力：MFCC
TARGETRATE = 100000.0       # フレーム周期 10 [ms]
WINDOWSIZE = 250000.0       # フレーム長 25 [ms]
USEHAMMING = T              # ハミング窓の適用
PREEMCOEF = 0.97            # ハイパスフィルタの適用
NUMCHANS = 24               # フィルタバンクのチャネル数 24
NUMCEPS = 12                # MFCC の次元数 12
```

図 11.4 特徴抽出の構成ファイル (config.hcopy)

もっとも重要な指定は TARGETKIND で，これでどのような特徴を抽出するかを指定します．右辺の "MFCC_0_D_A" という文字列のうち，MFCC は抽出するパラメータが MFCC であることを意味しています．次元数は構成ファイルの下のほうにある NUMCEPS で指定する 12 次元です．次の_0 は 0 次元目のデータとしてそのフレームの平均パワーをとることを意味します．したがって，ここまでで特徴の次元数は 13 次元になります．次の_D は特徴の 1 次差分（ΔMFCC）を，_A は 2 次差分（ΔΔMFCC）をとることを意味しています．それぞれの次元に対してそれぞれの差分をとるので，結局，特徴ベクトルの次元数は合計で 39 次元になります．

† # 記号以降はコメントなので，入力する必要はありません．

```
script.hcopy

    data0-1.wav data0-1.mfc
    data0-2.wav data0-2.mfc
    data0-3.wav data0-3.mfc
    data1-1.wav data1-1.mfc
    ⋮
    data9-3.wav data9-3.mfc
```

図 11.5　特徴抽出のスクリプトファイル (script.hcopy)

スクリプトファイルには，特徴抽出の入力ファイルと出力ファイルの対応を記述します．図 11.5 に示すように，1 行に音声ファイル名とそれに対応する特徴ファイル名をタブで区切って記述します．

これらのファイルが speech フォルダに準備できたら，以下のコマンドで特徴抽出を実行しましょう．

```
% HCopy -C config.hcopy -S script.hcopy
```

上記の操作で.mfc ファイルが 30 個できたら，mfcc というフォルダを作ってこの 30 個のファイルを移動させておきます．ここまでで，学習データの準備は終了です．

11.4 初期モデルの作成

ここでは HMM の学習に先立って，HMM の構造を決め，パラメータの初期値を決めます．HMM の構造は，その状態数と状態間の遷移可能性（つまり矢印の有無）で決まります．

この実験では，無音の HMM も含めて合計 11 種類の HMM を作成します．状態数は 3 状態にします．「ぜろ」（/z/ /e/ /r/ /o/）や「なな」（/n/ /a/ /n/ /a/）のように，音素数が 3 より多いクラスがありますが，学習データも少ないので，パラメータを極力減らしておきましょう．遷移可能性はもっとも基本的な HMM の構成に従って，自己遷移と次状態への遷移とします．そうすると図 11.6 に示すような HMM となります．

それでは，この HMM の構成をファイルに表現します（図 11.7）．ファイル名は zero.hmm とします．

`~o` で始まる行は特徴ベクトルの次元数と，その種類を指定します．`~h` のあとに HMM の名前（11.2 節で準備したラベル名と一致させます）を指定します．

`<BeginHMM>`から`<EndHMM>`までが状態および状態遷移の定義です．HTK では

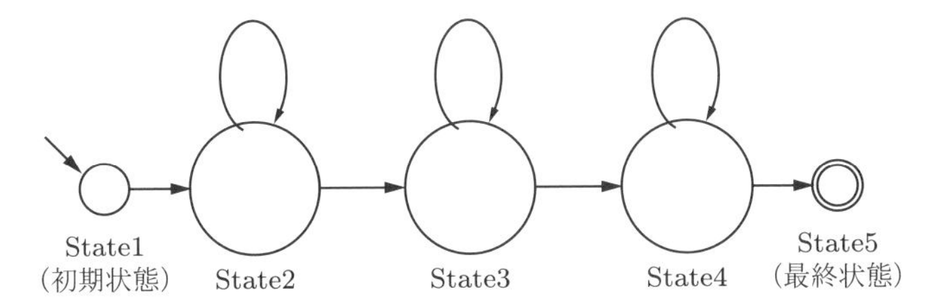

図 11.6 HMM の構成

zero.hmm

```
~o <VecSize> 39 <MFCC_0_D_A>        # 特徴ベクトルの内容と次元数
~h "zero"                           # HMM 名
<BeginHMM>
<NumStates> 5                       # 状態数
<State> 2                           # 状態 2 の定義
<Mean> 39                           # 平均ベクトル
0.0 0.0 0.0 0.0 0.0 0.0 0.0 0.0 0.0 0.0 0.0 0.0 0.0
0.0 0.0 0.0 0.0 0.0 0.0 0.0 0.0 0.0 0.0 0.0 0.0 0.0
0.0 0.0 0.0 0.0 0.0 0.0 0.0 0.0 0.0 0.0 0.0 0.0 0.0
<Variance> 39                       # 共分散行列
1.0 1.0 1.0 1.0 1.0 1.0 1.0 1.0 1.0 1.0 1.0 1.0 1.0
1.0 1.0 1.0 1.0 1.0 1.0 1.0 1.0 1.0 1.0 1.0 1.0 1.0
1.0 1.0 1.0 1.0 1.0 1.0 1.0 1.0 1.0 1.0 1.0 1.0 1.0
<State> 3                           # 状態 3 の定義
<Mean> 39
0.0 ... 0.0
<Variance> 39
1.0 ... 1.0
<State> 4                           # 状態 4 の定義
<Mean> 39
0.0 ... 0.0
<Variance> 39
1.0 ... 1.0
<TransP> 5                          # 遷移情報
0.0 1.0 0.0 0.0 0.0
0.0 0.5 0.5 0.0 0.0
0.0 0.0 0.5 0.5 0.0
0.0 0.0 0.0 0.5 0.5
0.0 0.0 0.0 0.0 0.0
<EndHMM>
```

図 11.7 HMM の構成ファイル (zero.hmm)

HMM の連結を容易にするために，特徴ベクトルを出力しない初期状態と最終状態を一つずつ設けます．したがって，3 状態の HMM を作るのであれば，これらを含めて 5 状態の定義が必要です．初期状態（状態番号 1）と最終状態（状態番号 5）は特徴ベクトルを出力しないので，クラス分布関数の定義は不要です．状態番号 2 から 4 のそれぞれに対してクラス分布関数の平均ベクトルと共分散行列を指定します．`<State>` の後に状態番号を指定し，その後の`<Mean>` に平均ベクトル，`<Variance>` に共分散行列を指定します．ここでは平均ベクトルには 0.0，共分散行列の各要素には 1.0 を与えていますが，これは学習の初期値ではありません．ここに数字が入りますよというぐらいの意味です．

ここで，共分散行列の指定に気をつけてください．特徴空間が 39 次元であれば，共分散行列は 39 行 39 列の行列になるはずです．しかし，これではパラメータが多すぎるので，ここでは共分散行列は対角行列であると仮定しています．したがって，その対角成分のみを指定しています．

状態番号 2 を入力したら，同じ内容を状態番号 3, 4 にコピーし（図では `...` として省略しています），状態番号のみ書き換えます．

状態定義の最後の `<TransP>` 以下で状態遷移の定義をします．自分も含めてすべての状態（5 状態）に遷移可能ならば，その遷移確率を表現するためには 5×5 の行列が必要になります．この行列において，遷移可能な状態間の関係には 0 より大きく 1 以下の数字を入れておきます．0 の要素は遷移が起こらないことを示しています．したがって，1 行目では状態 1 からは状態 2 への遷移しかないこと，2 行目では状態 2 からは状態 2 への自己遷移と状態 3 への遷移があることを記述していることになります．

ここまでで zero.hmm の構成ファイルが完成です．これを ichi.hmm～kyuu.hmm と sil.hmm にコピーし，2 行目の `~h` の次の HMM 名をラベルに合わせて書き換えておきましょう．そして，proto というフォルダを作って移動させておきます．

11.5 初期値の設定

HMM のパラメータは，それぞれの状態でのクラス分布関数や状態遷移確率です．これらの初期値を乱数で与えたり，均一な値で与えたりすると，**局所最適解**に陥ってしまったりして学習がうまくゆかない可能性があります．したがって，なるべく正解に近い値から始めるようにします．

HMM の学習のための初期値は `HInit` コマンドで求めます．`HInit` コマンドはビタビアルゴリズムを用いて，そのパラメータでの最適な状態遷移系列を求め，その情報から各状態および状態遷移のパラメータを推定するということを，パラメータの変化量が小さくなるまで繰り返し行います．これによって，学習に必要な初期値が求まります．コマンドの実行に先立って，学習データリストファイルおよび初期値設定済みの HMM を保存するフォルダを作っておきます．

HInit コマンドは，以下のように指定します．

```
HInit
HInit [オプション] HMM名
        -T Num 出力トレースレベルを指定
        -S listFile 学習データリスト名を指定
        -M folderName 初期 HMM フォルダ名を指定
        -H hmmFile HMM 構成ファイル名を指定
        -l String ラベル名を指定
        -L folderName ラベルフォルダ名を指定
```

学習データリストには，MFCC ファイル名をリストアップしておきます (図 11.8)．ここでは HCopy で作成したすべての.mfc ファイルのファイル名を 1 行ごとに並べます．どのファイルのどの部分がどの HMM の初期値計算に使われるかは，-L で指定するラベルファイルに記述してあります．学習データリストを trainlist.txt という名前で作ります．

```
trainlist.txt
    mfcc/data0-1.mfc
    mfcc/data0-2.mfc
    ⋮
    mfcc/data9-3.mfc
```

図 11.8　学習データリストファイル (trainlist.txt)

初期値設定済みの HMM を保存するフォルダは hmm0 という名前で作ります．

ここまで準備ができたら，zero の HMM の初期値を以下のコマンドで求めましょう†．

```
% HInit -T 1 -S trainlist.txt -M hmm0 -H proto/zero.hmm -l zero -L label zero
```

その他の HMM に関しても同様に初期値を設定します．操作が終わったら hmm0 フォルダにあるファイルをテキストエディタで開き，初期値が設定されていることを確認してください．

† オプション -T はトレースレベルを指定するもので，1 は基本的な進行状況を，2 はエラーを含む詳細な情報を出力することを表します．これは他のコマンドにも共通のオプションです．コマンドを実行してみてエラーが出たときは，トレースレベルを 2 にして再度実行すると，解決に有効な情報が得られる場合があります．

11.6 HMM の学習

次は，HRest を使った学習です．学習アルゴリズムは **Baum–Welch アルゴリズム**で，パラメータの変化量が閾値以下になるまで繰り返します．学習結果を入れておくフォルダを hmm1 という名前で作ります．

HRest コマンドは次のように指定します．HRest の基本的な引数は HInit と同じです．

```
HRest
HRest [オプション] HMM 名
        -T Num 出力トレースレベルを指定
        -S listFile 学習データリスト名を指定
        -M folderName 学習後の HMM フォルダ名を指定
        -H hmmFile HMM 構成ファイル名を指定
        -l String ラベル名を指定
        -L folderName ラベルフォルダ名を指定
```

ここでは以下のように指定し，HMM の学習を行いましょう．

```
% HRest -T 1 -S trainlist.txt -M hmm1 -H hmm0/zero.hmm -l zero -L label zero
```

以下のコマンドの実行の様子を見ると，この場合は 4 回の繰返しでパラメータの変化が収束しているのがわかります[†]．Epsilon が終了判定の閾値です．

```
Reestimating HMM zero . . .
 States   :   2  3  4 (width)
 Mixes  s1:   1  1  1 ( 39  )
 Num Using:   0  0  0
 Parm Kind:  MFCC_D_A_0
 Number of owners = 1
 SegLab   :  zero
 MaxIter  :  20
 Epsilon  :  0.000100
 Updating :  Transitions Means Variances

 - system is PLAIN
3 Examples loaded, Max length = 39, Min length = 31
Ave LogProb at iter 1 = -2597.95215 using 3 examples
Ave LogProb at iter 2 = -2597.94556 using 3 examples  change =    0.00659
Ave LogProb at iter 3 = -2597.94360 using 3 examples  change =    0.00195
Ave LogProb at iter 4 = -2597.94312 using 3 examples  change =    0.00049
Ave LogProb at iter 5 = -2597.94312 using 3 examples  change =    0.00000
```

† データによっては収束までの繰返し回数が違うかもしれません．

```
Estimation converged at iteration 5
```

これを他の HMM についても同様に繰り返すと，hmm1 というフォルダに学習済みの HMM 構成ファイルが作成されます．学習が終了したら，後で認識に利用しやすいように複数の.hmm ファイルを一つのファイル (hmmdefs.hmm) にまとめたものを speech フォルダに作成します．テキストエディタを使って結合しても結構ですし，Unix 系のコマンドが使える環境なら

```
% cat hmm1/*.hmm > speech/hmmdefs.hmm
```

で OK です．

また，作成した HMM のリスト（hmmlist.txt）（図 11.9）も作っておきます．これは 1 行に一つ HMM 名を書いたものです．

```
hmmlist.txt
    zero
    ichi
    :
    kyuu
    sil
```

図 11.9　HMM のリスト (hmmlist.txt)

11.7 単語認識

これで HMM ができたので，この HMM で認識を行ってみます．

今回の実験の目的は単語認識です．しかし，入力の区間をきっちり単語音声で占めるようなファイルを作るのは難しいので，前後に無音区間がつくものとします．この無音区間も 1 単語として扱うので，認識対象は「無音」＋数字＋「無音」となり，数字のところが 0 から 9 になります．この単語系列規則を文法ファイルとして図 11.10 ように定義します．

HTK の文法定義では，最初に変数の定義をして，それからその変数を使った正規表

```
grammar.txt
    $WORD = ZERO | ICHI | ... | KYUU;      # 単語は 0〜9
    ({SIL} [$WORD] {SIL})  # 単語の前後は無音
```

図 11.10　文法ファイル (grammar.txt)

現[†] を記述します．1 行目は変数定義で，`$WORD` が単語を表す変数，値として “`ZERO`” から “`KYUU`” をとることを意味しています．2 行目は入力パターンを表す正規表現です．`{ }`で囲まれたものは 0 回以上の繰返しを示します．したがって，`{SIL}` は無音区間がまったくなくてもかまいませんし，長い無音区間があってもよいことを表しています．`[ ]` で囲まれたものは 0 回または 1 回の出現を示します．つまり，省略可能ということです．ですから，無音だけが続く音声も認識できます．`( )` は複数の要素をまとめる役割をします．

さて，この文法規則から認識のための HMM ネットワークを作ります．使用するコマンドは `HParse` コマンドで，以下のように指定します．

```
HParse
HParse 文法ファイル名 ネットワークファイル名
```

ここでは以下のように，入力となる文法ファイル名を，先ほど作成した grammar.txt，出力となるネットワークファイル名を net.slf と指定します．

```
% HParse grammar.txt net.slf
```

拡張子 .slf は HTK Standard Lattice Format に由来するもので，その中身は図 11.11 に示すような状態と接続関係の定義です．

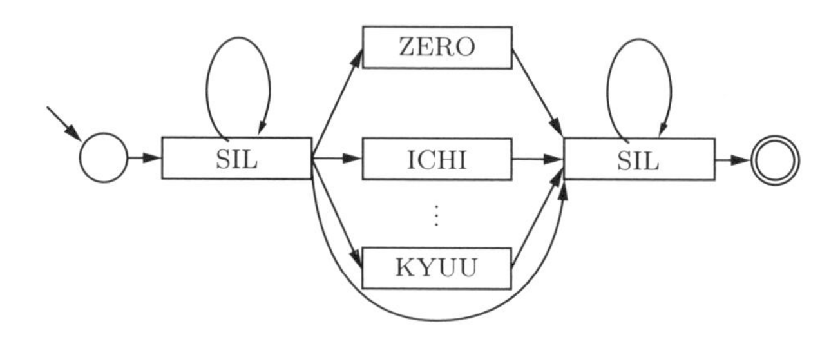

図 11.11　文法のネットワーク表現

次に単語辞書を作ります．ネットワークの状態は，“ZERO”〜“KYUU” と “SIL” なので，これらがどの HMM に対応するかを単語辞書として定義します（図 11.12）．

左から，単語，認識結果として出力される文字列，HMM 名（HMM 構成ファイルの`~h` で示された名前）を示します．

これで認識の準備ができました．`HVite` コマンドでビタビアルゴリズムを実行して，一つの特徴ベクトルファイル（data0-1.mfc）を認識してみましょう．`HVite` コマンドは以下のように指定します．

† 正規表現に関しては第 12 章で説明します．

```
voca.txt
ZERO [zero] zero
ICHI [ichi] ichi
:
KYUU [kyuu] kyuu
SIL [sil] sil
```

図 11.12 単語辞書ファイル (voca.txt)

```
HVite
HVite [オプション] 単語辞書ファイル名 HMM リスト名 入力ファイル名
        -T Num 出力トレースレベルを指定
        -H hmmFile HMM 構成ファイル名を指定
        -i resultFile 認識結果ファイル名を指定
        -w networkFile ネットワークファイル名を指定
```

ここでは以下のように指定します．表示が 2 行に分かれていますが，1 行で入力してください（以降も同様です）[†1]．

```
% HVite -T 1 -H hmmdefs.hmm -i reco.mlf -w net.slf voca.txt hmmlist.txt
      mfcc/data0-1.mfc
```

このコマンドによって，認識結果が図 11.13 のように reco.mlf に書き出されました．

```
reco.mlf
#!MLF!#
"mfcc/data0-1.rec"
0 5900000 sil -3299.741211
5900000 9700000 zero -2819.335693
9700000 14800000 sil -2605.901367
.
```

図 11.13 data0-1.mfc の認識結果 (reco.mlf)

図 11.2 の 0.59 秒から 0.97 秒に相当するところで「0」が認識されていることを確認してください[†2]．図 11.3 のラベル付け結果とおおよそ一致しています．

---

†1 HTK 3.4.1 では HMM 名に nana を使うと HVite コマンドでエラーになるようです．hmmdefs.hmm, hmmlist.txt, voca.txt の nana を別の文字列（たとえば seven）にすることで回避できます．

†2 正しい結果が出ない可能性がありますが，手順そのものが正しいかどうかは，次節の全データを用いた評価の結果で判断してください．

11.8 認識率の評価

最後に，作成した HMM の認識率を評価します．正解のリストを図 11.14 に示すファイル（ref.mlf）として作成し，これを出力結果と比較します．

```
ref.mlf
#!MLF!#
"label"
data0-1.lab
data0-2.lab
 :
data9-3.lab
```

図 11.14 正解ファイル (ref.mlf)

`HVite` コマンドの `-S` オプションでは，認識対象の.mfc ファイルのリストを指定します．ここではデータ数が少ないので，学習データと評価用データを分けずに，学習に用いたデータ（tranlist.txt）をそのまま評価に用います．

```
% HVite -T 1 -S trainlist.txt -H hmmdefs.hmm -i reco.mlf -w net.slf
      voca.txt hmmlist.txt
```

reco.mlf を見てみましょう．認識結果が並んでいます．

そして，`HResults` コマンドで正解ラベルと認識結果から認識率を計算します．`HResults` コマンドは，以下のように指定します．

```
HResults
HResults [オプション] HMM リスト名 認識結果ファイル名
        -e label1 label2 ラベル 2 をラベル 1 に置き換える
        -I refFile 正解ファイル名を指定
        -L labelFolder ラベルファイルのフォルダを指定
```

ここでは以下のように指定し，認識結果を見てみましょう．

```
% HResults -T 1 -e "???" sil -I ref.mlf -L label hmmlist.txt reco.mlf
    > results.txt
```

`-e` オプションを使って，sil は正解の集計に影響がないようにします（`"???"` はラベルなしを意味します）．`-L` はラベルの入っているフォルダを指定します．この結果，図 11.15 のような results.txt ファイルが得られます．

学習データを用いて評価しているので，認識率（`Correct` および `Corr`）は 100% になりました．この場合，対象とする単語は 1 文に一つしかないので，文認識率（`SENT`）

results.txt
```
====================== HTK Results Analysis =======================
  Date: Tue Aug 23 15:57:37 2016
  Ref : ref.mlf
  Rec : reco.mlf
------------ Overall Results -------------
SENT: %Correct=100.00 [H=30, S=0, N=30]
WORD: %Corr=100.00, Acc=100.00 [H=30, D=0, S=0, I=0, N=30]
===================================================================
```

図 11.15 評価ファイル (results.txt)

と単語認識率（WORD）は等しくなります．H, D, S, I, N はそれぞれ正解，削除，置換，挿入，ラベルの総数を表します．

単語認識率の行に Acc とありますが，これは認識精度です．認識率と認識精度はそれぞれ以下の式で算出されます．

$$Correct = \frac{H}{N} \tag{11.1}$$

$$Accuracy = \frac{H - I}{N} \tag{11.2}$$

認識率は正解とされた単語がどれだけ出力されているかを表しているものなので，余計な単語（挿入誤り）が入っていてもスコアは下がりません．それに対して，精度は（直観的には）出力された結果がどの程度正しいかを示しているので，この挿入誤りを考慮したスコアになっています．

うまくいったでしょうか．もし，録音がうまくいっていなかったり，ラベル付けの精度が悪かったりすると，この通りの結果が出なかったかもしれません．認識結果が悪かったときは，音声を再生して音が小さすぎたり，大きすぎて割れてしまったりしていないかを確認してください．また，ラベルの区間が正確かどうかも確認してください．

演習問題

11.1 本章で説明した手順を変更し，連続数字の認識実験および評価を行え．

第12章 文法規則を書いてみよう

言語モデルは，確率 $P(w_1, \ldots, w_n)$ の値を与えてくれるメカニズムです．このモデルの作り方は，音声認識システムへの入力文の種類に応じて二つの方法があります．一つ目は，主として対話型システムに用いられるもので，単語の並び方を規則として書く**文法記述**による方法です．二つ目は，主として書取り型システムに用いられるもので，統計から単語列の生成確率を求める**統計的言語モデル**による方法です．文法記述による方法を本章で，統計的言語モデルによる方法を次章で説明します．

本章では，まず文法規則の書き方の一般論を説明します．次に，連続音声認識システム Julius における文法記述の方法と，web の標準化団体である W3C (World Wide Web Consortium) で定められた文法記述の標準化案について説明します．

12.1 音声認識における文法

私たちが学校で習った「**文法**」は，日本語や英語など，人間が話したり書いたりする言語の規則です．一方，音声認識で用いる文法は，第 10 章で説明した音声認識の式 (10.2) において，$P(w_1, ..., w_n)$ の値を与えるものです．この確率の値は，システムに入力可能な単語列なら 1 以下の正の値で，それ以外なら 0 になります．つまり，音声認識における文法は，すべての日本語文をカバーする規則ではなく，目標とする音声認識システムで入力可能な文を判別する規則であればよいわけです．したがって，いわゆる日本語文法の詳細な知識は必ずしも必要とはしません．しかし，名詞・助詞・動詞などの品詞の区別や，日本語の単文の基本構造（補足語（名詞＋格助詞など）がいくつか並んで最後に述語がくる）ぐらいは知っていたほうが，読みやすく，修正しやすい文法が書けます†．

文法記述による言語モデルは，語彙数が少なく，発話パターンがある程度限定できる音声対話システムなどに適する方法です．それぞれのシステムが想定しているタス

† 多くの自然言語処理の研究者に読まれている文法の入門書として，益岡・田窪著「基礎日本語文法―改訂版―」（くろしお出版，1992 年）や原沢著「日本人のための日本語文法入門」（講談社現代新書，2012 年）があります．

ク・ドメイン† に出現しうる単語列を規則として記述します.

しかし, 問題点としては, 入力可能な文を過不足なく文法で記述するのが難しいということが挙げられます (図 12.1). 正しい入力に限ったとしても, 語順や述部のバリエーションをすべて規則として記述するのは難しく, 不要語やいい直しまでカバーしようとすると, とても複雑な文法になってしまいます.

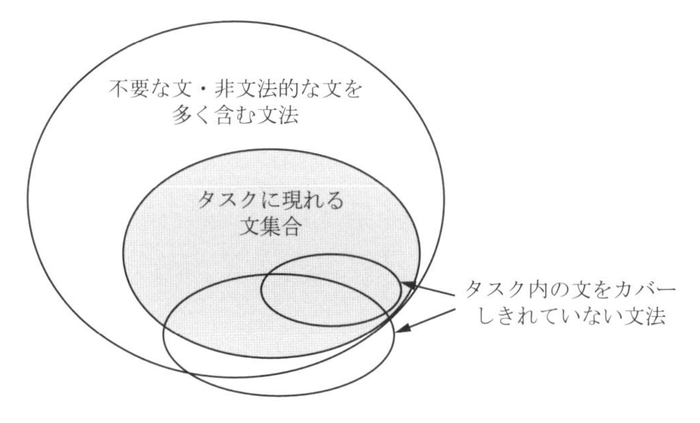

図 12.1 文法記述の難しさ

このように, 文法記述によってタスクに出現する文集合を適切にカバーすることが難しい場合は, 次章で説明する統計的言語モデルを使うことになります.

12.2 タスクから文法を設計する

ここでは小規模なタスクを設定し, 対象アプリケーションに入力する情報をどのような順序で並べれば文になるかという考察からスタートして, 文法として記述してゆく手順を説明します. タスクは電車の特急券の予約とします.

電車の切符を買うには, まず区間の情報が必要です. それから席種 (指定席か, 自由席かなど) と枚数も必要です. そのほかにも指定可能な条件はいくつか考えつきますが, まずはこのくらいにしておきましょう.

区間・席種・枚数を並べれば入力文になるでしょうか. 試してみましょう.

「東京駅京都駅指定席 1 枚」

わからないわけでもないですが, もうちょっと文らしい入力にしたいですね. 区間

† ドメインはシステムが対象とする領域, タスクはシステムが果たす機能で, 音声対話システムはこのタスクとドメインの組合せ (たとえば, ホテル検索, チケット予約など, 「ホテル」「チケット」がドメインで「検索」「予約」がタスクです) で定義できます. 以後, タスク・ドメインを単純にタスクと記します.

の「東京駅京都駅」が「東京駅から京都駅まで」になったらどうでしょうか.

「東京駅から京都駅まで指定席 1 枚」

これなら大丈夫ですね. ここまでの条件を規則で書いてみましょう. まず, 文は区間・席種・枚数を並べたものでした. この条件は以下のように書きます.

$文 → $区間 $席種 $枚数

区間は「駅名・から・駅名・まで」のように表現することにします. この条件は以下のように書きます.

$区間 → $駅名 から $駅名 まで

ここで,「$駅名」など, 文字列の前に $ が付くものは単語の集合または別の規則を表し,「から」や「まで」は具体的な単語を表します. 具体的な単語を表す記号は, それ以上規則によって書き換えられないので, **終端記号**といいます. それに対して, 単語の集合または別の規則を表す記号は, それ以降単語や単語列に書き換えられますので (つまり, まだ書換えが終わっていないので), **非終端記号**といいます.

次に, 終端記号の集合がどの非終端記号に対応するかという規則を書きます. これは**単語辞書**に相当します.

$駅名 → 東京駅 | 品川駅 | 新横浜駅 | ...

縦棒は「または」を表すので, この規則は, $駅名は東京駅, 品川駅, 新横浜駅, …のいずれかであるということを意味します. ここで規則をよく見ると, すべての終端記号に「駅」という単語が付いています. すべてに付くのなら, この$駅名の規則を以下のように書き換えることもできます.

$駅名 → $地名 駅
$地名 → 東京 | 品川 | 新横浜 | ...

同様に, 枚数を伝える表現を考えてみましょう.

$枚数 → $数字 枚
$数字 → 1 | 2 | 3 | ...

席種は単純な規則で書いておきましょう.

$席種 → グリーン席 | 指定席 | 自由席

```
$文 → $区間 $席種 $枚数
$区間 → $駅名 から $駅名 まで
$駅名 → $地名 駅
$地名 → 東京 | 品川 | 新横浜 | ...
$席種 → グリーン席 | 指定席 | 自由席
$枚数 → $数字 枚
$数字 → 1 | 2 | 3 | ...
```

図 12.2 切符購入文の文法規則

ここまでの規則をまとめると，図 12.2 のようになります．

このように，音声認識のための文法は，非終端記号や終端記号をどのように並べれば文になるかという規則と，非終端記号がどのような終端記号の集合からなるかという規則から成り立ちます．

12.3 文法規則における制限

ここでは文法規則を書くときに知っていたほうがよい制限について説明します．

前節での説明を少し抽象化して，文法規則の書き方について一般的に考えます．以後，非終端記号を A, B, C, ... と表し，終端記号を a, b, c, ... と表します．そのどちらにもなりうる記号を $\alpha, \beta, \gamma, \ldots$ と表します．

12.3.1 文脈自由文法

矢印の左側に非終端記号を一つ，矢印の右側に非終端記号や終端記号を一つ以上並べたものが文法規則でした．右側の並べ方に制限のないものを**文脈自由文法**といいます．この文法では，左側の非終端記号は，その前後（すなわち文脈）にどのような記号がこようとも関係なく，右側の記号列と自由に置き換えることができるので，この名前がついています†．

一般に文脈自由文法は以下の規則で表すことができます．

$$\mathtt{A} \rightarrow \alpha^{+}$$

このような記法をバッカス・ナウア記法，あるいは **BNF (Backus–Naur form)** とよびます．

ここで，右肩の $+$ の記号は 1 回以上の繰返しを示します．これに対して $*$ の記号は 0 回以上の繰返しを示します．

† これに対して，こういう記号の並び（つまり左辺が二つ以上の記号）ならばこういう記号列に置き換えることができる，という書き方になっている規則を文脈依存文法とよびます．

文法は，単語の並び方をこのような書換え規則で表したものです．ある単語列が文法規則に従っているかどうかは，その文法の開始記号（通常は文を意味します）から書換え規則を適用していって，その単語列に書換えられるかどうかで判定されます．書換えは，ある規則の中で別の規則を適用するといったような階層的な関係になるので，このような階層関係をうまく保持する**木構造**を作成することで行われます．

前節で例示した文法で**「東京駅から京都駅まで指定席1枚」**を解析すると，図12.3のような木構造ができます†．

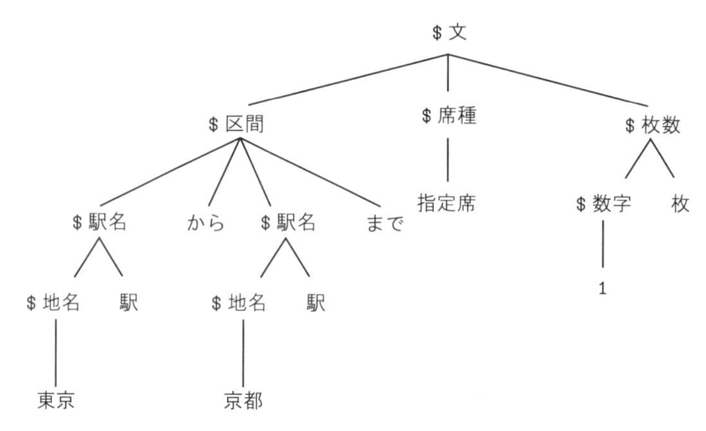

図12.3 「東京駅から京都駅まで指定席1枚」の木構造

このような木構造を作る方法としては，木の上から順に適用できる規則を試してゆく**トップダウンパージング**や，単語からスタートして適用可能な規則の組合せを試してゆく**ボトムアップパージング**があります．一般的には木構造の解析は，単語数を N とすると，N^3 の計算時間が必要になります．

12.3.2 正規文法

一方，右側の記号の現れ方に一定の制限をつけると，解析が非常に楽になることがあります．右側が終端記号一つと非終端記号一つの並びからなるか，または終端記号一つからなる規則に制限された文法を**正規文法**といいます．

```
A → a B
A → a
```

規則の1行目は，状態 A にいるときに，記号 a を出力して状態 B に遷移すると読めますし，2行目は状態 A にいるときに，記号 a を出力して終了状態に遷移すると読

† 一番上にある根（**$文**）から下に向かって枝が伸びていって，最下段の葉（東京，駅など）に至る形なので木とよんでいます．通常の木の形の天地をひっくり返したものです．

めます．したがって，正規文法は簡単に**オートマトン**に変換できます．オートマトンは単語数 N に比例した時間で解析可能（記号列の受理可能性が判定できる）ですので，単語列が文法に従っているかどうかを高速に判定することができます．

一見したところ，正規文法は非常に強い制限がかかっているように見えますが，文脈自由文法で書かれた規則の大半†1 は正規文法に変換可能です．音声認識において文法を用いる際には，正規文法を仮定することが多いようです．

12.4 Julius での文法記述

連続音声認識システム **Julius**†2 は，言語モデルとして文法と統計的モデルのいずれにも対応した音声認識プログラムです．ここでは，表 12.1 に示すコマンドを用いて，Julius で動作する文法を作成する手順を順を追って説明します．

表 12.1 Julius の文法作成用コマンド

コマンド名	機能
yomi2voca.pl	ひらがな表記から音素列への変換
mkdfa.pl	文法規則からオートマトンへの変換
generate	文ランダム生成ツール

Julius では，文法規則と単語集合の定義を別ファイルとして記述します．それぞれ，拡張子は.grammar と.voca です．

文法規則を記述する.grammar ファイルは，非終端記号の書換え規則集合から構成されます．12.2 節で説明した文法を Julius 形式で記述すると，図 12.4 のようになり

```
ticket.grammar

#文
S: NS_B KUKAN ZASEKI MAISUU NS_E
#区間
KUKAN: EKIMEI KARA EKIMEI MADE
#駅名
EKIMEI: TIMEI EKI
#枚数
MAISUU: SUUJI MAI
```

図 12.4 Julius 形式の文法ファイル (ticket.grammar)

†1 入れ子が無限に続くようになっていないものです．入れ子構造をもつ場合でも，右辺の左端や右端の記号が左辺の記号と一致している再帰構造の入れ子は，正規文法に変換可能です．

†2 本節の手順は，Julius 文法認識キット（https://github.com/julius-speech/grammar-kit）v4.3 で動作確認を行っています．

ます．

で始まる行はコメントです．2 行目は，文 (S) の定義です．コロン (:) が，前節の (→) の役割を果たしています．非終端記号名は英数字とアンダースコアが使用できます．S の右辺の “NS_B” と “NS_E” は，それぞれ実際の発声における文頭および文末の「**無音区間**」に対応します．文の最初と最後に必ず挿入する必要があります．4 行目以降は，非終端記号の書換えです．これは 12.2 節で説明した規則がそのまま書かれています．

テキストエディタを使って，このファイルを “ticket.grammar” という名前で作成します．なお，Julius 形式の文法には，以下のような制限があります．

- 扱える文法のクラスは正規文法（に変換可能なもの）
- 再帰は左再帰のみで，

  ```
  A : A B
  A : B
  ```

  と記述

次に，単語集合の定義 “ticket.yomi” を作成します（図 12.5）[†]．

% 以降に.grammar ファイルで左辺に現れていない非終端記号（単語カテゴリに該当）を書き，それに続く行に単語を定義します．1 行につき 1 単語で，「表記」+ tab（タブ）+「よみ」を書きます．よみは，通常のひらがな表記ではなく，実際に発音されるように書きます．たとえば，「京都」は “きょうと” ではなく，“きょーと” になります．

次に，以下の yomi2voca.pl コマンドで，よみを音素列に変換します．

```
yomi2voca.pl
yomi2voca.pl ひらがな読み表記ファイル名 > 語彙ファイル名
```

```
% yomi2voca.pl ticket.yomi > ticket.voca
```

ここまで準備ができたら，後はツールを使って Julius で動かすための有限状態オートマトン形式（.dfa ファイル）とその辞書ファイル（.dict ファイル）に変換するだけで，音声認識を動かすことができます．しかし，実際に音声を認識させるためにはもう少し知識が必要なので，ここでは変換ツール mkdfa.pl を使って文法記述に間違いがないことを確かめるところまでにとどめておきましょう．mkdfa.pl は，以下のように指定します．

† ファイルの文字コードは EUC にしてください．

```
ticket.yomi
%TIMEI
東京 とーきょー
品川 しながわ
新横浜 しんよこはま
名古屋 なごや
京都 きょーと
新大阪 しんおーさか
%SUUJI
1 いち
2 に
3 さん
%ZASEKI
グリーン席 ぐりーんせき
指定席 してーせき
自由席 じゆーせき
%KARA
から から
%MADE
まで まで
%EKI
駅 えき
%MAI
枚 まい
% NS_B # 文頭無音
<s> silB
% NS_E # 文末無音
</s> silE
```

図 12.5 Julius 形式のよみファイル (ticket.yomi)

```
mkdfa.pl
mkdfa.pl 文法ファイル名 (ただし拡張子を除く)
```

すると，以下のような結果が出力されます．

```
% mkdfa.pl ticket
ticket.grammar has 4 rules
ticket.voca    has 9 categories and 18 words
---
Now parsing grammar file
Now modifying grammar to minimize states[-1]
Now parsing vocabulary file
Now making nondeterministic finite automaton[12/12]
Now making deterministic finite automaton[12/12]
Now making triplet list[12/12]
9 categories, 12 nodes, 11 arcs
```

```
-> minimized: 12 nodes, 11 arcs
---
generated: ticket.dfa ticket.term ticket.dict
```

エラーメッセージが出力されず，最後の行の **generated:** の後に生成されたファイルが並んでいます．

ここまでで，文法の書き方に間違いがないことが確認できました．しかし，文法規則として正しい文を規定しているものかどうかまではわかりません．

そこで，乱数を使って文法から文を生成し，文法規則の妥当性を検証してみます．Julius には generate コマンドが付属しています．以下のように-n オプションで生成する文数を指定し，引数で.dfa ファイルと.dict ファイル共通のファイル名（拡張子は除く）を指定します．

```
generate
generate [オプション] 文法ファイル名（ただし拡張子を除く）
            -n Num 生成する文数を指定
```

ここでは，以下のような結果が出力されました．

```
% generate -n 10 ticket
Stat: init_voca: read 18 words
9 categories, 18 words
DFA has 12 nodes and 11 arcs
-----
 <s> 品川 駅 から 新大阪 駅 まで グリーン席 1 枚 </s>
 <s> 品川 駅 から 名古屋 駅 まで 指定席 1 枚 </s>
 <s> 京都 駅 から 京都 駅 まで グリーン席 1 枚 </s>
 <s> 新大阪 駅 から 東京 駅 まで 自由席 1 枚 </s>
 <s> 名古屋 駅 から 東京 駅 まで 指定席 2 枚 </s>
 <s> 名古屋 駅 から 名古屋 駅 まで 指定席 1 枚 </s>
 <s> 東京 駅 から 新大阪 駅 まで 指定席 2 枚 </s>
 <s> 東京 駅 から 品川 駅 まで 指定席 1 枚 </s>
 <s> 名古屋 駅 から 東京 駅 まで グリーン席 1 枚 </s>
 <s> 品川 駅 から 東京 駅 まで グリーン席 1 枚 </s>
```

3 文目におかしな表現が出てしまいました†．文法規則だけでこのような文を生成しないようにするのは難しいので，認識部で工夫をするか，さらに先の対話処理モジュールなどで対処する必要があります．

---

† generateコマンドは乱数を使っているので，同じ文法規則を用いても，生成される文集合はここに書いたものとは異なります．

例題 12.1 図 12.4，12.5 の文法規則を，出発駅や枚数が省略できるように書き換えよ．また，枚数が省略された場合，語順の入替えにも対処せよ．

▷解答例 駅の券売機にこの音声インタフェースを付けるとすれば，出発駅が省略された場合は，その駅から出発すると解釈することができます．また，枚数が省略されたら 1 枚だと仮定しましょう．そうすると，「名古屋駅まで指定席 1 枚」や，「新大阪駅までグリーン席」のような文を規則でカバーしなくてはいけません．枚数が省略された場合には「自由席品川駅まで」のような文もカバーできるようにしてみましょう．このように拡張した文法規則は図 12.6 のようになります[†]．

```
ticket2.grammar

#文
S: NS_B KUKAN ZASEKI MAISUU NS_E
S: NS_B KUKAN ZASEKI NS_E
S: NS_B ZASEKI KUKAN NS_E
#区間
KUKAN: EKIMEI KARA EKIMEI MADE
KUKAN: EKIMEI MADE
#駅名
EKIMEI: TIMEI EKI
#枚数
MAISUU: SUUJI MAI
```

図 12.6 Julius 形式の文法ファイル (ticket2.grammar)

省略を可能にするためには，省略されたものとそうでないものの二つの規則を用意します．この方法は，語順の入替えにも対処可能です．この文法からは以下の文が生成されました．

```
<s> 東京 駅 まで 指定席 </s>
<s> 新横浜 駅 まで グリーン席 </s>
<s> 東京 駅 から 品川 駅 まで 自由席 2 枚 </s>
<s> 新横浜 駅 から 東京 駅 まで 自由席 </s>
<s> 新横浜 駅 まで グリーン席 2 枚 </s>
<s> 品川 駅 から 品川 駅 まで 自由席 1 枚 </s>
<s> グリーン席 品川 駅 まで </s>
<s> 東京 駅 から 品川 駅 まで 指定席 </s>
<s> 東京 駅 から 新大阪 駅 まで 指定席 1 枚 </s>
<s> 自由席 東京 駅 まで </s>
```

この例題の文例でも，出発駅と到着駅が同じものがありますが (6 行目)，それ以外は文として妥当なものです．

† .voca ファイルのファイル名も，文法規則のファイル名に合わせて ticket2.voca と変更しておきます．

このようにして文法の妥当性をチェックします．しかし，一定規模以上の文法になると，文としてありえないものが多く出てくるのを避けることは難しくなります．規則を厳しくしすぎて正しい文を確率 0 と判定してしまってはまずいので，ある程度はおかしな文が生成されてもしかたありません．正しい文はすべてカバーし，かつおかしな文の生成をなるべく抑えるように文法規則を書くべきですが，なかなか難しいようです．

最後に例題 12.1 の文法から生成されたオートマトンがどのようなものか見ておきましょう（図 12.7）．第 14 章で説明するように，Julius は入力の後ろから探索を行う際に文法を用いているので，最後の記号からたどることになります．.dfa ファイルの第 1 フィールドが状態番号，第 2 フィールドが入力カテゴリ（.term ファイルに記述），第 3 フィールドが遷移先状態番号です．

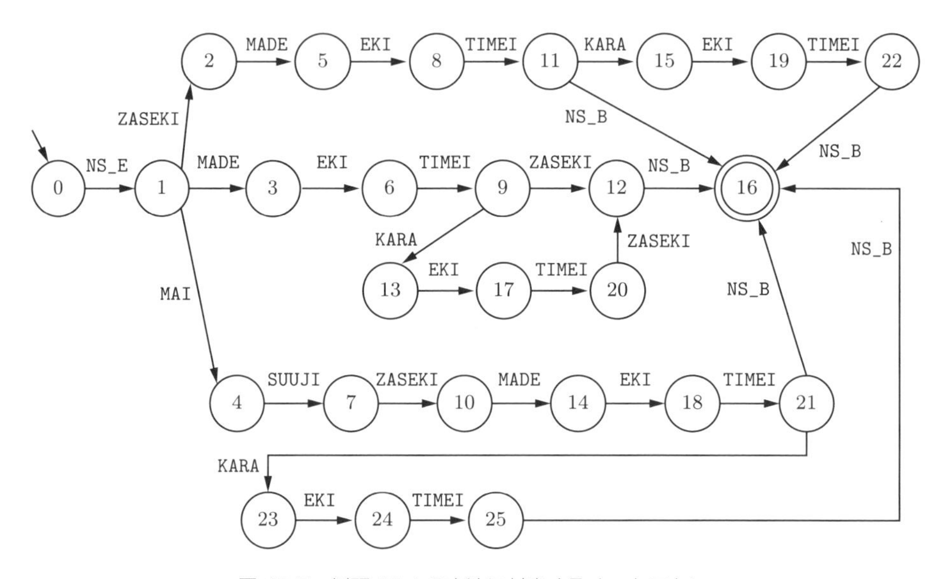

図 12.7　例題 12.1 の文法に対応するオートマトン

12.5 標準化された文法記述

ここでは，別の文法記述法として **SRGS** (speech recognition grammar specification)† を紹介します．

SRGS は，音声によって web アクセスを可能にする活動から生まれてきたもので

† http://www.w3.org/TR/speech-grammar/

す．現在では，**VoiceXML** を用いた音声対話システムや，Microsoft Kinect SDK での文法記述に用いられています．

基本的には，Julius と同様，BNF をどのように表記するかというだけのことなのですが，省略や繰返しが簡潔に書けるように工夫がなされています．また，他の音声 web の記述言語に合わせて，XML 形式で書かれている点が特徴です[†]．

先に説明した BNF と SRGS の XML 記法との対応を表 12.2 に示します．

表 12.2 BNF と SRGS との対応

BNF	SRGS
A → B C	<rule id="A"> <ruleref uri="\#B"/> <ruleref uri="\#C"/> </rule>
A → a | b | c	<rule id="A"> <one-of> <item> a </item> <item> b </item> <item> c </item> </one-of> </rule>
A → a B	<rule id="A"> <item> a </item> <ruleref uri="\#B"/> </rule>
A → B*	<rule id="A"> <item repeat="0-"> <ruleref uri="\#B"/> </item> </rule>

図 12.8 に示すものが SRGS による文法記述の例です．

1 行目は XML 宣言で，すべての XML 文書に必要なものです．XML のバージョン（ここでは 1.0）と使用している文字コード（ここでは Shift-JIS）を記述します．

2 行目が文法記述のルート要素 `grammar` です．ルート要素とは以後の XML をひとくくりにするもので，その中身の XML 文書が何であるかというのを示すのに使われます．一般に，XML には一つのルート要素が必要になります．この `grammar` というルート要素には，SRGS のバージョン，使用している言語（ロケール：日本語は `ja-JP`，米語は `en-US` など），文法のモード（音声は `voice`，数字キー入力は `dtmf`），

† 12.3 節で紹介した記法に近い ABNF で書いてもよいことになっています．

```
<?xml version="1.0" encoding="shift_JIS"?>
<grammar version="1.0" xml:lang="ja-JP" mode="voice" root="root">
  <rule id="root" scope="public"> <!-- 文は区間，座席，枚数からなる -->
      <ruleref uri="#kukan"/>
      <ruleref uri="#zaseki"/>
      <ruleref uri="#maisuu"/>
  </rule>
  <rule id="kukan">            <!-- 区間は駅から駅まで -->
    <ruleref uri="#eki"/>
      から
    <ruleref uri="#eki"/>
      まで
  </rule>
  <rule id="zaseki">           <!-- 座席の種類 -->
    <one-of>
      <item> グリーン席 </item>
      <item> 指定席 </item>
      <item> 自由席 </item>
    </one-of>
  </rule>
  <rule id="maisuu">           <!-- 可能な枚数 -->
    <one-of>
      <item> 1 </item>
      <item> 2 </item>
      <item> 3 </item>
    </one-of>
    枚
  </rule>
  <rule id="eki">              <!-- 駅名 -->
    <one-of>
      <item> 東京 </item>
      <item> 品川 </item>
               ⋮
    </one-of>
    駅
  </rule>
</grammar>
```

図 12.8 SRGS による文法記述

文法のルート規則名（「文」に対応する規則名）などを指定します．

4 行目以降の rule 要素で実際の文法規則や単語辞書を定義することになります．

文法規則の書き方を説明します．BNF 左辺の非終端記号は rule 要素の id 属性になります．BNF 右辺に出現する非終端記号は rule 要素の中身で，ruleref 要素（規則の参照という意味です）の uri 属性（universal resource identifier: web ページのアドレスを表す URL を一般化したものです）で指定します．終端記号はそのまま書くか，複数の選択肢がある場合は，`one-of` 要素で囲って `item` 要素で列挙します．

非終端記号などを省略可能にしたいときは，`item` 要素の `repeat` 属性の値を `"0-1"`にします．これは繰返し回数を指定するもので，0 回または 1 回の繰返し（すなわち省略または 1 回の出現）を指定していることになります．1 回以上の繰返しは `"1-"`のように記述できます．

その他，SRGS の特徴としては，任意の単語列を吸収するガーベージモデル（`<ruleref special="GARBAGE"/>`）や，規則への重み（`item` 要素の `weight` 属性）も記述できるということが挙げられますが，処理系によっては実装されていないこともあります．

例題 12.2　SRGS による文法記述を，出発駅・枚数の省略や語順の入替えができるように書き換えよ．

▷解答例　`root` 規則と，`kukan` 規則をそれぞれ図 12.9 のように書き換えます．

```
<rule id="root" scope="public">
  <ruleref uri="#kukan"/>
  <ruleref uri="#zaseki"/>
  <item repeat="0-1">          <!- 枚数は省略可能 ->
    <ruleref uri="#maisuu"/>
  </item>
</rule>

<rule id="kukan">
 <item repeat="0-1">            <!- 出発駅は省略可能 ->
   <ruleref uri="#eki"/>
   から
 </item>
 <ruleref uri="#eki"/>
 まで
</rule>
```

図 12.9　規則の変更部分

演習問題

12.1　天気予報を問い合わせるシステムを想定し，以下のような文を受理する Julius 形式の文法を記述せよ．

「東京の明日の天気を教えて」，「京都の降水確率は」，「大阪の週間予報」

12.2　演習問題 12.1 で作成した文法を SRGS 形式で記述せよ．

第13章 統計的言語モデルを作ろう

統計的言語モデルとは，確率 $P(\boldsymbol{w}) = P(w_1, \ldots, w_n)$ の値を言語統計に基づいて与えてくれるメカニズムのことです．$\boldsymbol{w} = w_1, \ldots, w_n$ は連続音声認識の出力なので，文を表しています．したがって，統計的言語モデルは，文を構成する正しい単語列には高い確率を，おかしい並びの単語列には低い確率を与えるものとみなすことができます．

本章では，このような統計的言語モデルの作り方を説明します．

13.1 文の出現確率の求め方

言語統計を計算するときには，文例が大量に集まった言語資料を使用します．この言語資料のことを**コーパス**といいます．

音声対話システムのための言語モデル作成が目的であれば，システムでの出現が想定される文を，ひとりまたは少人数で，できるだけ多くリストアップして小規模なコーパスを作成するという方法がとられることがあります．一方，大語彙を前提とする音声の書取り（**ディクテーション**）では，このように文例をリストアップすることが難しいので，インターネット上で公開されている文書（web ページ，SNS のメッセージ，Wikipedia など）・新聞記事の電子データ・研究目的で収集された文例集などをコーパスとして用います．

なお，言語モデル作成のための言語統計は一般に単語単位で計算されるので，コーパス中の文を形態素解析ツールを用いてあらかじめ単語に分割しておく必要があります．日本語の形態素解析ツールとしては JUMAN[†1] や MeCab[†2] などが公開されています．

さて，統計的言語モデルを使って求めたいものは，確率 $P(w_1, \ldots, w_n)$ の値です．出現確率の単純な求め方は，同じ事象が何回出てくるかを数えて全体の数で割ることですが，ありとあらゆる文がそれぞれ何百回，何千回と出てくるようなコーパスは

†1 http://nlp.ist.i.kyoto-u.ac.jp/index.php?JUMAN

†2 http://taku910.github.io/mecab/

ちょっと想定できません．そこで確率の連鎖規則（chain rule）を用いて，文の出現確率を単語の出現確率に分解します．

$$P(w_1, \ldots, w_n) = P(w_1)P(w_2|w_1)P(w_3|w_1, w_2) \ldots P(w_n|w_1, \ldots, w_{n-1}) \tag{13.1}$$

この式変形は，文 $w_1, \ldots, w_n$ の確率を一気に求めるのではなく，単語の出現確率を先頭から順に求めて，それらをかけ合わせて文の確率とするということを意味しています．i 番目に単語 w_i が出現する確率は，それまでの文脈 $w_1, \ldots, w_{i-1}$ に依存するので，個々の単語の出現確率は条件付き確率で表します．この単語の出現確率をどうやって求めるか考えてゆきましょう．

右辺第 1 項の $P(w_1)$ は単語 w_1 の出現確率です．これは通常のパターン認識で用いるクラスの事前確率にあたるので，求めるのはそれほど難しくありません．ある程度の規模のコーパスがあれば，単語 w_1 の出現回数を数え上げ，それをコーパス中の全単語数で割ることで最尤推定ができます．

右辺第 2 項の $P(w_2|w_1)$ は単語の連接確率です．これは，コーパス中の単語 w_1 の出現回数と単語列 $w_1 w_2$ の出現回数を数え上げ，後者を前者で割ったものが最尤推定値になります．いま，10,000 単語の連続音声認識システムを考えるとすると，可能な単語の連接は $10^4 \times 10^4 = 10^8$ 種類となります．このすべての組合せが出現するわけではなく，また，新聞記事の電子データなら 1 年分で 10 万記事程度あるので，この確率はなんとか推定できないことはなさそうです．

しかし，右辺第 3 項以降は，$P(w_3|w_1, w_2), P(w_4|w_1, w_2, w_3), \ldots$ と，条件付き確率の条件部が長くなってゆきます．そうすると，上記の前提では条件部の組合せ数が $10^{12}, 10^{16}, \ldots$ と増えてゆくので，これでは新聞記事が何十年分あっても足りそうにありません．

このように，求める必要がある統計情報に対して，データが圧倒的に少ない問題を**データスパースネス**の問題といいます．統計的言語モデルの作成においては，このデータスパースネスの問題をどう解決するかが，重要な課題となります．

13.2 N-グラム言語モデル

ここでは，データスパースネスの問題を，N-グラムとよばれるアイディアで条件付き確率式を近似することによって解決する方法を説明します．

13.2.1 N-グラムによる近似

ここでの問題は，$P(w_i|w_1,\ldots,w_{i-1})$ という条件付き確率の条件部が長くなってくると，コーパスを用いてこの確率を得ることができないということでした．

そこで，大胆な仮定を置いて，この問題を回避します．その大胆な仮定とは，

「ある単語の出現確率は，直前の $(N-1)$ 個の単語にのみ影響される」

ということです．この仮定は，残念ながら大抵の自然言語において誤りです．日本語では，「もし…ならば」という表現の「…」にはいくらでも長い単語列が入りえますし，英語でも “not only ... but also” など，単語間の関係が何単語も先の単語に及ぶ表現があります．

しかし，まったく確率を計算できないよりはましとしましょう．このような仮定をしたモデルを **N-グラム言語モデル**とよびます．N が大きいほど長い文脈を考慮しているので正確なモデルになるはずですが，それはその確率の推定が正しいことが前提です．確率の推定は N が大きいほど信頼できなくなるので，考慮する文脈の広さと，確率推定の信頼性とのバランスをとらなければなりません．このような理由から $N=3$ とするケースが多く見られます．

3-グラム言語モデルを用いると，$P(w_1,\ldots,w_n)$ は以下のようになります．

$$P(w_1,\ldots,w_n) \simeq P(w_1)P(w_2|w_1)\prod_{i=3}^{n}P(w_i|w_{i-2},w_{i-1}) \tag{13.2}$$

式 (13.2) を用いて $P(w_1,\ldots,w_n)$ の値を計算するためには，1-グラム確率（$P(w_i)$），2-グラム確率（$P(w_i|w_{i-1})$），3-グラム確率（$P(w_i|w_{i-2},w_{i-1})$）のそれぞれを求めておく必要があります．

コーパス中で特定の単語列 $\boldsymbol{w}$ が出現する回数を $C(\boldsymbol{w})$ と表記すると，1-グラム確率，2-グラム確率，3-グラム確率は**最尤推定**によってそれぞれ以下のように推定できます．

$$P(w_i) = \frac{C(w_i)}{\sum_{w_i} C(w_i)} \tag{13.3}$$

$$P(w_i|w_{i-1}) = \frac{C(w_{i-1},w_i)}{C(w_{i-1})} \tag{13.4}$$

$$P(w_i|w_{i-2},w_{i-1}) = \frac{C(w_{i-2},w_{i-1},w_i)}{C(w_{i-2},w_{i-1})} \tag{13.5}$$

13.2.2 言語モデルの評価

作成した言語モデルを評価する直接的な方法は，そのモデルを音声認識プログラムに組み込み，認識率の向上を計測することです．しかし，音声認識率には言語モデル以外にもさまざまな要因が絡むので，言語モデルだけを評価することは難しいといえます．

そこで，作成した言語モデルが正しい文に対してどれくらい高い確率を出すかということを計算して，相対的に比較するという方法がよく用いられています．この評価用の正しい文の集合を**テストセット**とよび，学習に用いたものとは別のデータが用いられます．

このテストセットを用いて，以下の式で定義されるパープレキシティ PP を計算します．

$$PP = P(w_1, \ldots, w_n)^{\frac{1}{n}} \tag{13.6}$$

これはある単語 1 個が出現する確率の相乗平均の逆数です．別の見方をすると，ある単語の後に接続しうる単語数の平均とみなすこともできます．この値が小さいほうが正しい文に対して高い確率を与えていることになるので，よい言語モデルだということができます．

13.2.3 ゼロ頻度問題

ここまでが統計的言語モデルの基本的な考え方です．しかし，難しいのはここからです．統計的に信頼できる N-グラム確率を求めるには大量のデータが必要になります．しかし，いくらデータが大量にあっても，「並びとしては正しいが，偶然にコーパス中に一度も出現しない」単語の組合せが出てくる可能性をなくすことはできません．

特定の単語列 $\boldsymbol{w_k}$ がコーパス中に一度も出現しないと $C(\boldsymbol{w_k}) = 0$ となり，その単語列に関連する N-グラム確率の値も 0 になります．その場合，式 (13.2) の右辺の値が 0 になり，単語列 $\boldsymbol{w_k}$ を含む文 $w_1, \ldots, w_n$ の言語モデル確率 $P(w_1, \ldots, w_n)$ が 0 ということになるので，この文は決して認識されなくなってしまいます．この問題を**ゼロ頻度問題**† とよびます．

ゼロ頻度問題を避けるための考え方は，単純化すると，観測された情報を使って，観測されていない情報の確率をいかに正確に推定するか，ということになります．以下では頻度のスムージングによる方法と補間法による方法を説明します．

† ゼロ頻度問題は統計的機械学習における一般的な問題です．学習データには 1 回も出てこなかったが，今後システムに入力されてもおかしくないデータに対して，どのように確率を見積もるか，ということになります．

13.3 一度も出現しないものの確率は？

頻度のスムージングによる方法は，学習コーパスから得られたN-グラムの出現頻度をもとに，未知データからなるコーパスでのN-グラムの出現頻度を推定するものです．もっとも重要なことは，学習コーパス中に1回も出現しないN-グラムは，未知コーパスで平均何回出現すると期待されるか，という問いに答えることです．この質問に対して，0より大きな値を答えることができれば，ゼロ頻度問題は解消されます．図13.1に本節で説明する手法の概要を示します．

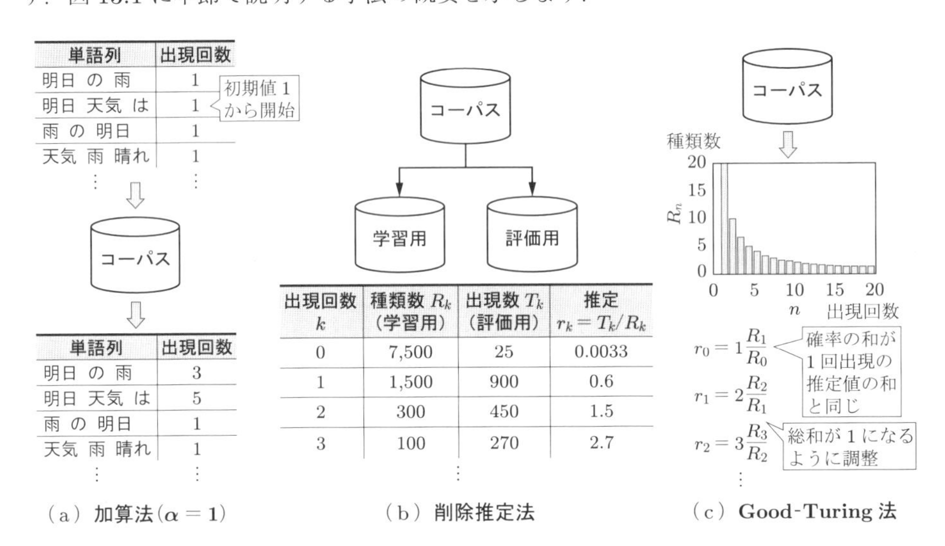

図13.1 頻度のスムージング法の比較

13.3.1 一定値を加えることによるスムージング

ゼロ頻度問題に対するもっとも単純な解法は，すべてのN-グラムの頻度計算の際に，あらかじめ一定の値を加えておくことです．たとえば，あらかじめすべての3-グラムの頻度 $C(w_{i-2}, w_{i-1}, w_i)$ に1を加えた場合，確率の計算式は以下のようになります．

$$P(w_i|w_{i-2}, w_{i-1}) = \frac{C(w_{i-2}, w_{i-1}, w_i) + 1}{C(w_{i-2}, w_{i-1}) + v} \tag{13.7}$$

ただし，v は語彙数です．この方法でゼロ頻度問題は回避できますが，大語彙コーパスにおいては，ほとんどの3-グラムは学習コーパスに出現しないので，それらすべてを1回出現と数えると，大半の確率が出現しない語に取られてしまうということがわかっています．そこで，事前に加える値を1よりもずっと小さな値 α（たとえば $\alpha = 0.0001$）として，以下の式で確率を推定すると，この不自然な確率の偏りを少しは解消することができます．この方法を**加算法**とよびます．

$$P(w_i|w_{i-2}, w_{i-1}) = \frac{C(w_{i-2}, w_{i-1}, w_i) + \alpha}{C(w_{i-2}, w_{i-1}) + \alpha \cdot v} \tag{13.8}$$

13.3.2 削除推定法

削除推定法は交差確認法のアイディアに基づきます．手元にあるデータを学習用データと評価用データに分割し，学習用データで c 回出現した 3-グラムは，評価用データには何回出現することが期待されるか，という問題を設定します．

この問題設定において，学習用データ中のすべての可能な 3-グラムから，1 回以上出現した 3-グラムの種類数を引いたものを R_0 とします．R_0 は学習用データにおいて一度も出現しなかった 3-グラムの種類数を表すことになります．次に，その R_0 種類の 3-グラムが，評価用データで何回出現したかを数えます．これを T_0 とすると，$r_0 = T_0/R_0$ で求まる値は，学習用データで一度も出現しなかったものが評価用データで何回出現することが期待されるか，という質問に対する答えとみなすことができます．

また，学習用データに 1 回出現したものの種類数を R_1，それらが評価用データに出現した回数を T_1 とすると，同様に $r_1 = T_1/R_1$ で，学習用データで一度だけ出現したものの評価用データでの出現数を推定することができます．

この学習用データと評価用データの役割を入れ替えて，推定される値の平均値を求めることで，より推定精度を高めることができます．さらにデータを 10 分割して，9 個を学習用，1 個を評価用とすることを繰り返す交差確認法のアイディアをここでも適用することができます．

13.3.3 Good–Turing 法

Good–Turing 法は Good 氏と Turing 氏が考えた推定式に基づいています．Good–Turing 法の考え方は，出現回数 0 回の事象の確率の合計を，出現回数 1 回の事象の確率の合計と合わせるということです．出現回数 1 回のデータはたまたまコーパスに出てきただけで，出現回数 0 回のデータはたまたま出てこなかっただけである．それならば，その「たまたま具合」を同じとしましょう，というふうに解釈できます．

ただし，出現回数 0 回の事象に割り振る確率は，出現回数 1 回のデータからだけ取るわけにはいきません．最尤推定で推定されたすべての確率から少しずつもらってきましょう．しかし，出現回数の多いものは最尤推定で比較的信頼できる確率が得られているはずなので，あまり削りたくはありません．一方，出現回数の少ないものは確率もあまり信用できないので，わりと大胆に削ってしまいましょう．このような考え方は，n 回出現する 3-グラムの種類数を R_n としたときに，以下のように出現回数 r_n を推定することで実現できます．

$$r_n = (n+1)\frac{R_{n+1}}{R_n} \tag{13.9}$$

図 13.1(c) に 3-グラムの出現が Zipf の法則† に従った場合の R_n の値と，r_n の計算法を示します．n が小さいと，R_{n+1} と R_n の比は大きいので，r_0 や r_1 は比較的小さい値となります．一方 n が大きくなると，R_{n+1} と R_n の比はほとんど 1 になるので，もとの出現回数に近い値になります．

ただし，n を大きくしてゆくと，特定のところで種類数（R_n）が 0 になってしまうことがあり，それ以降の値を求めることができなくなります．そこで実用的には一定値以下（たとえば $n < 5$）では Good–Turing 法で推定を行い，その値以上では最尤推定を行うという方法が併用されています．

13.4 信頼できるモデルの力を借りる

頻度のスムージングを行うことにより，確率が 0 となる 3-グラムはなくなります．しかし，この方法では出現回数が同じ単語列はすべて同じ確率が割り当てられることになります．たとえば，学習データにおいて下記の二つの単語列がともに出現しなかったとします．

1. ジンバブエ 工業 大学
2. ジンバブエ 工業 幼稚園

これは，「ジンバブエ ドル」以外の文脈ではあまり日本語コーパスに出現しない「ジンバブエ」という単語が原因で 3-グラムの出現回数が 0 になってしまい，その後の「工業 大学」という頻出単語列と，「工業 幼稚園」というあまり見かけない単語列が，3-グラム確率のうえでは同じ扱いを受けてしまうという問題になります．

この問題を解決する方法として，信頼できる低次の N-グラムの値を利用して，高次の N-グラムの値を推定する方法が考えられています．この方法を**補間法**とよびます．

† Zipf の法則は，出現頻度が k 番目に大きい要素が全体に占める割合は $1/k$ に比例するという経験則で，単語の出現頻度統計などで成り立ちます．

13.4.1 線形補間法

線形補間法（図 13.2）は，複数の確率を重み付きで足し合わせる，すなわち線形演算を行って足りないデータを補間しようというものです．

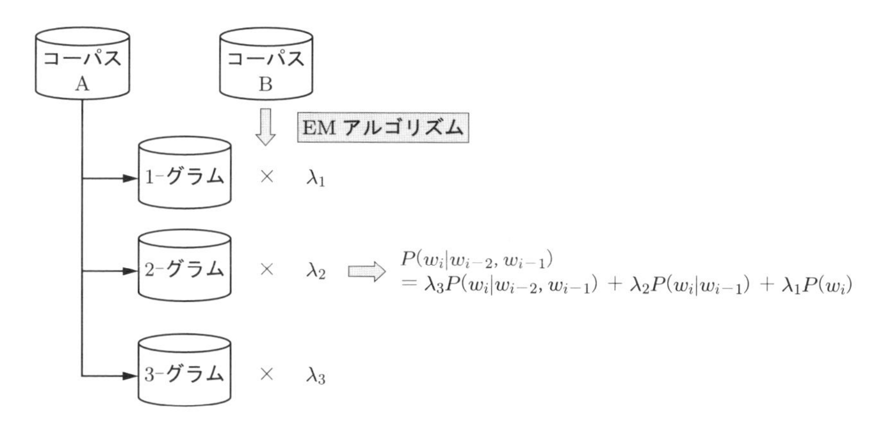

図 13.2　線形補間法

3-グラムの推定式は以下のようになります．

$$P(w_i|w_{i-2}, w_{i-1}) = \lambda_3 P(w_i|w_{i-2}, w_{i-1}) + \lambda_2 P(w_i|w_{i-1}) + \lambda_1 P(w_i) \tag{13.10}$$

ただし，

$$0 \leq \lambda_n \leq 1, \quad \sum_n \lambda_n = 1 \tag{13.11}$$

です．

この $\lambda_3, \lambda_2, \lambda_1$ の値は，N-グラムの値を推定† するのに用いたコーパスとは別のデータを用いて推定します．N-グラムのそれぞれの推定値がどれだけ当てになるかを未知データで評価します．そのため，データを 2 分割する方法や，交差確認法を利用します．

13.4.2 バックオフスムージング

線形補間法では，低次の N-グラム確率が高次の N-グラム確率の計算に寄与する度合（λ_n）を固定しました．この考え方を少し柔軟にして，高次の N-グラム確率が信頼できるときはもとの値に近い値を，信頼できないときには低次の N-グラム確率を

† この推定は最尤推定の場合もありますし，頻度のスムージングを行う場合もあります．

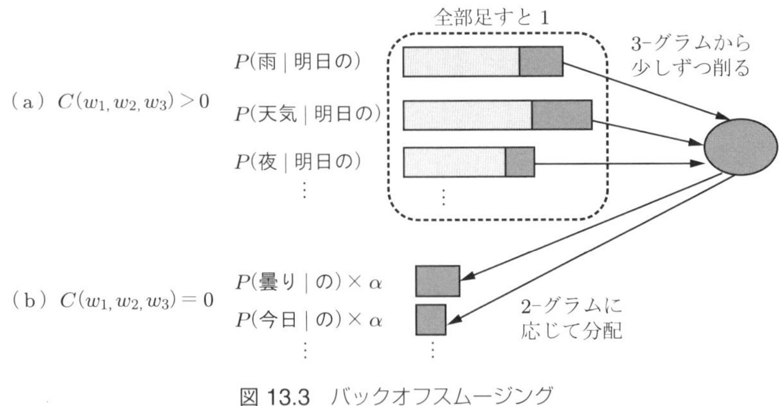

図 13.3　バックオフスムージング

利用するというアイディアが**バックオフスムージング**（図 13.3）です．

バックオフスムージングでは，3-グラムのバックオフ確率とよばれる確率を，以下の式に基づいて計算します．

$$P_3^{BO}(w_i|w_{i-2}, w_{i-1})$$
$$= \begin{cases} d(w_{i-2}, w_{i-1})P_3(w_i|w_{i-2}, w_{i-1}) & (C(w_{i-2}, w_{i-1}, w_i) > 0) \\ \alpha(w_{i-2}, w_{i-1})P_2^{BO}(w_i|w_{i-1}) & (C(w_{i-2}, w_{i-1}, w_i) = 0) \end{cases} \quad (13.12)$$

この計算法では，学習コーパスに出現した 3-グラム確率はもとの値から少し減らした値を使い，出現しなかった 3-グラムの確率については，2-グラムの確率に係数をかけたものを使います．確率値の合計を 1 にするために，文脈（w_{i-2}, w_{i-1}）に応じて式 (13.12) の上段から少し減らし，同じく文脈に応じて下段に分配します．

分配するほうの係数 $\alpha(w_{i-2}, w_{i-1})$ は，バックオフ言語モデルに対する重みを表すので，**バックオフ係数**とよばれます．

減らすほうの係数 $d(w_{i-2}, w_{i-1})$ はディスカウント値とよばれます．ディスカウント値の求め方として，文脈に接続する単語の多様性に基づいたもの（w_{i-2}, w_{i-1} に接続する単語の種類数が少ないならば，その値が信頼できるとして少なく減らし，接続する単語の種類数が多いならば，未知の単語系列に値を分配するために多く減らす）が **Witten–Bell 法**です．また，文脈の多様性に基づくもの（w_i の前の文脈 w_{i-2}, w_{i-1} の種類数が少ないならば，その値が信頼できるとして少なく減らし，文脈の種類数が多いならば多く減らす）が **Kneser–Ney 法**，さらに文脈の出現数に応じて減らす値を変える工夫をしたものが **Modified Kneser–Ney 法**です．

13.5 ニューラルネットワークを用いた言語モデル

前節のディスカウント値を求めるにあたって，性能を上げるために複雑な処理を行うほど，計算時間が多く必要になってきます．コーパスが大規模になればなるほど，これらの時間は増えてゆくので，言語モデルを実装する際の問題点になります．

そこで，第1部で説明したニューラルネットワークを言語モデル確率の計算に用いる方法が考案されました．

フィードフォワード型ニューラルネットワークを用いる場合は，図 13.4 のようにネットワークを構成し，過去 N 単語から次単語の確率分布を計算するようにネットワークを学習します．

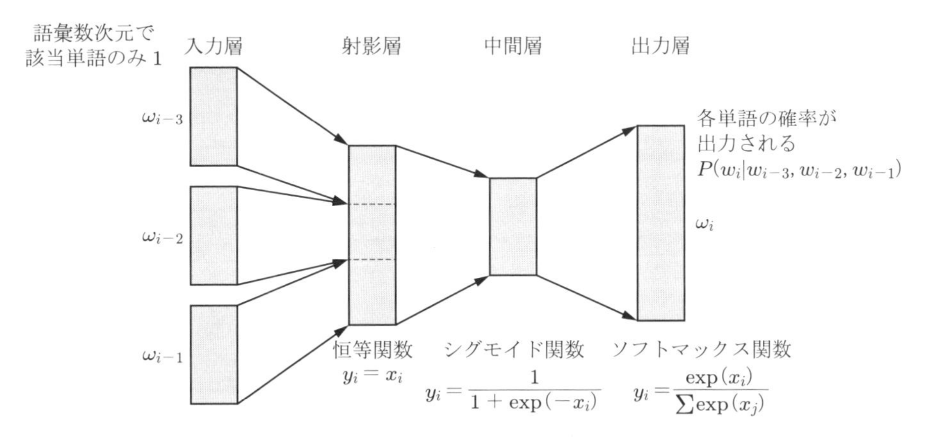

図 13.4　フィードフォワード型ニューラルネットワークを用いた言語モデル

また中間層に対して，1 単語前の出力を入力に戻す**リカレントニューラルネットワーク**の構造（図 13.5）を用いると，原理的にはこれまですべての文脈情報を引き継いでいることになるので，N-グラムが過去 $(N-1)$ 単語で履歴を打ち切ってしまって

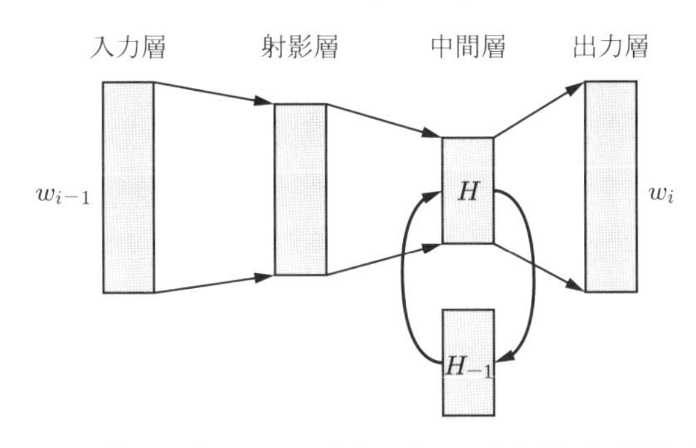

図 13.5　リカレントニューラルネットワークを用いた言語モデル

いる問題に対処できると考えられます．

ただし，ニューラルネットワークを用いた言語モデルは次章で説明する探索過程に組み込むのが難しく，現在の主流の方法では，出力された文候補のスコアを再度評価することで，正解文が選択される確率を高める役割にとどまっています．

13.6 SRILM 入門

それでは，言語モデル作成ツールを使って，ここで説明した手順で言語モデルを作成してみます．

言語モデル作成ツールとしては，**SRILM**†1 を使います．SRILM は，N-グラムの学習ツールとして研究目的で広く使われています．

まず，コーパスを用意します．ここでは，説明のため，例題 12.1 で作成した文法 ticket2.grammar から乱数で作った文集合をコーパスとみなして，ここから統計的言語モデルを学習してみましょう．

以下の `generate` コマンドによって生成された 50 文をファイルに保存します†2．そしてヘッダ（最初の文までの 3 行）と文の開始記号・終了記号（<s>, </s>）をエディタなどを使って削除して，コーパスに含まれるものは文集合だけにします．このファイルを ex1.text とします．

```
% generate -n 50 ticket2 > ex1.text
```

このコーパスを入力として，3-グラム確率を求めるコマンドが `ngram-count` です（図 13.6）．`ngram-court` コマンドは，以下のように指定します．

```
ngram-count
ngram-count [オプション]
            -order n  生成される N-グラムの長さ（すなわち N）を指定
            -text textfile  入力となるコーパスファイル名を指定
            -lm lmfile  出力となる言語モデルファイル名を指定
```

以下のコマンドで，3-グラム言語モデルを作成してみましょう．

```
% ngram-count -order 3 -text ex1.text -lm ex1.arpa
```

オプションによって，さまざまなスムージング法を選ぶことができます．指定がなければ Good–Turing 法が用いられます．

---

†1 `http://www.speech.sri.com/projects/srilm/`

†2 `generate` コマンドは Julius に付属するものです．

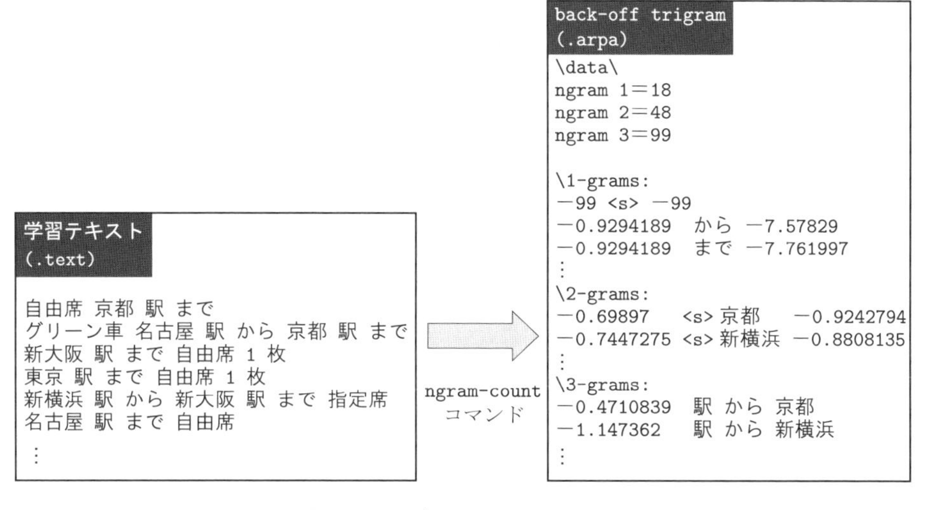

図 13.6 3-グラム言語モデルの作成

出力された3-グラムファイルには1-グラム，2-グラム，3-グラムが順に並べられています．3-グラムはスムージング後の確率が $\log_{10}$ をとって記載されており，その後ろに3-グラムを構成する単語が並んでいます．1-グラムと2-グラムには，それぞれの確率（$\log_{10}$ をとった値），構成する単語（列），バックオフ値（2-グラムの場合には $\{1-\lambda_0(w_{i-2},w_{i-1})\}\alpha$ にあたる値の $\log_{10}$ をとったもの）が1行に並んでいます．

この値を使って，ある単語列に対する確率を求める手順は以下のようになります．

言語モデル確率の計算

1. 3-グラム $P(w_i|w_{i-2},w_{i-1})$ の計算法
   - (i) 3-グラム項目が表（3-グラムファイル）にある場合：その確率
   - (ii) 3-グラム項目が表にない場合：
     - (a) 2-グラム項目 w_{i-2},w_{i-1} が表にある場合：
       バックオフ値 $(w_{i-2},w_{i-1})\times P(w_i|w_{i-1})$
     - (b) 2-グラム項目 w_{i-2},w_{i-1} が表にない場合：$P(w_i|w_{i-1})$
2. 2-グラム $P(w_i|w_{i-1})$ の計算法
   - (i) 2-グラム項目が表にある場合：その確率
   - (ii) 2-グラム項目が表にない場合： バックオフ値 $(w_{i-1})\times P(w_i)$

N-グラム表中の数字は対数をとった値なので，実際の計算ではかけ算のところはたし算になります．

このようにして統計的言語モデルを作成することができました．統計的言語モデル

は音声認識だけではなく，文書の分類や機械翻訳などにも広く利用されています．

例題 13.1 SRILM のコマンド **ngram** を使って，作成した言語モデルを評価せよ．

▷解答例 言語モデルは，未知の入力に対してパープレキシティ（単語の平均分岐数）を測ることで評価できます．この値が小さいほどよいモデルということになります．本章で挙げた実験手順に適用するには，学習に用いたものとは別のコーパスを Julius の **generate** コマンドで作成し，その評価用コーパスに対して SRILM の **ngram** コマンドで評価します．

まず，以下のコマンドで評価用コーパスを作成します．

```
generate -n 50 ticket2 > eval.text
```

言語モデル作成時と同様に先頭の不要な行と文の開始記号・終了記号は削除しておきます．次に **ngram** コマンドで評価します．その評価結果は以下のような形式で出力されます．

```
% ngram -lm ex1.arpa -ppl eval.text
reading 18 1-grams
reading 48 2-grams
reading 53 3-grams
file eval.text: 50 sentences, 346 words, 0 OOVs
0 zeroprobs, logprob= -184.551 ppl= 2.9244 ppl1= 3.41494
```

これより，パープレキシティ（ppl）は約 2.9 だということがわかります．平均的に分岐数が 3 程度で，その 3 単語のいずれが入力音声に近いかということを当てることの繰返しなので，非常に簡単な文法だということができます．

例題 13.2 図 13.7 に示す ARPA 形式の確率表を用いて，以下の 3 文のそれぞれの生成確率（ただし 2-グラムで近似）を求めよ．

- <s> 京都 の 天気 は </s>
- <s> 京都 天気 は </s>
- <s> 教えて の 京都 の </s>

▷解答例 これは演習問題 12.1 の天気予報の問合せをする文法を簡単にしたものから，本章で説明した手順に従って作成した言語モデルです．確率表は一部のみ示しています（関連する項目は削除されていません）．それでは言語モデル確率の計算手順に従って計算してゆきましょう．

$P(\text{<s> 京都 の 天気 は </s>})$
$= P(\text{<s>}) * P(\text{京都} \mid \text{<s>}) * P(\text{の} \mid \text{京都}) * P(\text{天気} \mid \text{の}) * P(\text{は} \mid \text{天気}) * P(\text{</s>} \mid \text{は})$
$= -0.84 - 0.61 - 0.05 - 0.63 - 0.87 - 0.06 = -3.06$

```
\1-grams:
−2.32 <UNK> 0.00
−0.86 </s>−1.41
−0.84 <s>−0.97
−1.32 あす−0.93
−0.65 の−0.91
−1.54 は−0.78
−1.28 を−1.05
−1.42 京都−0.84
−1.28 教えて−1.01
−1.42 降水確率−0.60
−1.47 今週−0.79
−1.37 週間予報−0.49
−1.32 大阪−0.93
−1.24 天気−0.59
−1.24 東京−1.00
```

```
\2-grams:
−0.61 <s> 京都 0.00
−0.04 あす の−0.26
−0.71 の あす 0.00
−0.76 の 降水確率−0.04
−0.87 の 今週 0.00
−0.76 の 週間予報 0.00
−0.63 の 天気 0.00
−0.06 は </s> 0.63
−0.03 を 教えて 0.00
−0.05 京都 の−0.21
−0.03 教えて </s> 0.39
−0.52 降水確率 </s> 0.87
−0.30 降水確率 を 0.30
−0.05 今週 の−0.14
−0.47 天気 </s> 0.69
−0.87 天気 は 0.36
−0.47 天気 を 0.30
```

図 13.7 例題 13.2 の 2-グラム確率表

$$
\begin{aligned}
&P(\text{<s> 京都 天気 は </s>})\\
&= P(\text{<s>}) * P(\text{京都} \mid \text{<s>}) * P(\text{天気} \mid \text{京都}) * P(\text{は} \mid \text{天気}) * P(\text{</s>} \mid \text{は})\\
&= -0.84 - 0.61 - 0.84 - 1.24 - 0.87 - 0.06 = -4.46
\end{aligned}
$$

$$
\begin{aligned}
&P(\text{<s> 教えて の 京都 の </s>})\\
&= P(\text{<s>}) * P(\text{教えて} \mid \text{<s>}) * P(\text{の} \mid \text{教えて}) * P(\text{京都} \mid \text{の}) * P(\text{の} \mid \text{京都})\\
&\quad * P(\text{</s>} \mid \text{の})\\
&= -0.84 - 0.97 - 1.28 - 1.01 - 0.65 - 0.91 - 1.42 - 0.05 - 0.91 - 0.86 = -8.9
\end{aligned}
$$

2-グラム項目が表にない場合は，条件部の単語 1-グラムのバックオフ値と，出現単語の 1-グラム値をかけたもの（実際は対数計算なので足したもの）がその 2-グラムの値となります．

天気の問合せとして正しい文には高い確率，少し間違っていたらそれなりに高い確率，文としておかしいものには低い確率が割り当てられています．

演習問題

13.1 演習課題 12.1 の文法を適宜拡張し，また語彙を 100 語程度まで増やして本章で説明した手順で 3-グラムを作成せよ．また，作成した言語モデルを評価せよ．

第14章 連続音声認識に挑戦しよう

ここまでで音声認識の基本的な原理と，音響モデル・言語モデルそれぞれの確率の計算法を学びました．しかし，まだ探索の問題が残っています．探索の問題とは，音響モデルの値と言語モデルの値の積が最大となる単語列を求める問題です．

日本語の書取りシステム（ディクテーションシステム）の出力として可能な単語列は，システムの語彙数を10,000単語，1文の平均単語数を10と小さめに見積もっても，$(10,000)^{10} = 10^{40}$ 種類と膨大な数になってしまい，すべての可能な単語列について音響モデルの値と言語モデルの値をそれぞれ求め，その積を計算するということはできそうにありません．

本章では，探索を工夫することによって，短い時間でもっともスコアの高い，あるいはそれに近い解を求める方法を説明します．また，このような探索手法を実装した音声認識のフリーソフトウェアの使用法を解説します．

14.1 基本的な探索手法

探索においては，目的とする基準のもとでもっとも評価値が高いものを**最適解**とよびます．とても全部の解候補はあたりきれないけれど，答えがありそうな方向に向かって探してゆけば，最適解か，それに近い答えを見つけることができる．そんな人間の知恵をコンピュータで実現したのもが「**探索**」です．「探索」は人工知能研究の輝かしい成果です．音声認識でもこの探索手法を取り入れて，「必ず最適解が求まる」ことまでは保証できないけれど，多くの場合において最適解，あるいは最適解に近いと思われる解を，効率よく求める方法が提案されています．

14.1.1 単純な探索

探索の方法を考えるにあたり，まずは問題設定を単純化します．認識は単語単位で行われると仮定し，言語モデルは2-グラムを用います．そして，音声認識を，特徴ベクトル系列 $\boldsymbol{x}_1, \ldots, \boldsymbol{x}_N$ をカバーして，音響モデルの値と言語モデルの値の積がもっとも大きくなる単語系列を探す問題と定義します．

そして，探索を音声入力の先頭から始めるものとします．そうすると，最初は音響モデルのスコア $p(\boldsymbol{x}_1, \ldots, \boldsymbol{x}_{t_1}|w)$ と，言語モデルのスコア $P(w|<s>)$（<s> は文の開始記号）の積が最大となる単語 w_1 が，解候補の先頭の単語になります．次に，$p(\boldsymbol{x}_{t_1+1}, \ldots, \boldsymbol{x}_{t_2}|w)$ と $P(w|w_1)$ の積が最大となる単語 w_2 をそれにつなぎ，以下同様に単語をつないでいって特徴ベクトル系列 $\boldsymbol{x}_1, \ldots, \boldsymbol{x}_N$ 全体をカバーする単語列を探すという方法が考えられます．

これは，探索手法の中で**縦型探索**とよばれる手法（図 14.1）で，メモリの使用量がもっとも少なく，処理も単純なものです．ただし，各時点でもっともスコアが高い単語をつなぎ合わせても，全体として最適解が得られるとは限りません．

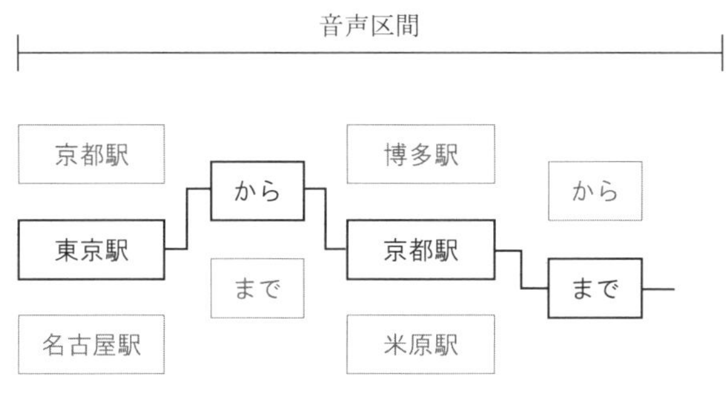

図 14.1 縦型探索

一方，単語をつなぐときに，すべての候補を保持しておく**横型探索**は，最終的にはすべての候補のスコアを計算していることになるので最適解が得られることが保証されます．しかし横型探索では，本章の冒頭で検討したように探索候補が膨大になるため，連続音声認識の問題には適用できません．

14.1.2 ビーム探索

縦型探索と横型探索のそれぞれのよいところを組み合わせたものが**ビーム探索**です（図 14.2）．ビーム探索では，単語をつなげるときに，すべての単語候補を残しておくのではなく，スコアの高い順に一定数の単語候補を残しておきます．ただし，単語をつなぐ際に一定数に限定したとしても，単語列長が長くなればやはり指数的に候補数が増えるので，全体として保持する候補をあらかじめ決めておいた一定数以下にします．

ビーム探索は最大の候補数（ビーム幅）をあらかじめ決めておくもので，それを超えた場合は，評価値の低いものから順に探索候補からはずします．つまり常に考慮している候補数が一定幅で収まっていることになります．

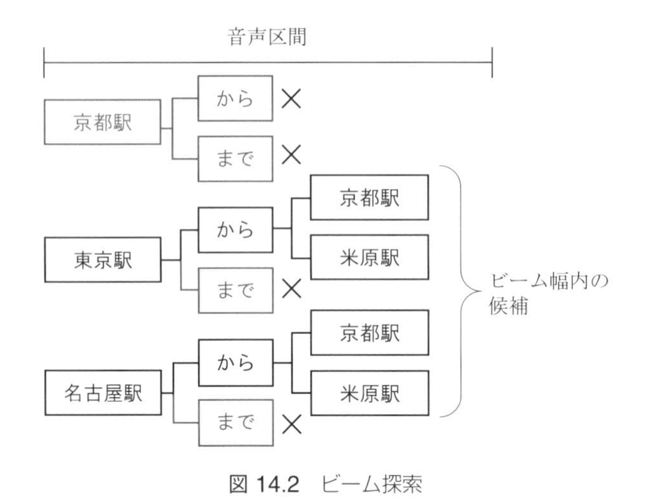

図 14.2 ビーム探索

ビーム幅を広くすれば，最適解を誤って候補からはずしてしまう可能性を低くできますが，処理時間が多くかかり，メモリも大量に必要とします．逆にビーム幅を狭くすれば，スマートフォンなどの計算能力が低く，メモリもあまり使用できない端末でも実時間で結果を返すことができますが，最適解に至らない可能性が高くなります．

14.2 ヒューリスティック探索

ビーム探索では，それまでに得られた単語列のスコアを基準に候補を選択していました．ここでもし，残りの区間のスコアの見積りが得られれば，より最適解に近い候補に絞り込むことができるので，ビーム幅を狭くして認識処理の高速化がはかれます．

残りの区間のスコアの見積りを**ヒューリスティックス**とよび，ヒューリスティックスを利用した探索を**ヒューリスティック探索**とよびます．

ただし，ヒューリスティックスは 100% 正しい情報ではありません．いくつかの証拠から見積もります．迷路にたとえると，ゴールには旗が高く立っていて，それぞれの分岐点ではどっちに行けば出口に近そうかという見当がつくものとします．近そうな道を選択しても，近くまで着いたと思ったら行き止まりということもあるので，この情報は必ずしも正しいというわけではないのです．

14.2.1 最良優先探索

探索途中の候補のこれまでのスコアと，ヒューリスティックスとの和を候補の評価値として探索を行う手法を，**最良優先探索**（図 14.3）とよびます．

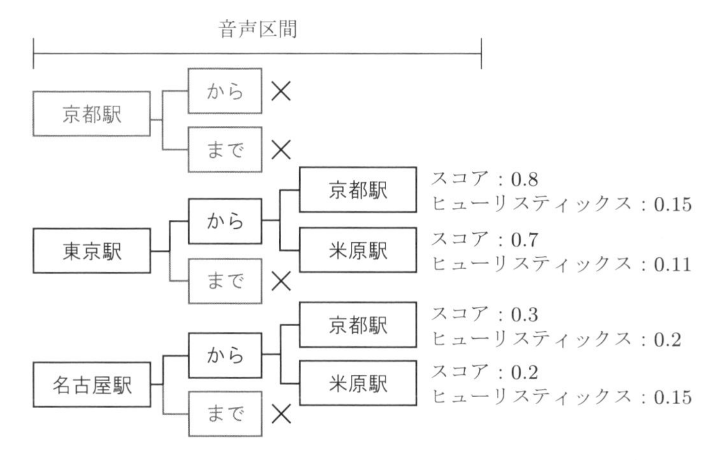

図 14.3 最良優先探索

しかし，この方法でも最適解が見つかることは保証できません．もし，ある時点でのヒューリスティックスが低く見積もられてしまった候補が多数あったために，最適解がビーム幅からこぼれてしまうという可能性があります．

ここでヒューリスティックスが過剰に低く見積もられないという保証があれば，この最良優先探索で最適解が見つかります．このような条件のついた最良優先探索を**A* 探索**とよびます．

14.2.2 ゴールまでの近さの情報

次に，ヒューリスティックスをどうやって求めるか考えてゆきましょう．

音声の最初から終わりにかけて，つまり図 14.3 でいうと左から右に一度だけ探索を行うのならば，現在候補としている単語から先の情報はまったく得られません．ヒューリスティック探索を行うためには，ヒューリスティックスを得るための処理と，実際に探索する処理で入力音声を 2 回走査する必要があります．このように音声区間を複数回走査する探索法を**マルチパス探索**とよびます．

1 回目は高速な処理で，どの単語候補がどの時点で終端になるか，またそこまでの経路のスコアはいくらになるかということをフレーム単位で求めておきます．この処理は，音声が入力されるのと並行して，音声始端から終端に向けて，つまり図 14.3 でいうと左から右に向けて計算されます．次に，2 回目は逆方向，すなわち右から左に向けて，今度は精密な計算を使って単語単位で探索します．このとき，1 回目の計算の結果を利用して，探索途中のノードにどのような単語が接続できるかを決定し，その単語を接続したときの，ゴールまでのスコアがどれくらいになるのかの見積りができます（図 14.4）．

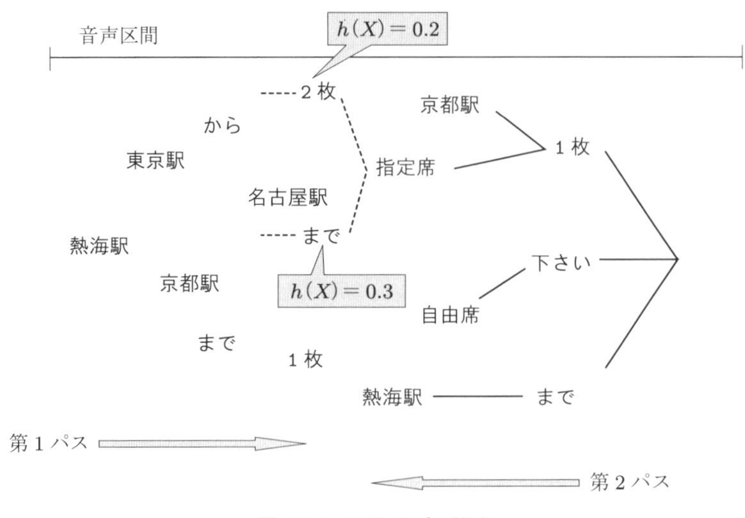

図 14.4 マルチパス探索

たとえば，図 14.4 には 1 回目の探索である第 1 パスの結果として，音声区間の真ん中あたりに「2 枚」という単語の終端がある可能性があり，先頭からこの単語の終端までのコスト $h(X)$（ただし粗い見積り）は 0.2 であること，同様に「まで」に関してはその終端までのコストが 0.3 であることを示しています．第 2 パスでは逆から探索することによって，これらのコストがヒューリスティックスとして使えるのです．

Julius では，第 1 パスの高速な処理として言語モデルに 2-グラムを用い，単語間の音素の調音結合は近似するという方法で，ビーム探索を行っています．一方，第 2 パスでは，言語モデルに 3-グラムを用い，単語間の音素の調音結合をトライフォンで厳密に評価する方法で**ビーム幅付き最良優先探索**を行っています．

14.3 WFST による探索手法

本章の冒頭で，単語を単純に組み合わせたのではとても候補数が多くなってしまうことを説明しました．しかし，たとえば先頭からいくつかの単語が共通する候補では，その計算結果を共有することができます．また，途中が同じ単語で終わる候補は，そこから先の展開を共有することができます．このように，工夫次第で探索空間を削減することはある程度は可能です．

さらにこのような工夫は，先頭からの音素を共有する単語集合に対して適用したり，言語モデルスコアが低くなってしまう単語候補しか残っていない場合に早めに探索を打ち切ったりなど，さまざまなレベルで施すことが可能です．

そこで，音声認識に必要な音響モデル・発音辞書・言語モデルをオートマトンで表現し，それらを一つの巨大なオートマトンに合成した後，探索空間削減の工夫をオートマトンの最適化処理に置き換えてしまう方法（図 14.5）が，**WFST**（weighted finite state transducer）による探索です．

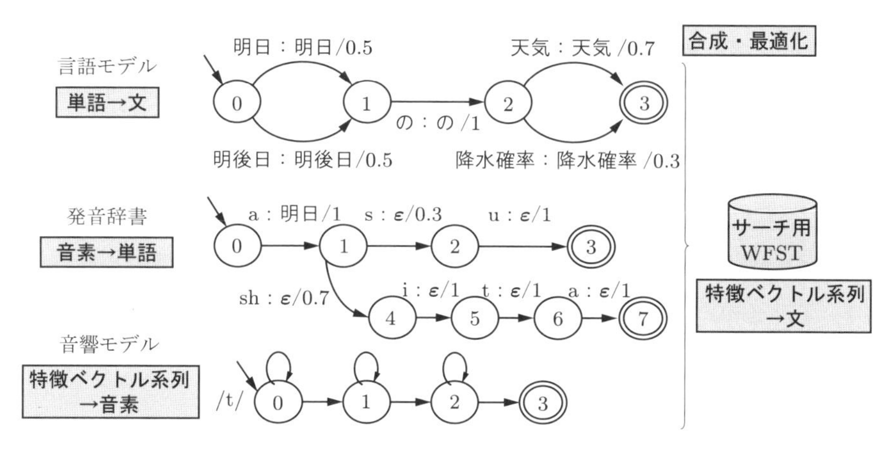

図 14.5 WFST による探索

WFST はオートマトンの一種で，記号列を入力とし，別の記号列と重みを出力します．この出力記号列を入力とする WFST があれば，この二つの WFST を合成することができます．音響モデルを「特徴ベクトル系列を入力として音素を出力する WFST」，発音辞書を「音素列を入力として単語を出力する WFST」，言語モデルを「単語列を入力として文を出力する WFST」で表現すれば，それらを順に合成することで，「特徴ベクトル系列を入力として文を（重み付きで）出力する WFST」が得られます．

この WFST で重みが最大となる状態遷移系列をビーム探索によって求めることが，認識処理になります．この WFST は，原理的にはすべての単語列の候補を表現していることと等価になるので，ビーム幅付き最良優先探索に比べて最適解を見つける可能性が高くなっているといえます．

14.4 文法に基づく認識システムを動かす

ここでは，ビーム幅付き最良優先探索手法を使って音声認識を行うソフトウェアである Julius† の動かし方を説明します．Julius は探索エンジンのツールなので，音声

† `https://github.com/julius-speech/julius` 本書の説明は version 4.4.2 に基づいています．

認識を実行するためには別途，音響モデルと言語モデルが必要です．

Julius のホームページでは，Julius のソース・バイナリだけではなく，フリーの音響モデル・言語モデルも公開されています[†1]．これらを使えば，簡単に音声認識を試してみることができます．

なお Julius の音響モデル計算は，デフォルトでは 10.5.1 項で説明した GMM-HMM 方式を用いて行っていますが，`-dnnconf` オプションを使ってディープニューラルネットワーク構成ファイルを指定することで，10.5.2 項で説明した DNN-HMM 方式での認識を行うようにもできます．ただし，DNN-HMM 方式では音素の単位が異なるので，以下で説明する手順には適用できません．DNN-HMM 方式での認識を試す場合は，ディクテーションキットをダウンロードして実行してください．

ここでは，例題 12.1 で作成した有限状態オートマトンの定義ファイル（.dfa ファイル）と，単語辞書ファイル（.dict ファイル）を用いて音声認識を行ってみます．これらを図 14.6 の設定ファイル（ex1.jconf）に指定します[†2]．

ex1.jconf

```
-gram ticket2                                     # 文法の指定
-h model/phone_m/jnas-tri-3k16-gid.binhmm         # 音響モデルの指定
-hlist model/phone_m/logicalTri-3k16-gid.bin # トライフォンマップファイル
-input mic                                        # マイク入力
-charconv utf-8 sjis            # 出力文字コードの変換 (Windows OS の場合)
```

図 14.6 Julius の構成ファイル (ex1.jconf)

各種ファイルは，この jconf ファイルが置いてあるフォルダからの相対パスで記述してあります．Julius をインストールした環境に応じて適宜書き換えてください．トライフォンマップファイルとは，トライフォンの置換え規則を記述したもので，定義されていないトライフォンを，音響モデルで定義されているどのトライフォンと置き換えるかが書かれています．ここでは，Julius のホームページから配布されているものを使います．

Julius は，設定ファイル名を引数として以下のように起動します．

```
% Julius -C ex1.jconf
```

音響モデル，言語モデルの読込みが終わり，マイク入力を受け付けるようになれば成功です．例題 12.1 で自動生成したような文を入力してみましょう．すると，以下

†1 また，これらをひとまとまりにして事前設定も済ませたディクテーションキットも配布されています．

†2 #以降はコメントなので入力の必要はありません．

のような認識結果が表示されます.

```
------
### read waveform input
Stat: capture audio at 16000Hz
Stat: adin_alsa: latency set to 32 msec (chunk = 512 bytes)
Error: adin_alsa: unable to get pcm info from card control
Warning: adin_alsa: skip output of detailed audio device info
STAT: AD-in thread created
pass1_best: <s> 京都 駅 から 東京 駅 まで 指定席 1 枚 </s>
pass1_best_wordseq: 7 0 5 3 0 5 4 2 1 6 8
pass1_best_phonemeseq: silB | ky o: t o | e k i | k a r a | t o: ky o: |
   e k i | m a d e | sh i t e: s e k i | i ch i | m a i | silE
pass1_best_score: -8558.105469
### Recognition: 2nd pass (RL heuristic best-first)
STAT: 00 _default: 30 generated, 30 pushed, 12 nodes popped in 341
sentence1: <s> 京都 駅 から 東京 駅 まで 指定席 1 枚 </s>
wseq1: 7 0 5 3 0 5 4 2 1 6 8
phseq1: silB | ky o: t o | e k i | k a r a | t o: ky o: | e k i | m a d e |
   sh i t e: s e k i | i ch i | m a i | silE
cmscore1: 1.000 1.000 1.000 1.000 1.000 1.000 1.000 1.000 1.000 1.000 1.000
score1: -8515.998047
```

pass1_best: の次に出力されているものが第 1 パスのもっとも確率が高い系列で, sentence1: の次が第 2 パス実行終了後の認識結果です. cmscore1: の次には単語ごとの信頼度が, score1: の次には入力文のスコア（事後確率値の対数）が出力されています.

14.5 ディクテーションシステムを動かす

次に, 第 13 章で作った言語モデルで Julius を動かしてみます. Julius は 2 パス探索で, それぞれに用いる言語モデルが異なるので, それらを用意する必要があります. 第 1 パスは 2-グラムを使って前から探索を行うので, 2-グラムファイルが必要です. 第 2 パスは 3-グラムを使って後ろから探索を行うので, 3-グラムを逆順にして確率を求めておく必要があります.

まず, コーパスを用意します. ここでは, 12.4 節で説明した generate コマンドを使って乱数で生成させた文の集合をコーパスとみなします. 以下のコマンドで 50 文作成し, 出力されたファイル ex2.text をエディタで開いて, 先頭 4 行のヘッダ情報と, 文開始記号 <s> および文終了記号 </s> を削除します.

```
% generate -n 50 ticket2 > ex2.text
```

そして，SRILM の ngram-count コマンドで 2-グラムを作成します．

```
% ngram-count -order 2 -text ex2.text -unk -lm 2gram.arpa
```

次に，単語を逆順に並べ替えたコーパスを以下のようなスクリプトを使って作成します．作成したコーパスを ex2-rev.text としておきます．

```
#!/usr/bin/perl
while(<>) {
    print join(' ', reverse(split(/[ \t\n]+/))) . "\n";
}
```

そして，SRILM の ngram-count コマンドで逆順の 3-グラムを作成します．

```
% ngram-count -order 3 -text ex2-rev.text -unk -lm 3gram-rev.arpa
```

次に，以下のコマンドで，学習した二つの言語モデルをバイナリ形式に統合します．この操作によって，Julius の起動が速くなります．

```
% mkbingram -nlr 2gram.arpa -nrl 3gram-rev.arpa ticket2.bingram
```

最後に，以下のコマンドで単語辞書をディクテーション用に変換します．

```
% dict2htkdic.pl ticket2.dict > ticket2.htkdic
```

ここまでで，ディクテーション用の言語モデルの準備は終了です．ここまで作成したファイルで Julius が動くように構成ファイル（図 14.7）を作ります．

```
ex2.jconf

-d ticket2.bingram                               # 言語モデルの指定
-v ticket2.htkdic                                # 単語辞書の指定
-h model/phone_m/jnas-tri-3k16-gid.binhmm        # 音響モデルの指定
-hlist model/phone_m/logicalTri-3k16-gid.bin # トライフォンマップファイル
-input mic                                       # マイク入力
-charconv utf-8 sjis           # 出力文字コードの変換（Windows OS の場合）
```

図 14.7　Julius の構成ファイル (ex2.jconf)

ここまでの準備ができれば，以下のコマンドで Julius を起動します．

```
% julius -C ex2.jconf
```

音響モデル，言語モデルの読込みが終わり，マイク入力を受け付けるようになれば成功です．前節で入力したような文だけでなく，多少語順を入れ替えたり，「えーと」などの不要語を混ぜた規則外の文も発話してみてください．

14.6 認識結果の評価

次に，連続音声認識の結果を評価する方法を説明しましょう．11.8 節で説明したように，連続音声認識システムの性能は**単語認識率** (correct) と**単語認識精度** (accuracy) で評価されます．

Julius には認識のログから認識結果を計算するツールが付属しているので，それらを用いて計算します．以後では評価の手順を確認するために，少数の文を録音し，認識システムを動かしてその性能を測ってみます．

14.6.1 評価用データの準備

まず，評価用のデータを作成します．例題 12.1 の文法から生成された文を録音してみます．ただし，タスクが小規模なので，そのまま録音したのではほぼ 100% 認識されてしまうでしょうから，適度に語順を入れ替えたり，いい直しを入れたりしてみましょう．図 14.8 に示すような文を WaveSurfer を使って録音してください．

```
東京 駅 まで 指定席
新横浜 駅 まで グリーン席
東京 駅 から 品川 駅 まで 自由席 2 枚
新横浜 駅 から 東京 駅 まで 自由席
新横浜 駅 まで グリーン席 2 枚
品川 駅 品川 駅 まで 自由席 1 枚
グリーン席 品川 まで
東京 駅 から 指定席 品川 駅 まで
東京 駅 から 新大阪 駅 まで 自由席 指定席 1 枚
自由席 東京 駅
```

図 14.8 評価用の例文

ファイル名は ex14-001.wav から ex14-010.wav とします．

次に，正解ファイルを作成します．Julius の評価では，文の ID 番号の行と正解単語列の行の 2 行をひとまとまりとして正解ファイルとします．図 14.9 のようなファイルを作成し，ex14.ref という名前で保存してください．

```
ex14.ref

ex14-001
<s> 東京 駅 まで 指定席 </s>
ex14-002
<s> 新横浜 駅 まで グリーン席 </s>
⋮
ex14-010
<s> 自由席 東京 駅 </s>
```

図 14.9 正解文ファイル (ex14.ref)

14.6.2 認識実験

それでは，本章で設定した内容で Julius を動かして認識実験をしてみましょう．ここでは音声ファイルを入力して評価するので，図 14.7 の ex2.jconf を ex3.jconf という名前でコピーし，入力指定を `-input rawfile` とします．

このように設定すると，Julius は標準入力から与えられた名前のファイルを開いて認識します．その結果は標準出力に出力されるので，評価のためにその出力をログファイルとして記録しておきます．評価用音声ファイルのあるフォルダで以下のコマンドを実行してみましょう．

```
% ls *.wav | julius -C ex3.jconf > ex3.log
```

ログファイル ex3.log を開いて，認識が行われていることを確認してください．

14.6.3 認識率の算出

認識ログファイルが正しく作成できたら，認識率を算出します．

Julius のディクテーションキットの bin/common フォルダ以下に scoring というフォルダがあります．認識率の算出にはその中の `mkhyp.pl`，`align.pl`，`score.pl` という三つのスクリプトを使います．

まず以下の `mkhyp.pl` で，認識ログファイルから結果を取り出します†．

```
% nkf -e ex3.log | mkhyp.pl -p 2 > ex3.hyp
```

その結果，文 ID，認識結果単語列，各単語に対する確信度の 3 行をひとまとまりとしたファイルが作成されます．ただし，`mkhyp.pl` における文 ID の付与規則は特定のデータベースを対象としたものですので，正解ファイルのものとは異なっています．大量の評価データを扱うときはスクリプトを変更すべきですが，ここでは評価データ

† `nkf` はファイルの漢字コードを変換するコマンドで，`-e` オプションで EUC を指定しています．

```
ex3.hyp

ex3-001
東京 駅 まで 指定席
cmscore: 0.996 0.962 0.997 0.982
ex3-002
新横浜 駅 まで グリーン席
cmscore: 1.000 0.995 0.999 1.000
:
ex3-010
自由席 東京 駅
cmscore: 1.000 0.972 1.000
```

図 14.10 評価用の認識結果ファイル (ex3.hyp)

が少量なので，ファイルを編集して図 14.10 のような認識結果ファイル（ex3.hyp）を作成してください．

次に **align.pl** で，正解ファイルと認識結果ファイルの各文をつき合わせて，認識誤りの数を数えるための結果整列ファイルを作ります．以下のコマンドを実行してみましょう．

```
% align.pl -u morpheme -f kanji -r ex3.ref ex3.hyp > ex3.ali
```

結果整列ファイルは図 14.11 のようになります．

```
ex3.ali

id: ex3-001
REF:  東京 駅 まで 指定席
HYP:  東京 駅 まで 指定席
EVAL: C    C  C    C
CMSCORE: 1.000 0.996 0.962 0.997

id: ex3-002
REF:  新横浜 駅 まで グリーン席
HYP:  新横浜 駅 まで グリーン席
EVAL: C      C  C    C
CMSCORE: 1.000 1.000 0.995 0.999
:
```

図 14.11 評価用の結果整列ファイル (ex3.ali)

最後に **score.pl** で認識率の集計をします．このスクリプトを実行すると，ex3.ali.scr というフォルダができます．その中の ex3.sys（図 14.12）が集計結果のファイルです．

ex3.sys

```
                    SYSTEM SUMMARY PERCENTAGES BY SPEAKER
----------------------------------------------------------------------------
SPKR       Snt     Corr      Acc      Sub      Del      Ins      Err   S.Err
----------------------------------------------------------------------------
ex          10   100.00   100.00     0.00     0.00     0.00     0.00     0.00
============================================================================
Sum/Avg     10   100.00   100.00     0.00     0.00     0.00     0.00     0.00
----------------------------------------------------------------------------
```

図 14.12 結果集計ファイル (ex3.sys)

図を見ると，Corr と Acc の両方が 100% となっています．このような小さい言語モデルでは語順を入れ替えたり，いい直したりしても認識誤りは起こりませんでした．

演習問題

14.1 Julius の構成ファイルを変更し，第 1 パスだけの認識や，言語モデルの重みを変えた認識を試み，性能の違いを評価せよ．

14.2 単語数 100 語以上のタスクを設定し，第 12 章から第 14 章までで説明した手順で言語モデルを作成し，録音した評価データを用いて認識システムの性能を評価せよ．

第15章 会話のできるコンピュータを目指して

コンピュータの演算速度の進歩とメモリ・外部記憶容量の増大によって，これまで述べてきたような統計的音声認識プログラムが，実時間・高精度で動作するようになりました．現在では，多くのユーザがスマートフォンやタブレット端末で音声検索を利用しています．

そして今後は，音声認識はキーボードからの文字入力が難しい眼鏡型・腕時計型端末や，人型ロボットとのインタフェースとして広く利用されることが期待されています．本章では，これまで学んだ音声認識を道具として使用し，コンピュータと対話を行う音声対話システムを作成する方法を説明します．

15.1 音声対話システムの構成

音声対話システムを設計する際には，二つの異なった考え方があります．一つは，システムへひとまとまりの文[†]が入力され，それに対してシステムは適切な応答を返す，というものです．もう一つは，人間どうしのような自然な対話の実現を目指したもので，相手の発話の最中に相槌をうったり，相手がいい淀んでいるようなときに適切に内容を補ってくれるような機能をもつものです．

前者のシステムは，図15.1に示すように，音声認識・発話理解・対話管理・応答生成・音声合成の五つの要素とバックエンドアプリケーションから構成するのが一般的です．このような処理を**逐次的処理**とよびます．

音声認識部は，第2部のこれまでの章で説明してきた技術を用いて実装し，音声入力を認識結果の単語列に変換します．発話理解部は，単語列をタスクに応じた意味表現に変換します．対話管理部は，意味表現を入力として，システムが応答とすべき内容の意味表現を出力します．応答生成部が意味表現を単語列に変換し，音声合成部が単語列を音声信号に変換することによって，応答となる音声が出力されます．音声認識を利用した自動電話応答システム（interactive voice response; IVR）や，現在のスマートフォンの対話アプリの大半はこの方式で実装されています．

† 「ひとまとまり」の定義は，一定時間以上の無音区間にはさまれた音声信号です．

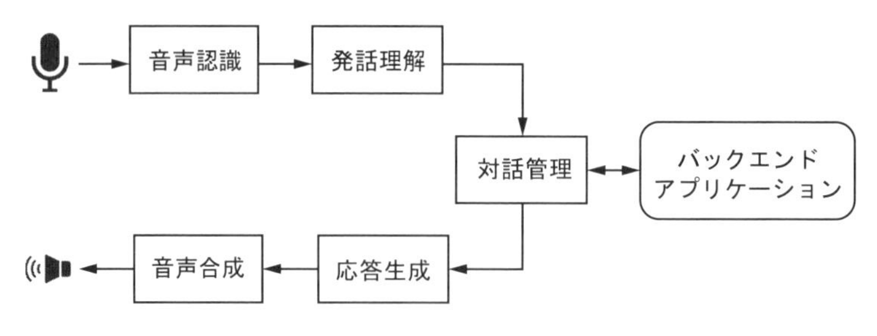

図 15.1 逐次的処理に基づく音声対話システムの構成

一方，後者のシステムも，必要なモジュールは図 15.1 に示したものと大きくは変わりません．各モジュールは逐次的処理と比べて小さな単位での情報を入力とし，それらを要素として出力を組み立て，適当な大きさになったら出力をするという処理を並列的に行うことになります．このような処理を**漸進的処理**とよびます．漸進的処理の実装には，図 15.2 に示すような，各モジュールが非同期的に発するメッセージを取り込み，適切なモジュールに配信するメッセージハブを中心とした構造が適しています．

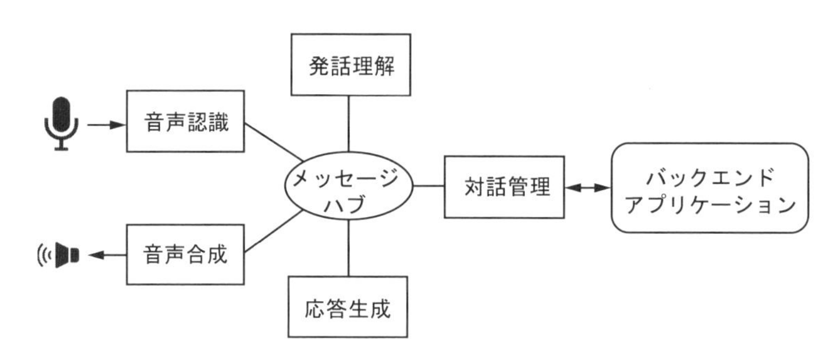

図 15.2 漸進的処理に基づく音声対話システムの構成

いくつかの研究レベルの音声対話システムや，15.3 節で説明する MMDAgent は，このようなメッセージハブを用いた方式で実装されています．

15.2 対話管理の方法

第 12 章では，特急券購入に必要な情報を 1 文で伝えるための文法について考えました．ここでは，同じ特急券購入という問題に対して，対話的に対応できるシステムを設計してみましょう．

もっとも確実に情報を集める方法は，集める情報を細切れにすることです．たとえば，出発駅・到着駅・席種・枚数の順に聞き出すこととします．また，それまでに聞き出した情報が正しいかどうかを，最後に確認することとします．このように順序が定められた系列をモデル化する方法として，第 10 章で紹介したオートマトンを用いることができます．

音声対話システムは，ユーザの入力とシステムの出力とがあるので，ある状態において，特定の入力（ユーザ発話）があると，特定の出力（システム発話）を出力して，別の状態に遷移するという形式でモデル化することができます．これは，入力系列と出力系列を対応付ける処理を行っていることになり，別の見方をすると，入力を出力に変換しているとみなすことができます．このようなオートマトンをとくに**トランスデューサ**（変換器）とよびます．第 14 章では，トランスデューサの遷移に重みがついた WFST を紹介しました．

それでは，このトランスデューサを使って，対話をモデル化してみましょう．初期状態 S_0 から対話が始まり，最初にシステムが出発駅を尋ねたとします．そうすると，システムは「ユーザが出発駅の情報を教えてくれるのを待っている」状態 S_1 に移ります．この系列は図 15.3 のように表現できます．

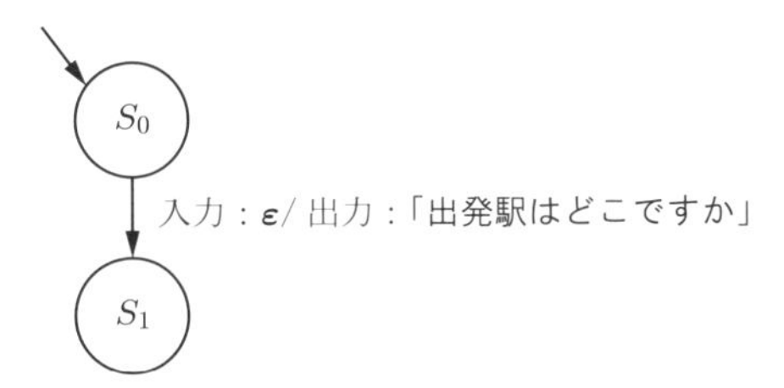

図 15.3　出発駅入力までの遷移

この状態において，ユーザが出発駅の情報を伝えると，次にシステムは到着駅を尋ねて，「ユーザが到着駅の情報を教えてくれるのを待っている」状態 S_2 に移ります（図 15.4）†．

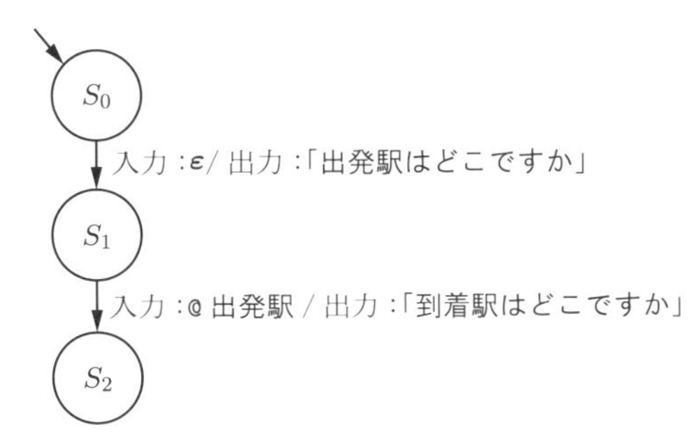

図 15.4　到着駅入力までの遷移

† 図 15.4 中の@出発駅は，この意味タグが付いた単語がユーザ発話中に含まれていることを示します．

以下同様に確認までの遷移を続けると，図 15.5 のようなトランスデューサで対話を表現することができます．

この対話パターンは，システムの指示通りにユーザが入力をしてくれた場合にのみ，対話が成功します．ユーザの入力エラーに対処したり，ユーザの好きな順番で情

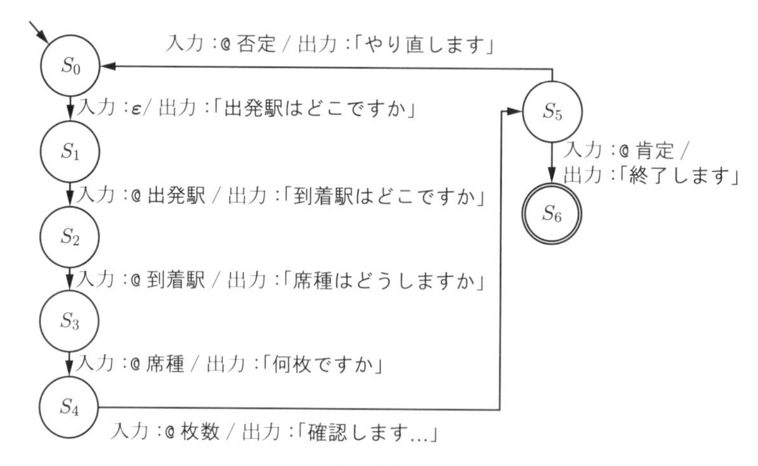

図 15.5 特急券購入対話の表現

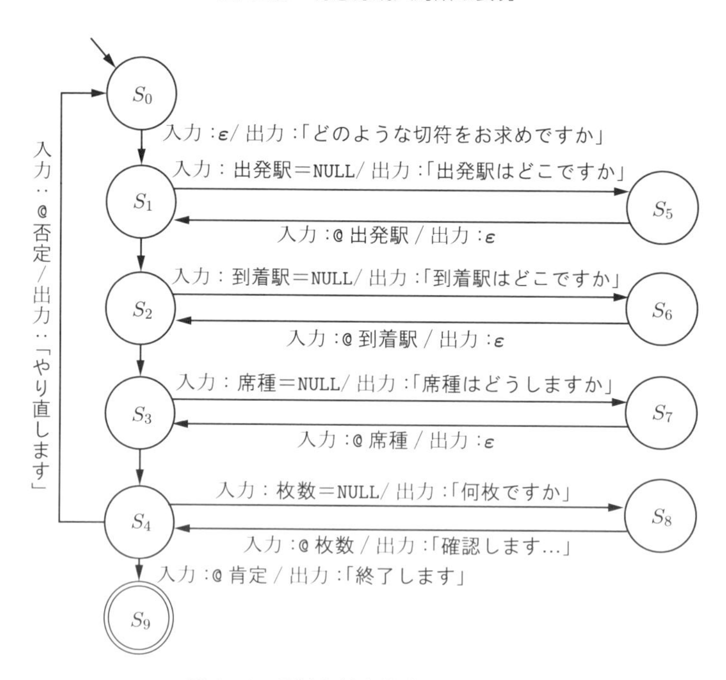

図 15.6 柔軟な特急券購入対話の表現

報を入力したり，あるいは複数の情報を一度の発話で入力したりといったことに対処するためには，複雑な状態遷移を記述する必要があります．

たとえば，ユーザの第一発話で任意の情報を組み合わせたものを受け付けるようしたときの対話状態遷移は，図 15.6 のようにモデル化できます．最初にユーザの自由な発話を受け入れて，不足している情報を順次聞き出してゆく方法です[†1]．

15.3 音声対話エージェント

名古屋工業大学で作成された **MMDAgent**[†2]（図 15.7）は，音声認識・音声合成・対話制御・エージェント操作をひとまとめのツールにしたものです．ここでは，MMDAgent を使って，15.2 節で設計した対話システムを実装してみます．

図 15.7 MMDAgent (© 2009 Nagoya Institute of Technology (MMDAgent Model “Mei”))

15.3.1 MMDAgent の概要

MMDAgent は音声対話システム作成ツールであり，3D 動画製作ツール MikuMikuDance，音声認識エンジン Julius，音声合成エンジン Open JTalk などを組み合わせたものです．対話の進行は状態遷移規則で記述し，入力された音声に対して，合成音声で応答を返す・エージェントを動作させる・画像を表示する・web ページを表示するなどの機能があります．

Windows 版 MMDAgent の起動は，.mdf ファイルを MMDAgent.exe にドラッグ&ドロップします．サンプルシナリオ（MMDAgent_Example.mdf）で動作確認を行ってみましょう．このサンプルシナリオは以下のような音声入力に対して動作します．

---

†1 図 15.6 中の**出発駅**=NULL は，対話管理部がもっている変数「出発駅」の値が設定されていないことを示します．

†2 `http://mmdagent.jp/` 本章での説明は ver1.7 に基づいています．

「こんにちは」，「ありがとう」，「さようなら」，「図書館」，「ホームページ」

15.3.2　MMDAgent での対話定義

対話の定義は MMDAgent_Example.fst に記述されているので，エディタなどで開いて中身を見てみてください．

MMDAgent の動作は，有限状態トランスデューサの形式で記述します．たとえば，状態 1 において，「自己紹介」という音声が入力されると，「メイといいます．」と応答して，状態 41 に移る，という規則は次の図 15.8 のように表現できます．

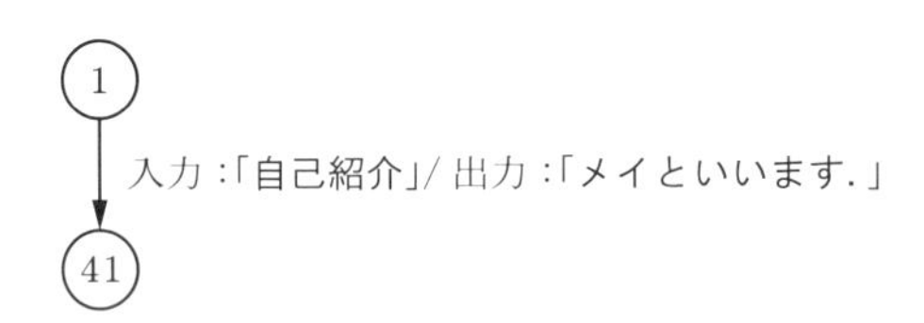

図 15.8　有限状態トランスデューサによる動作定義

.fst ファイルではこのような規則を 1 行で書きます．1 行は一つ以上の空白またはタブで区切られた四つの部分に分かれていて，順に

現在の状態番号　遷移後の状態番号　入力イベント　出力コマンド

という形式になっています．五つ目の区分に，変数の代入を記述することもできます．この表記法を用いると，図 15.8 に対応する記述は，以下のようになります．

```
1 41 RECOG_EVENT_STOP|自己紹介 SYNTH_START|mei|mei_voice_normal|メイといいます.
```

三つ目の区分に書くことができる入力イベントには表 15.1 のものが，四つ目の区分に書くことができる出力コマンドには表 15.2 のものがあります．

また，入力イベントや出力コマンドのいずれか，または両方がなくても状態遷移を生じさせたい場合は，入力イベントや出力コマンドの代わりに<eps>と書きます．

表 15.1　MMDAgent における入力イベント

イベント名	内容
RECOG_EVENT_STOP	音声認識終了
SYNTH_EVENT_STOP	合成音声出力終了
TIMER_EVENT_STOP	タイマー終了
VALUE_EVENT_EVAL	変数値の評価

表 15.2　MMDAgent における出力コマンド

コマンド名	内容
SYNTH_START	合成音声出力
MOTION_ADD	エージェント動作出力
RECOG_MODIFY	音声認識設定変更
PROMPT_SHOW	メニュー表示
TIMER_START	タイマー開始
VALUE_EVAL	変数評価
EXECUTE	外部コマンド実行

イベント・コマンドの詳細な仕様は，MMDAgent_Example.fst のコメント（#で始まる行）で確認できます．

15.3.3 サンプルシナリオの解析

自分で対話定義が記述できるように，MMDAgent_Example.fst の中身を解析してみましょう．

初期状態は状態 0 です．MMDAgent_Example.fst では，状態 0 から状態 11, 12, ..., 17 を経て，状態 2 までで初期設定を行います．背景画像やエージェントの種類を変更する必要がないのであれば，この部分は解析・編集する必要はありません．また，状態 2 から始まって，状態 21, 22, 23 を経て，状態 1 に至る遷移は，ときどき服装を直すなどの自律動作を入れることで，何も入力がないときにも人間らしく振る舞うよう記述がされています．この中身も解析する必要はありません．MMDAgent の起動直後は，状態 1 で音声認識結果を待っていると考えてください．

状態 1 では，音声認識結果に応じて状態 31, 41, 51,... へ遷移する規則が書かれています．図 15.9 のスクリプトは，状態 1 で「自己紹介」などの単語が入力されたときの動作を定義しています．認識結果の中に複数の単語があることを条件としたい場合は，それらの単語を半角コンマで区切って「あなた，誰」のように書きます．この条件に合う入力がなされると，合成音声で「メイと言います．」と出力し，mei_self_introduction.vmd で定義される動作を行い，音声出力の終了を待ってから，新たに「よろしくお願いします．」と出力します．そして，その音声出力の終了を待ってから，もとの状態に戻ります（厳密には状態 2 に戻りますが，実質的に状態 1 と状態 2 は同じ状態と考えてください）．

これ以外の入力に関しても，その状態遷移を詳細に追って，記述法を理解してください．

```
1  41 RECOG_EVENT_STOP|自己紹介 SYNTH_START|mei|mei_voice_normal|メイと言います.
1  41 RECOG_EVENT_STOP|あなた,誰  SYNTH_START|mei|mei_voice_normal|メイと言います.
1  41 RECOG_EVENT_STOP|君,誰  SYNTH_START|mei|mei_voice_normal|メイと言います.
41 42   <eps>                 MOTION_ADD|mei|...\mei_self_introduction.vmd|PART|ONCE
42 43 SYNTH_EVENT_STOP|mei    SYNTH_START|mei|mei_voice_normal|よろしくお願いします.
43 2  SYNTH_EVENT_STOP|mei    <eps>
```

図 15.9 サンプルシナリオの一部

15.3.4　特急券購入タスク対話の実装

ここでは，15.2 節で検討した対話システムを MMDAgent で実装してみます．MMDAgent の音声認識部は初期設定ではディクテーションが起動するようになっているので，まずこれを特急券購入タスクの文法に差し替えます．

12.4 節の説明に従って，今回のタスク設定に合うように文法を記述します（図 15.10）．

```
ticket3.grammar

#文
S: NS_B KUKAN ZASEKI MAISUU NS_E
S: NS_B KUKAN ZASEKI NS_E
S: NS_B KUKAN MAISUU NS_E
S: NS_B ZASEKI MAISUU NS_E
S: NS_B KUKAN NS_E
S: NS_B ZASEKI NS_E
S: NS_B MAISUU NS_E
#区間
KUKAN: EKIMEI KARA EKIMEI MADE
KUKAN: EKIMEI MADE
#駅名
EKIMEI: TIMEI EKI
EKIMEI: TIMEI
#枚数
MAISUU: SUUJI MAI
```

図 15.10　Julius 形式の文法ファイル (ticket3.grammar)

また，語彙ファイルは ticket2.voca をコピーして ticket3.voca とし，図 15.11 のように，単語を取り出しやすいように@で始まる意味タグをつけておきます．

`mkdfa.pl` コマンドでオートマトン形式に変換したら，.dfa, .dict, .term の三つのファイルを，MMDAgent をインストールしたフォルダにある AppData の下の Julius というフォルダに置きます．このとき，.dict ファイルの文字コードを UTF-8N に設定して，MMDAgent 内部の文字コードに合わせておきます．そして，そのフォルダにある jconf_ja_JP.txt に以下の 2 行を追加します†．

```
-nogram
-gram "C:\usr\MMDAgent\1.7\AppData\Julius\ticket3"
```

次に，対話の遷移規則を図 15.12 のように記述します．MMDAgent_Example.fst の 30 番以前の状態記述は残しておき，その後に付け加えます．

† 2 行目の `-gram` の値は，.dfa, .dict, .term ファイルを置いた場所を指定し，その後に文法名（この場合は `ticket3`）を指定します．

```
ticket3.voca
%TIMEI
東京@st t o: ky o:
品川@st sh i n a g a w a
新横浜@st sh i N y o k o h a m a
名古屋@st n a g o y a
京都@st ky o: t o
新大阪@st sh i N o: s a k a
%SUUJI
1@num i ch i
2@num n i
3@num s a N
%ZASEKI
グリーン席@seat g u r i: N s e k i
指定席@seat sh i t e: s e k i
自由席@seat j i y u: s e k i
%KARA
から@from k a r a
%MADE
まで@to m a d e
%EKI
駅 e k i
%MAI
枚 m a i
% NS_B # 文頭無音
<s> silB
% NS_E # 文末無音
</s> silE
```

図 15.11 Julius 形式の語彙ファイル (ticket3.voca)

```
ticket3.fst
1   31  <eps>    SYNTH_START|mei|mei_voice_normal|出発駅はどこですか.
31  32  @RECOG_EVENT_STOP\|.*,(.*)\@st.*@      <eps>  ${from}=${1}
32  33  <eps>    SYNTH_START|mei|mei_voice_normal|到着駅はどこですか.
33  34  @RECOG_EVENT_STOP\|.*,(.*)\@st.*@      <eps>  ${to}=${1}
34  35  <eps>    SYNTH_START|mei|mei_voice_normal|席種はどうしますか.
35  36  @RECOG_EVENT_STOP\|.*,(.*)\@seat.*@      <eps>  ${seat}=${1}
36  37  <eps>    SYNTH_START|mei|mei_voice_normal|何枚ですか.
37  38  @RECOG_EVENT_STOP\|.*,(.*)\@num.*@      <eps>  ${num}=${1}
38  39  <eps>   SYNTH_START|mei|mei_voice_normal|${from}から${to}まで${seat}${num}枚ですね.
39  40   SYNTH_EVENT_STOP|mei   SYNTH_START|mei|mei_voice_normal|ありがとうございました.
40  2    SYNTH_EVENT_STOP|mei                      <eps>
```

図 15.12 MMDAgent の対話規則 (ticket3.fst)

ここでのポイントは，音声認識終了イベントの後の文字列定義です．このイベント全体を@で囲うと，この中身は正規表現として解釈されます[†]．この正規表現を使って認識結果を変数に代入することができます．

また，図15.12の状態番号34, 35で始まる行を，図15.13のように書き換えれば，図15.14のように音声入力の代わりにメニューを選択することで対話を進めることもできます．

```
34 90    <eps>    SYNTH_START|mei|mei_voice_normal|席種はどうしますか.
90 91    <eps>                    PROMPT_SHOW|席種|グリーン席|指定席|自由席
91 36    PROMPT_EVENT_SELECTED|0   <eps>   ${seat}="グリーン席"
91 36    PROMPT_EVENT_SELECTED|1   <eps>   ${seat}="指定席"
91 36    PROMPT_EVENT_SELECTED|2   <eps>   ${seat}="自由席"
```

図15.13 メニュー入力の記述

図15.14 メニューの表示 (© 2009 Nagoya Institute of Technology (MMDAgent Model "Mei"))

演習問題

15.1 図15.12のMMDAgentの状態記述に対して，確認に対して「はい」または「いいえ」で回答し，その後に適切な状態に遷移するように状態記述を書き換えよ．

15.2 図15.6の状態遷移をMMDAgentの状態記述で実現せよ．

15.3 音声対話インタフェースの利点と欠点を挙げよ．

† 正規表現の記述は，Google正規表現ライブラリRE2に準拠しています．普通の記号や文字はそのままマッチし，.は任意の文字，*は繰返しを表します．( )で囲まれた内容は，前から順に${1}, ${2}, ... という変数に入り，次の正規表現の解釈が行われるまで値が保持されます．

演習問題の解答

第1章

1.1 特徴ベクトル (縦線の数, 横線の数, 斜め線の数, ループの数) は，それぞれ

$$
\begin{aligned}
&「0」= (2, 2, 0, 1)^T \\
&「1」= (1, 0, 0, 0)^T \\
&「2」= (0, 2, 1, 0)^T \\
&「3」= (0, 2, 0, 0)^T \\
&「4」= (1, 1, 1, 0)^T
\end{aligned}
$$

となります．

1.2 入力パターンから特徴ベクトルを求めると，$(1, 0, 0, 0)^T$ となるので，プロトタイプ「1」と最短距離（距離 $= 0$）となり，めでたく「1」と認識されます．

第2章

2.1 音の大きさは，人間が聞き取れる最小の音圧である 20 μPa（マイクロパスカル）を基準として，その何倍であるかで表現します．人間の耳は最小の音の 100 万倍の音を聞き取ることができるのですが，このままの比で表現したのでは，数値が大きくなりすぎて扱いにくいという問題があります．そこで通常は，音圧 p[μPa] の音を，以下の式に示す音圧レベル G で表現します．音圧レベルの単位は db（デシベル）です．

$$G = 20 \log_{10} \frac{p}{20}$$

この式の p に人間が聞き取れる最大の音圧 $20 \times 1,000,000$ μPa を代入すると，$G = 120$ db になります．これは，ジェット機のエンジン音に相当する大きさで，日常的に耳にする音ではありません．音声認識の対象としては，100 db 前後の大きさで十分だといわれています．一方 16 ビットでは，$2^{16} = 65,536$ 倍の幅が表現できるので，$20 \times \log_{10} 65536 \fallingdotseq 96$ となり，目標の 100 db に近い値になります．すなわち，16 ビットで量子化することで，日常的に耳にする音の大きさの範囲を表現することができます．

2.2 音編集ソフト Audacity を起動し，雑音の混入した音声ファイルを読み込みます．**[エフェクト]** メニューから **[ノイズの除去]** を選択すると，除去手順を示すウィンドウが表示されます．ステップ 1 で，音声からノイズのみを含む範囲を指定し，ノイズの周波数情報を取得します．そして，ステップ 2 でパラメータを変化させながらノイズ除去を行います．

2.3 画像編集ソフト GIMP を起動し，ノイズの混入した画像ファイルを読み込みます．また，［フィルタ］メニューから［ノイズ］→［RGB ノイズ］を選択し，適当なノイズを加えることも可能です．この画像に対し，［フィルタ］メニュー →［輪郭抽出］→［ソーベル］を選択し，輪郭抽出を行います．

第3章

3.1 フォルマントの位置がわかりにくい場合は，スペクトルの表示ウィンドウで Analysis:FFT となっているところを Analysis:LPC としてみてください．LPC (linear predictive coding) は線形予測分析と訳される方法で，声道を特定の共振特性をもつ音響管としてモデル化し，その係数を実際の信号とモデルが生成する信号との二乗誤差を最小にすることで求める方法です．

3.2 $p(6,2) = \dfrac{2}{2^6}({}_5\mathrm{C}_0 + {}_5\mathrm{C}_1 + {}_5\mathrm{C}_2) = \dfrac{1}{32}(1+5+10) = \dfrac{1}{2}$

2 次元上の一般位置（すべての x, y 座標が異なる）にある 6 点を 2 クラスに分ける場合の数は $2^6 = 64$ 通りです．このうち，クラス ω_1 に着目すると，すべての点が ω_1 である場合が 1 通り，1 次元で区別できる場合が ${}_5\mathrm{C}_1$ 通り（六つのデータを 1 次元に並べたときの間は五つ），2 次元で区別できる場合が ${}_5\mathrm{C}_2$ 通り（1 次元で区別できなかった場合，残る四つの間に 1 本線を入れることによってあるクラスだけのまとまりにできる数）となり，$1+5+10=16$ 通りとなります．さらに，ω_2 に関しても同様に数え上げられるので，場合の数は 32 通りとなります．

第4章

4.1 以下の解図 1 のようになります．

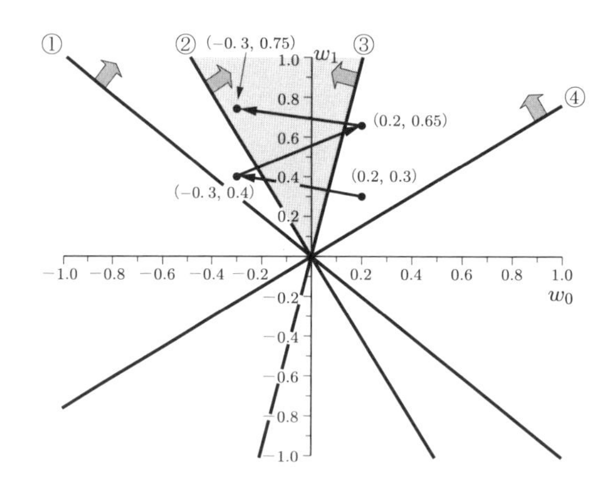

解図 1 パーセプトロンの学習過程

図中，①, ②, ③, ④はそれぞれ $x_1 = \{1.0, 0.5, -0.2, -1.3\}$ に対応します．たとえば①は $x_0 = 1, x_1 = 1$ である $\boldsymbol{w}^T\boldsymbol{x} = 0$，すなわち $w_0 + w_1 = 0$ を示します．クラス ω_1 に属するこのデータを正しく識別するためには，重みは矢印で示したこの直線の正の側，すなわち法

線ベクトル $(1,1)$ の側になければなりません．クラス ω_2 の場合は，反対になります．

初期値 $\boldsymbol{w} = (0.2, 0.3)^T$ で識別すると，③のデータで誤識別が起こったので，③の法線ベクトルの逆方向（矢印の示す側）に重みを修正します．以後，誤識別のたびに修正を繰り返すと，3 回目の修正で重みは網掛けの領域，すなわち誤識別がなくなる値に落ち着きます．

4.2 以下の解図 2 のようになります．

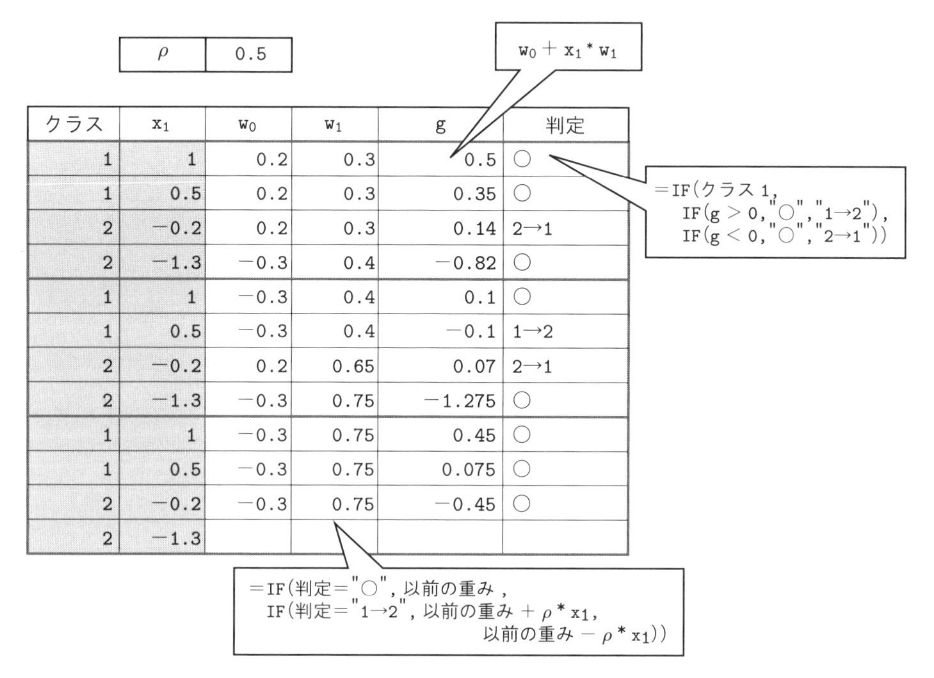

ρ	0.5

クラス	x1	w0	w1	g	判定
1	1	0.2	0.3	0.5	○
1	0.5	0.2	0.3	0.35	○
2	−0.2	0.2	0.3	0.14	2→1
2	−1.3	−0.3	0.4	−0.82	○
1	1	−0.3	0.4	0.1	○
1	0.5	−0.3	0.4	−0.1	1→2
2	−0.2	0.2	0.65	0.07	2→1
2	−1.3	−0.3	0.75	−1.275	○
1	1	−0.3	0.75	0.45	○
1	0.5	−0.3	0.75	0.075	○
2	−0.2	−0.3	0.75	−0.45	○
2	−1.3				

解図 2 パーセプトロンの学習規則の表計算での実現

4.3 近い順に，$(2,3), (3,3), (3,2)$ となり，クラス ω_1 が一つ，クラス ω_2 が二つであるので，多数決をとるとクラス ω_2 が識別結果となります．

このように単純な多数決では，ごく近い学習データ $(2,3)$ があるにもかかわらず，近くに類似したデータがないために誤識別と思われる現象が起こることもあります．したがって，順位を距離で重み付けしたものの総和で識別を行うなどの工夫が必要です．

第 5 章

5.1 以下の解図 3 のようになります．

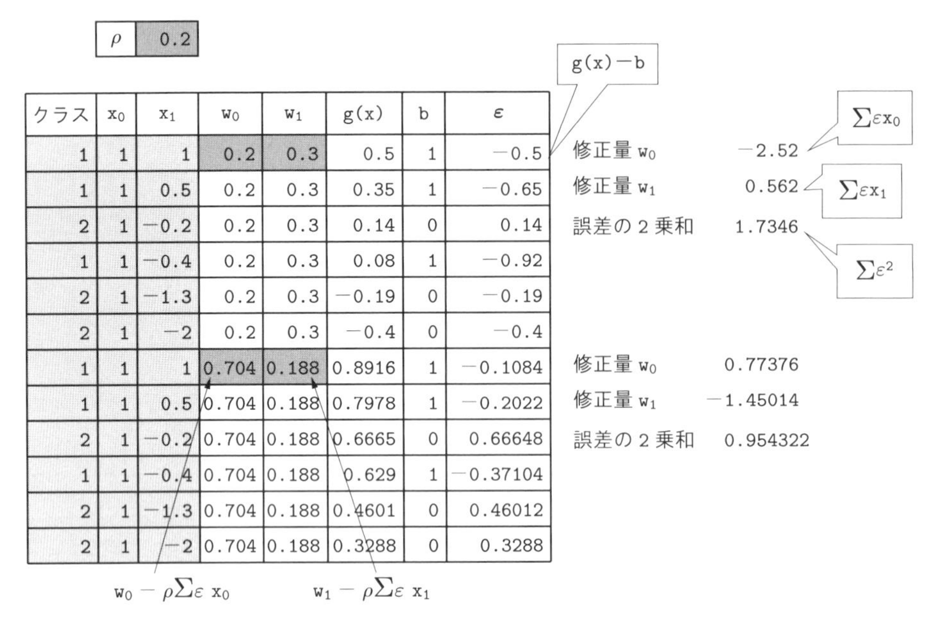

ρ	0.2

クラス	x0	x1	w0	w1	g(x)	b	ε
1	1	1	0.2	0.3	0.5	1	−0.5
1	1	0.5	0.2	0.3	0.35	1	−0.65
2	1	−0.2	0.2	0.3	0.14	0	0.14
1	1	−0.4	0.2	0.3	0.08	1	−0.92
2	1	−1.3	0.2	0.3	−0.19	0	−0.19
2	1	−2	0.2	0.3	−0.4	0	−0.4
1	1	1	0.704	0.188	0.8916	1	−0.1084
1	1	0.5	0.704	0.188	0.7978	1	−0.2022
2	1	−0.2	0.704	0.188	0.6665	0	0.66648
1	1	−0.4	0.704	0.188	0.629	1	−0.37104
2	1	−1.3	0.704	0.188	0.4601	0	0.46012
2	1	−2	0.704	0.188	0.3288	0	0.3288

解図 3 Widrow–Hoff の学習規則の表計算での実現

5.2 以下のコード 1 のようになります.

コード 1 確率的最急降下法 (Scilab)

```
1 --> clear;
2 --> x = [1.0, 0.5, -0.2, -0.4, -1.3, -2.0]; // 学習データ
3 --> y = [1, 1, 0, 1, 0, 0]; // 教師信号
4 --> n = length(x) // 学習データの個数
5 --> X = [ones(1,n); x]'; // 特徴ベクトルに 0 次元目を追加して転置
6 --> eps = 1e-5; // 重みの変化量がこれ以下になれば終了
7 --> w0 = [0.2, 0.3]'; rho = 0.1;
8 -->
9 --> for i = 1 : n * 1000
10 -->     j = modulo(i, n) + 1;
11 -->     w = w0 - rho * (w0' * X(j, :)' - y(j)) * X(j, :)';
12 -->     if norm(w - w0) < eps
13 -->         break;
14 -->     end;
15 -->     printf("w0 = %6.3f, w1 = %6.3f\n", w(1), w(2));
16 -->     w0 = w;
17 --> end
18 -->
19 --> printf("Results: w0 = %6.3f, w1 = %6.3f\n", w(1), w(2))
```

第6章

6.1 i 番目のデータが制約を破っている度合を表す変数 ξ_i (≥ 0) を導入し，制約式を以下のように設定します．

$$y_i(\boldsymbol{w}^T\boldsymbol{x}_i + w_0) \geq 1 - \xi_i \quad (i = 1, \ldots, n) \tag{1}$$

ξ_i (≥ 0) は小さければ小さいほどよいので，この値の全データに対する総和も最小化対象にしてしまうと，制約を破るデータがある場合の SVM の問題設定は $(1/2)\,\|\boldsymbol{w}\|^2 + C\sum_{i=1}^{n}\xi_i$ となります．この双対問題は，通常の SVM の解法において，制約を $0 \leq \alpha_i \leq C$ に変更しただけのものとなり，ほとんど同じ解法が適用できます．

6.2 SVM を三つ以上のクラスの識別に用いる場合は，1 対他方式と，1 対 1 方式があります．1 対他方式では，k 番目のクラスに属する $\boldsymbol{x}_i$ を正例，それ以外の学習データを負例とした識別器をクラス数（C 個）だけ作成します．そして，それぞれの識別関数を $g_i(\boldsymbol{x})$ としたとき，入力 $\boldsymbol{x}$ に対して，最大の値を出力するクラスを結果とします．また，1 対 1 方式では，二つのクラスだけを取り出して ${}_n\mathrm{C}_2$ 個の識別器を作り，それぞれ結果から多数決をとって，最終的な出力とします．

第7章

7.1 データの読込みや，識別機の設定は例題 7.1 を参考にしてください．学習のオプションが初期設定のままでは，一つのデータが誤識別となります．オプションの `[trainingTime]` の値を増やす（たとえば 5,000 回）ことによってすべて正しく識別できます．

7.2 `[MultilayerPerceptron]` のパラメータ `[hiddenLayers]` の値を "3,3" とすると，3 ユニットからなる中間層を 2 層設定することができます（解図 4）．学習するパラメータが多いので，ここでは学習回数 `[trainingTime]` を 50,000 にしておきます．

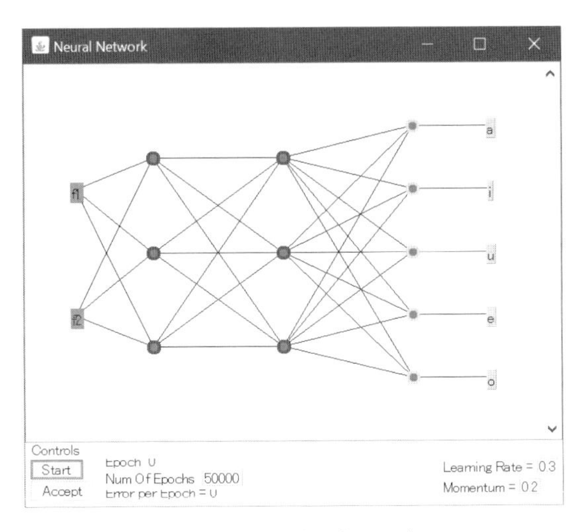

解図 4　4 層ネットワーク

4 階層の場合は，学習がうまくゆきます．入力層から中間層への重みを確認してみます．

```
Sigmoid Node 5
    Inputs    Weights
    Threshold    -5.5166776353710265
    Attrib f1    -3.576271356831261
    Attrib f2    5.857509105336773
```

次は [hiddenLayers] の値を “3,3,3”（入力時に空白が入らないようにしてください）として 5 層のネットワークを学習してみます．少し識別エラーが混じってきます．さらに “3,3,3,3” として 6 層のネットワークにすると，まったく認識しなくなります．このときの入力層から中間層への重みはほとんど 0 となって，初期値からほとんど動いていないことがわかります．

```
Sigmoid Node 5
    Inputs    Weights
    Threshold    -0.03367144434680866
    Attrib f1    0.02672257025593791
    Attrib f2    -0.012354056584493602
```

7.3 0 から 7 までの数を自己写像するニューラルネットワークを作成するために，解図 5 の学習データを準備します．

```
ex7-3.arff
@relation ex7-3

@attribute x0 {0,1}
@attribute x1 {0,1}
@attribute x2 {0,1}
@attribute x3 {0,1}
@attribute x4 {0,1}
@attribute x5 {0,1}
@attribute x6 {0,1}
@attribute x7 {0,1}
@attribute class {0,1,2,3,4,5,6,7}

@data
1,0,0,0,0,0,0,0,0
0,1,0,0,0,0,0,0,1
0,0,1,0,0,0,0,0,2
0,0,0,1,0,0,0,0,3
0,0,0,0,1,0,0,0,4
0,0,0,0,0,1,0,0,5
0,0,0,0,0,0,1,0,6
0,0,0,0,0,0,0,1,7
```

解図 5　オートエンコーダのデータ (ex7-3.arff)

解図 5 のデータを読み込んだ後，[Classify] タブで [MultilayerPerceptron] を選び，[GUI] を [True] に，中間層のユニット数（[hiddenLayers]）を 3 に，学習回数（[trainingTime]）を 5,000 に設定します．また，[Test options] 領域で [Use training set] を選んでおきます．

[Start] ボタンを押すと，解図 6 のようなニューラルネットワークが表示されます．中間層の数を確認して，目的のオートエンコーダができていることを確かめましょう．

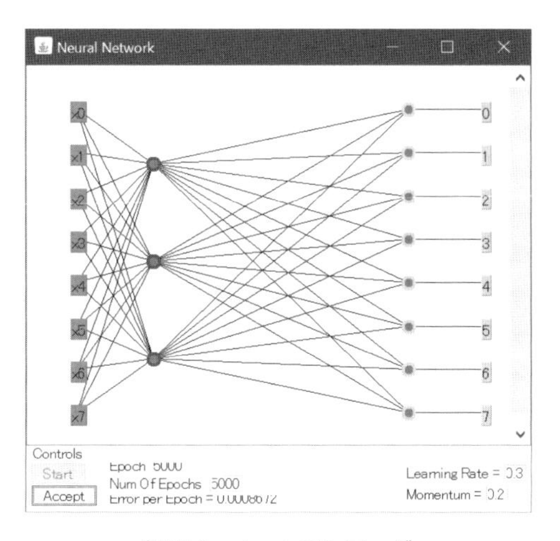

解図 6　オートエンコーダ

この画面で [Start] ボタンを押すと学習が始まり，学習終了後，[Accept] ボタンを押すと以下のような結果が表示されます．

```
=== Summary ===
Correctly Classified Instances     8  100%
Incorrectly Classified Instances   0    0%

=== Confusion Matrix ===
 a b c d e f g h   <- classified as
 1 0 0 0 0 0 0 0 | a = 0
 0 1 0 0 0 0 0 0 | b = 1
 0 0 1 0 0 0 0 0 | c = 2
 0 0 0 1 0 0 0 0 | d = 3
 0 0 0 0 1 0 0 0 | e = 4
 0 0 0 0 0 1 0 0 | f = 5
 0 0 0 0 0 0 1 0 | g = 6
 0 0 0 0 0 0 0 1 | h = 7
```

オートエンコーダとしての学習は成功しています．ここで，学習された結合重みの値から，特定の入力に対して，中間層がどのように活性化するかを見てみましょう．たとえば，入力層から中間層の一つである Node 8 への結合は以下のようになっています．

```
Sigmoid Node 8
    Inputs    Weights
    Threshold    -0.056804399108946795
    Attrib x0    2.188489462084189
    Attrib x1    2.5547633622972827
    Attrib x2    2.7703226575122253
    Attrib x3    2.3549652341513294
    Attrib x4    -1.666626361397561
    Attrib x5    -2.01663961921331
    Attrib x6    -2.8758299752479295
    Attrib x7    -3.12820431582961
```

閾値の値は小さいので無視すると，この Node 8 は入力{0,1,2,3}で活性化（すなわち値 1 を出力）し，入力{4,5,6,7}で活性化しない（すなわち値 0 を出力）ことがわかります．他の中間層についても同様に活性化される入力を調べると，以下の解表 1 のようになります．

解表 1

入力	Node 8	Node 9	Node 10
0	1	1	0
1	1	0	1
2	1	1	1
3	1	0	0
4	0	0	0
5	0	0	1
6	0	1	0
7	0	1	1

0 から 7 の入力に対して，それぞれ異なる 2 進表現が割り当てられていることがわかります．

第 8 章

8.1 ω_1 と ω_2 の共分散行列 $\boldsymbol{\Sigma}$ は以下のように等しくなります．

$$\boldsymbol{\Sigma} = \begin{pmatrix} 2 & 0 \\ 0 & 2 \end{pmatrix}$$

したがって，決定境界は (3,2) を通り，x_1 軸に平行な直線となります．

8.2 以下の式から求めます．また，連続音声認識のように結果となるクラスの列が実質的に無限であるような場合は，上位数個の値の和で近似することが可能です．

$$p(\boldsymbol{x}) = \sum_i P(\omega_i) p(\boldsymbol{x}|\omega_i)$$

8.3 図 8.4 のデータを ARFF 形式で記述したのち，Weka の NaiveBayes 識別器を用います．[Test options] は [Use training data] として学習すると，以下のような正規分布のパラメータが得られます.

```
                Class
Attribute           1      2
                (0.5)  (0.5)
=============================
x1
  mean              3      3
  std. dev.    0.7071 1.4142
  weight sum        4      4
  precision         1      1

x2
  mean            5.4   -2.4
  std. dev.    1.0392 1.6971
  weight sum        4      4
  precision       2.4    2.4
```

第9章

9.1 準備は例題 6.1 と同じです．学習の際のパラメータは [Classifier] 領域の MultilayerPerceptron と書かれたテキスト領域をクリックすると出てくるウィンドウで行います．ここで，[hiddenLayers] のところ† を 2,3,4,5,... と書き換えてニューラルネットの構造を変化させて学習させてみましょう．評価は交差確認法の一つ抜き法で行ってみましょう．Explorer の [Test options] 領域にある [Cross-validation] にチェックを入れて，[Folds] を 15 と指定します．また，今回は評価が主な目的であるため，ニューラルネットワークの GUI 表示は [False] にしておきます（デフォルトのまま）.

以下の解表 2 のような結果が得られましたか.

解表 2　ニューラルネットの中間層ユニット数と正解数の関係

中間層ユニット数	正解数
2	5
3	11
4	13
5	14
6	14
7	14

データの性質がよいため，これ以上ハイパーパラメータを複雑にしても結果は落ちません．もっとも単純なパラメータが未知データに対しても強いと考えられるので，この場合は，中間層数 5 が最適なハイパーパラメータとなります.

† デフォルトでは自動調整を表す a が入っています.

9.2 iris.arff はアヤメの分類のためのデータで，入力データは花びら・萼（がく）の幅・長さからなる 4 次元ベクトルです．識別結果は 3 クラスで，各 50 事例の計 150 事例があります．Weka がインストールされたフォルダの data フォルダにありますので，Weka の Exproler から読み込みます．

次に分類器で [MultilayerPerceptron] を選び，図 9.9 を参考に，中間層のユニット数・学習係数・繰返し数などを変えて結果を比較してみましょう．

第 10 章

10.1 ビタビアルゴリズムによる計算結果は解図 7 のようになりますので，入力 “BAAA” はクラス ω_1 と判定されます．

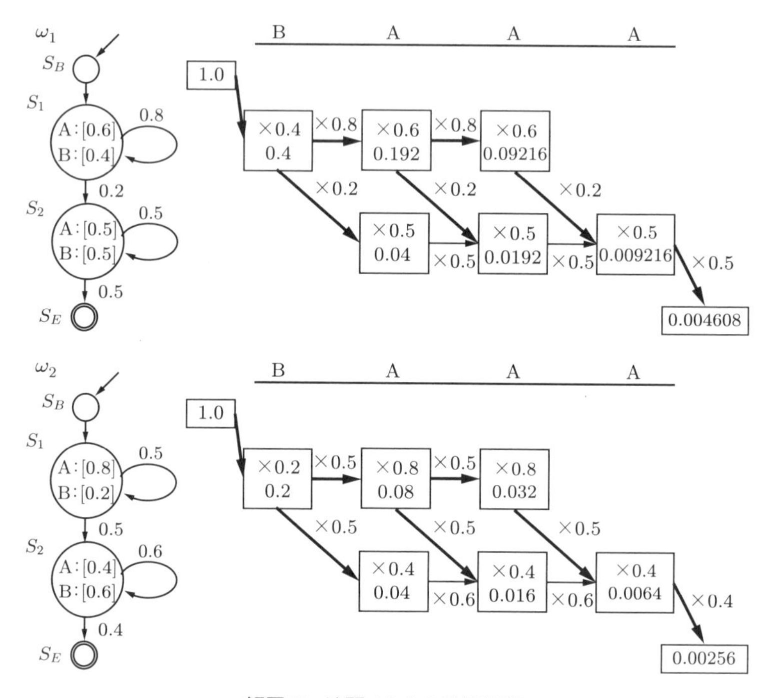

解図 7　演習 10.1 の計算過程

10.2

$$P(\mathrm{BAAA}|\omega_1)P(\omega_1) = 0.004608 \times 0.3 = 0.0013824$$

$$P(\mathrm{BAAA}|\omega_2)P(\omega_2) = 0.00256 \times 0.7 = 0.001792$$

となって，クラス ω_2 と判定されます．

第11章

11.1 （ヒント）連続数字の場合は，数字の規則が任意回繰り返されるように書きます．挿入誤りが多いようであれば，無音区間を数字の間にはさむようにします．

第12章

12.1 解図 8, 9 に解答例を示します．

```
#文
S: NS_B PREF NO INFO PLEASE NS_E
S: NS_B PREF NO INFO NS_E
#情報
INFO: DAY NO CONTENT
INFO: CONTENT
#述部
PLEASE: WA
PLEASE: WO OSHIETE
```

解図 8　演習問題 12.1 の解答例（文法ファイル）

```
%PREF
東京        とーきょー
京都        きょーと
大阪        おーさか
%DAY
あす        あす
今週        こんしゅー
%CONTENT
天気        てんき
週間予報    しゅーかんよほー
降水確率    こーすいかくりつ
%NO
の          の
%WA
は          わ
%WO
を          を
%OSHIETE
教えて      おしえて
## 無音用エントリ
% NS_B                              # 文頭無音
<s>         silB
% NS_E                              # 文末無音
</s>        silE
```

解図 9　演習問題 12.1 の解答例（よみファイル）

12.2 解図10に解答例を示します.

```
<?xml version="1.0" encoding="shift_JIS"?>
<grammar version="1.0" xml:lang="ja-JP" mode="voice" root="name">
 <rule id="root" scope="public">
    <ruleref uri="#pref"/>
    の
    <ruleref uri="#info"/>
    <item repeat="0-1">
      <ruleref uri="#please"/>
    </item>
 </rule>
 <rule id="info">
  <one-of>
    <item>  <ruleref uri="#day"/> の <ruleref uri="#content"/> </item>
    <item>  <ruleref uri="#content"/> </item>
  </one-of>
 </rule>
 <rule id="pref">
    <one-of>
      <item> 東京 </item>
      <item> 京都 </item>
      <item> 大阪 </item>
    </one-of>
 </rule>
 <rule id="content">
   <one-of>
    <item> 天気 </item>
    <item> 週間予報 </item>
    <item> 降水確率 </item>
  </one-of>
 </rule>
 <rule id="please">
  <one-of>
    <item> は </item>
    <item> を 教えて </item>
  </one-of>
 </rule>
</grammar>
```

解図10 演習問題12.2の解答例

第13章

13.1 (ヒント)「15日の天気」のような表現や,「台風(積雪・強風)情報が知りたい」などの表現が入力可能なように文法を拡張し,日付,都道府県名などで単語を増やしてください.

第14章

14.1 （ヒント）第1パスの結果を取り出すには `mkhyp.pl` のオプションで `-p 1` と指定します．また，言語モデルの重みは，Julius の設定ファイルのサンプルの「言語モデル詳細設定」のセクションを参考にして変更してみてください．

14.2 （ヒント）演習問題 13.1 で作成した言語モデルを用いてください．

第15章

15.1 状態 39 で始まる行以降を以下のように書き換えます．文法も「はい」と「いいえ」が認識できるように変更しておいてください．

```
39  40   SYNTH_EVENT_STOP|mei  SYNTH_START|mei|mei_voice_normal|よろしいですか.
40  41   RECOG_EVENT_STOP|はい SYNTH_START|mei|mei_voice_normal|ありがとう御座いました.
40  41   RECOG_EVENT_STOP|いいえ SYNTH_START|mei|mei_voice_normal|やり直します.
41  2    SYNTH_EVENT_STOP|mei                <eps>
```

15.2 （ヒント）個々の情報がばらばらでも入るように，また任意の組合せができるように文法規則を書き換えます．また，状態遷移では変数を最初に空文字列 (“”) で定義しておいて，まだ値が得られていないものをチェックします．

15.3

- 利点 —特別な訓練なしに使える
  —キーボード入力が難しいデバイスで有用
  —視覚障害者用のインタフェースとしても有用
- 欠点 —音声の誤認識による誤動作の可能性
  —話している内容がまわりに聞かれてしまう

付 録 A

数学的な補足

A.1 フーリエ解析

複雑な形をした波を，異なる周波数の正弦波の重ね合せとして表現することを**フーリエ解析**とよびます（図 A.1）.

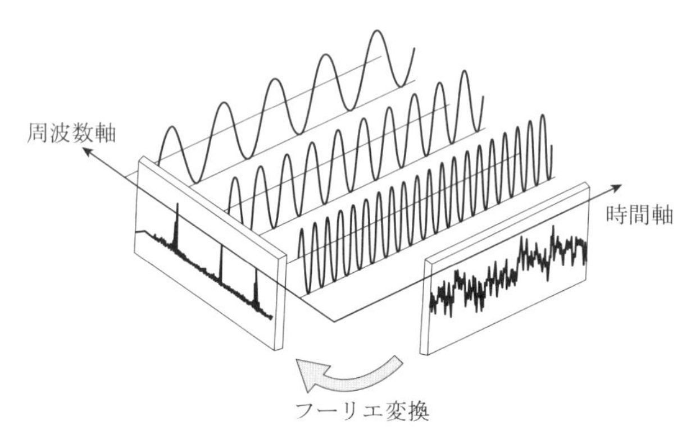

図 A.1　フーリエ解析のイメージ

一般に，周期を T とする周期関数 $f(t)$ は，直流成分 a_0†1 と，基本周波数 ω の整数倍 $k\omega$ $(k = 1, 2, \ldots)$ を周波数とする正弦波（sin 波と cos 波†2）の重み付き和で表すことができます．これを**フーリエ級数展開**といいます.

$$f(t) = a_0 + \sum_{k=1}^{\infty}\{a_k \cos(k\omega t) + b_k \sin(k\omega t)\} \quad \left(-\frac{T}{2} < t < \frac{T}{2}\right) \tag{A.1}$$

$$a_k = \frac{2}{T}\int_{-\frac{T}{2}}^{\frac{T}{2}} f(t)\cos(k\omega t)dt, \quad b_k = \frac{2}{T}\int_{-\frac{T}{2}}^{\frac{T}{2}} f(t)\sin(k\omega t)dt \tag{A.2}$$

式 (A.1) から，左辺の波の情報（ある時刻 t にどのくらいの強度を取るかという情報）は，右辺の係数列 $a_0, a_1, b_1, \ldots$ がわかれば再現できることがわかります．つま

†1 離散信号の場合は，全データの平均値です.
†2 sin と cos は位相が異なるだけで波形が同一なので，どちらも正弦波とよびます.

り情報として等しいということです．

ここで，三角関数と指数関数の関係 $e^{ix} = \cos(x) + i\sin(x)$ を使うと，以下のような複素形フーリエ級数展開の式が得られます．

$$f(t) = \sum_{k=-\infty}^{\infty} C_k e^{ik\omega t}, \quad C_k = \frac{1}{T}\int_{-\frac{T}{2}}^{\frac{T}{2}} f(t)e^{-ik\omega t}dt \tag{A.3}$$

ここで，$\omega_k = k\omega$ と置き，$\Delta\omega$ と $F(\omega_k)$ を以下のように定めます．

$$\Delta\omega = \omega_{k+1} - \omega_k = \frac{2\pi}{T}, \quad C_k = \frac{F(\omega_k)}{T} \tag{A.4}$$

こうすると，式 (A.3) は以下のようになります．

$$f(t) = \frac{1}{2\pi}\sum_{k=-\infty}^{\infty} F(\omega_k)e^{i\omega_k t}\Delta\omega, \quad F(\omega) = \int_{-\frac{T}{2}}^{\frac{T}{2}} f(t)e^{-i\omega_k t}dt \tag{A.5}$$

ここで，周期 T を無限大（$\Delta\omega \to 0$）にすることによって非周期関数も展開できるようにすると，以下のようになります．

$$f(t) = \frac{1}{2\pi}\int_{-\infty}^{\infty} F(\omega)e^{i\omega t}d\omega, \quad F(\omega) = \frac{1}{2\pi}\int_{-\infty}^{\infty} f(t)e^{-i\omega t}dt \tag{A.6}$$

式 (A.6) の第 2 式を**フーリエ変換**とよび，その逆変換である第 1 式を**逆フーリエ変換**とよびます．このフーリエ変換の式によって，時間 t の関数として表されている波 $f(t)$ を，周波数 ω の関数 $F(\omega)$ に変換することができます．

A.2 データの統計的性質

まず 1 次元のデータの統計的性質から復習します．1 次元軸上にデータが n 個並んでおり，これを $\chi = \{x_1, x_2, \ldots, x_n\}$ とします．このデータの統計的な性質は以下の式で求まる**平均** m と**分散** σ^2 で表されます．

$$m = \frac{1}{n}\sum_{i=1}^{n} x_i \tag{A.7}$$

$$\sigma^2 = \frac{1}{n}\sum_{i=1}^{n}(m - x_i)^2 \tag{A.8}$$

分散は，それぞれのデータが平均値からどれくらい離れているかという値の 2 乗の平均です．これでは具体的にどれだけ散らばっているのかが感覚的にわかりません．そこで，もとのデータのスケールに戻すために，分散の平方根 σ を計算します．この σ を，**標準偏差**とよびます．

式 (A.8) で計算される値を標本分散といいます．また，n で割るのではなく，$n-1$ で割って求めた値を不偏分散[†] といいます．数値計算ソフトなどで用意された関数では，どちらの値を計算しているか確認しておく必要があります．ただし，データ数が多くなると（すなわち n が大きくなると）標本分散と不偏分散の差はほとんどなくなります．

次に n 個のデータが，x_1 軸，x_2 軸からなる 2 次元平面上に広がっているとしましょう．これは 2 次元ベクトルの集合 $\chi = \{\boldsymbol{x}_1, \boldsymbol{x}_2, \ldots, \boldsymbol{x}_n\} = \{(x_{11}, x_{21})^T, (x_{12}, x_{22})^T, \ldots, (x_{1n}, x_{2n})^T\}$ と表現できます．x_1, x_2 それぞれの成分ごとに平均値を求めたものを平均ベクトル $\boldsymbol{m}$ とします．

$$\boldsymbol{m} = \frac{1}{n} \sum_{\boldsymbol{x}_i \in \chi} \boldsymbol{x}_i \tag{A.9}$$

$$= \frac{1}{n} \begin{pmatrix} x_{11} + x_{12} + \cdots + x_{1n} \\ x_{21} + x_{22} + \cdots + x_{2n} \end{pmatrix} \quad \begin{matrix} \text{(A.10)} \\ \text{(A.11)} \end{matrix}$$

さて，分散はそれぞれの成分での散らばりを求めて分散ベクトルにすればよいかというと，そうではありません．この考え方では図 A.2(a), (b) の二つの分布の性質が同じだということになってしまいます．図 A.2 の (a) と (b) は，いずれも x_1, x_2 それぞれの成分に関しては平均・分散とも等しくなります．しかし，図 (a) のほうは，

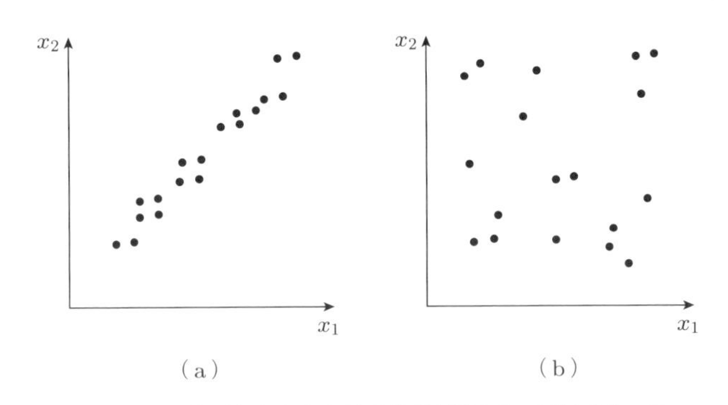

図 A.2 平均ベクトルと各軸の分散が等しい 2 次元データ

† 観測されたデータは，ある母集団の一部であると考えると，観測されたデータから求めた平均値 $\hat{m}$ は，母集団の平均値 m から少しずれたものになります．$\hat{m}, m$ と観測されたデータとの差の平均は，$\hat{m}$ のほうが小さくなるので，n ではなく $n-1$ で割ることで補正して母集団の分散に近づける（平均をとると母集団の分散と一致する）というのが不偏分散の考え方です．

x_1 の値と x_2 の値の間になんらかの関係がありそうです．一方，図 (b) のほうは，無関係に散らばっています．このような軸の間の関係を捉える方法はないでしょうか．

ここで共分散という考えを使います．x_1 軸の値の平均を m_1，x_2 軸の値の平均を m_2 として，以下の式を計算した値が共分散です．

$$Cov(x_1, x_2) = \frac{1}{n}\sum_{i=1}^{n}(x_{1i} - m_1)(x_{2i} - m_2) \tag{A.12}$$

式 (A.12) 右辺の $(x_{1i} - m_1)(x_{2i} - m_2)$ の値は，i 番目のデータに関して，それぞれの軸の平均値と比較して同じように振る舞うとき（すなわち x_{1i} の値が m_1 より大きいときには x_{2i} の値も m_2 より大きい，あるいはその逆で，x_{1i} の値が m_1 より小さいときには x_{2i} の値も m_2 より小さい，という振舞いを示すとき）正の値になります．おたがいに異なる振舞いを示すときは（正の値と負の値のかけ算になるので）負の値になります．また，無関係ならば正負打ち消しあってゼロに近い値になります[†1]．

ここで，以下の式の値を計算すると，対角成分に各軸の分散，非対角成分に軸間の共分散をもつ**共分散行列** $\boldsymbol{\Sigma}$ が得られます[†2]．

$$\begin{aligned}
\boldsymbol{\Sigma} &= \frac{1}{n}\sum_{\boldsymbol{x}_i \in \chi}(\boldsymbol{x}_i - \boldsymbol{m})(\boldsymbol{x}_i - \boldsymbol{m})^T & \text{(A.13)}\\
&= \frac{1}{n}\sum_{\boldsymbol{x}_i \in \chi}\begin{pmatrix} (x_{1i} - m_1)^2 & (x_{1i} - m_1)(x_{2i} - m_2) \\ (x_{2i} - m_2)(x_{1i} - m_1) & (x_{2i} - m_2)^2 \end{pmatrix} & \text{(A.14)}\\
&= \begin{pmatrix} \sigma_1^2 & Cov(x_1, x_2) \\ Cov(x_2, x_1) & \sigma_2^2 \end{pmatrix} & \text{(A.15)}
\end{aligned}$$

この式は，一般の d 次元にそのまま拡張できます．行列の i 行 i 列成分（=対角成分）は第 i 軸の分散，i 行 j 列成分 $(i \neq j)$ は第 i 軸と第 j 軸の共分散になります．

2 次元以上のデータの統計的な性質を表現する方法としてこの共分散行列を使います．

A.3 固有値・固有ベクトル

行列 $\boldsymbol{A}$ に対して，以下の性質を満たす $\boldsymbol{x}$ を $\boldsymbol{A}$ の固有ベクトル，λ を $\boldsymbol{A}$ の固有値

†1 $Cov(x_1, x_2)$ が正のとき，x_1 と x_2 は正の相関をもつといい，負のときは負の相関をもつといいます．0 に近いときは，無相関であるといいます．

†2 $Cov(x_1, x_2) = Cov(x_2, x_1)$ なので，共分散行列は対称行列です．

といいます.

$$\boldsymbol{A}\boldsymbol{x} = \lambda\boldsymbol{x} \tag{A.16}$$

つまり固有ベクトルとは，行列による変換を行っても向きの変わらないベクトルです.

変換を行っても向きが変わらないということは，この固有ベクトルを基底とする空間では，行列 $\boldsymbol{A}$ による変換は，各成分を固有値倍にするだけの単純なものになります．そうやってできあがった変換は，固有値の大きいものほど大きく作用するので，情報が大きいという解釈ができます.

したがって，少々乱暴ないい方ですが，行列 $\boldsymbol{A}$ がもっている情報を無理やり一つの列ベクトルで表すとすれば，一番近いものは，一番大きい固有値に対応する固有ベクトルということになります．以下，2 番目，3 番目と並べるに従って，もとの行列 $\boldsymbol{A}$ がもっている情報により近くなります.

この考え方を用いたものが主成分分析です．主成分分析ではデータの広がりがもっとも大きい軸（これは共分散行列を 2 次形式 $\boldsymbol{x}^T\boldsymbol{A}\boldsymbol{x} = c$ で表したときに求まる楕円の主軸と一致します）を求めるのですが，このとき，共分散行列の固有値と固有ベクトルを求め，固有値の大きいものから順に重要度の高い情報とみなします.

A.4 ラグランジュの未定乗数法

A.4.1 等式制約下の最適化問題

$g(\boldsymbol{x}) = 0$ という等式制約条件の下で，$f(\boldsymbol{x})$ の最小値† を求める問題は，$L(\boldsymbol{x}, \lambda) = f(\boldsymbol{x}) - \lambda g(\boldsymbol{x})$ （ただし λ はラグランジュ係数）となるラグランジュ関数を導入し，以下の式のように，この関数の極値を求めるという問題に置き換えることができます.

$$\frac{\partial L(\boldsymbol{x}, \lambda)}{\partial \boldsymbol{x}} = \nabla f(\boldsymbol{x}) - \lambda \nabla g(\boldsymbol{x}) = 0 \tag{A.17}$$

$$\frac{\partial L(\boldsymbol{x}, \lambda)}{\partial \lambda} = -g(\boldsymbol{x}) = 0 \tag{A.18}$$

上式を連立させて解くことで，最適化を行う方法を**ラグランジュの未定乗数法**とよびます.

たとえば，ベクトル $\boldsymbol{x}$ を 2 次元，等式制約を 1 次式とすると，この問題は図 A.3 の直線上の点で，$f(\boldsymbol{x})$ の値が最小のものを探す問題になります．この条件を満たす点

† $-f(\boldsymbol{x})$ の最大値を求めると考えても同じなので，このような問題をまとめて最適化問題とよびます.

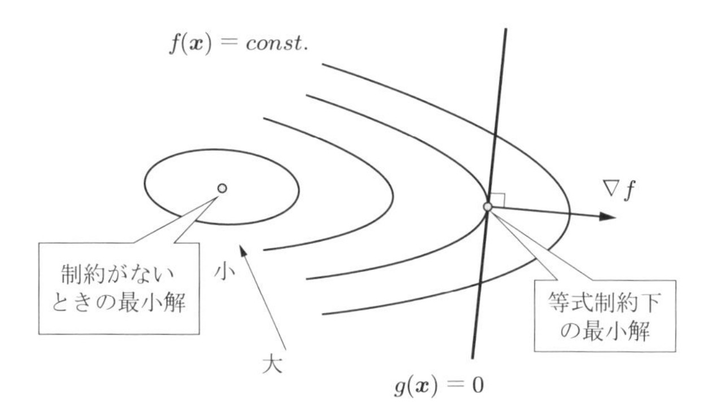

図 A.3 最適化対象の関数の等高線と制約条件との関係

では，$f(\boldsymbol{x})$ によって描かれる等高線と直線は接することになります．そうでなければ，どちらかに点をずらすことで，より値が低くなることになります．等高線が描く曲線と直線が接するということは，それらの法線ベクトルの向きが等しいということです．

式 (A.17) を，$\nabla f(\boldsymbol{x}) = \lambda \nabla g(\boldsymbol{x})$ と書くと，ラグランジュ関数の極値を求めることが，もとの関数の最小値を求めていることになっていることがわかります．

一方この問題は，制約と最小化したい関数の役割を入れ替えて，等高線 $f(\boldsymbol{x}) = const.$ を制約とした $g(\boldsymbol{x})$ の最大化問題† とみなすこともできます．もともとの問題を**主問題**とよび，このように最適化の対象を入れ替えた問題を**双対問題**とよびます．

A.4.2 不等式制約下の最適化問題

ラグランジュの未定乗数法を，$g(\boldsymbol{x}) \geq 0$ という不等式制約条件下で用いる場合，等式制約下の場合と同様にまずラグランジュ関数 $L(\boldsymbol{x}, \lambda) = f(\boldsymbol{x}) - \lambda g(\boldsymbol{x})$ を導入します．ただし，ラグランジュ係数は $\lambda \geq 0$ とします．これは，不等式制約が満たされている $\boldsymbol{x}$ は最小化に寄与し，逆に満たしていないと最小化を妨げるはたらきをさせるために付けた制約です．

次に，等式制約下の場合と同様に $L(\boldsymbol{x}, \lambda)$ を $\boldsymbol{x}, \lambda$ で偏微分して極値を求め，得られた連立式を用いて $\boldsymbol{x}$ を消去し，λ に関する最大化問題（すなわち双対問題）とします．

この双対問題は，制約条件が $\lambda \geq 0$ なので，大半の場合で主問題よりも簡単に解ける形式になっています．

ラグランジュの未定乗数法の詳細は，金谷の最適化数学の教科書[12]や高村の機械学習の教科書[4]などを参照してください．

† 最小化と最大化が入れ替わっていることに注意してください．

A.5 正規分布

正規分布の式は一見すると複雑です．なぜあんな複雑な式に多くの現象が従うのでしょうか．その説明の導入として，まず二項分布を説明します．

いま，n 枚のコインを投げたときに出る表の枚数を x $(x = 0, \ldots, n)$ とします．ここで，x は $n+1$ 通りの値をとりうるのですが，当然これらは等確率ではありません．たとえば $n = 3$ のとき，$x = 0$ となるのは，3 枚とも裏が出たとき（「裏・裏・裏」）のみです．一方，$x = 1$ となるのは，「表・裏・裏」「裏・表・裏」「裏・裏・表」の 3 通りあります．したがって，$x = 0$ より $x = 1$ となる確率のほうが高いといえます．

いろいろな n について，場合の数を以下の表 A.1 に示します．縦はコインの枚数，横は表の枚数です．

表 A.1　コイン投げの場合の数

	0	1	2	3	4	5	6	7	8
n=1	1	1							
n=2	1	2	1						
n=3	1	3	3	1					
n=4	1	4	6	4	1				
n=5	1	5	10	10	5	1			
n=6	1	6	15	20	15	6	1		
n=7	1	7	21	35	35	21	7	1	
n=8	1	8	28	56	70	56	28	8	1

たとえば，$n = 8$ の場合は，$x = 4$ をピークとして左右になだらかに降りてゆくカーブを書くことができます（図 A.4）．これが二項分布の例です．

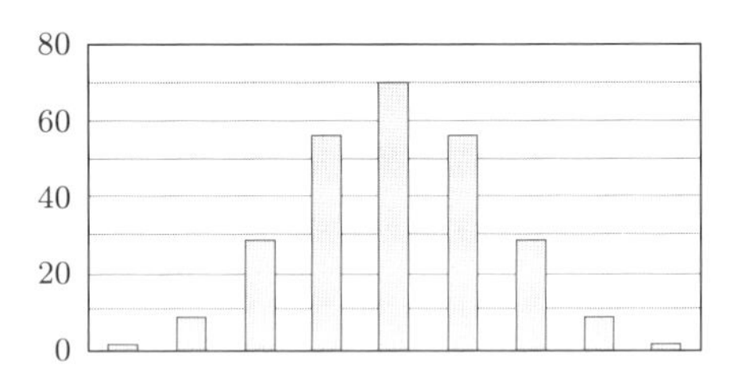

図 A.4　$n = 8$ のときのヒストグラム

一般に，確率 p で起こる事象を n 回繰り返したとき，その事象が x 回観測される確率 $P(x)$ は以下の式で得られます．

$$P(x) = {}_n\mathrm{C}_x p^x (1-p)^{n-x} \tag{A.19}$$

この二項分布の式で，$n \to \infty$ とすると，正規分布の式になります．

このように考えると，正規分布は独立な試行が積み重なって，ある値となるような性質をもつ現象をうまく表すということがわかります．

付録B Scilab演習

Scilab (http://www.scilab.org/)[†] は数値計算をともなう問題の解決手順を記述するのに適したプログラミング言語です．ベクトルや行列を変数の値とすることができ，それらの間の演算が可能なので，パターン認識や機械学習に必要な処理を短いコードで書いて試すことができます．また，データをグラフにして表示する可視化が簡単に行えるため，データ処理の結果や学習結果などを表示させて理解を深めることができます．

ここでは，Scilab の基本的な概念の中から，パターン認識や機械学習のコーディングに用いる側面を選んで説明します．詳細な文法規則や関数の使い方は，下記のオンラインリソースを参照してください．

オンラインヘルプ https://help.scilab.org/
オフィシャルドキュメント
http://www.scilab.org/resources/documentation/tutorials

B.1 プログラミング環境

Scilab を起動すると，図 B.1 に示すようなワークスペースが表示されます．中央がコンソールで，ここに計算式や関数を入力すると，実行結果をすぐに確認することができます．右上のウィンドウは変数ブラウザで，プログラム実行後や中断後の変数の値を見ることができます．

ある程度のまとまった処理をする際には，図 B.2 に示す SciNotes をワークスペースから起動してコードを書きます．コーディングの途中で疑問に思った計算式などはコンソールにコピーして実行させてみることができます．

記述したコードは，SciNotes ツールバーの右向き三角の実行アイコンをクリックするとコンソールで実行されます．コードに文法的な誤りがあると，コンソールにエラーメッセージが表示されて実行が中断します．その時点までの変数の値が変数ブラ

† 本章の説明は ver5.5.2 に基づいています．

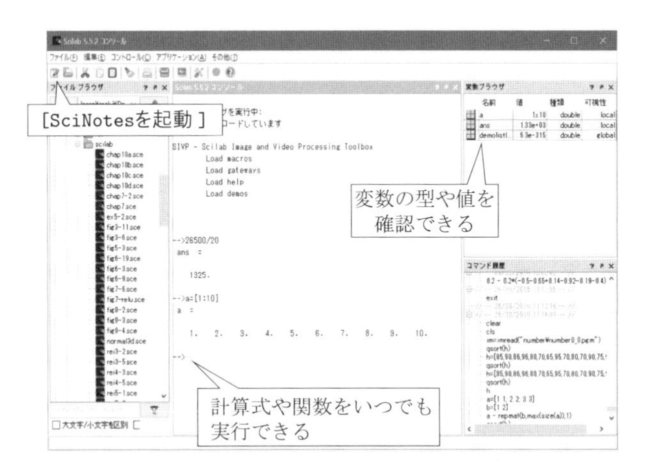

図 B.1 Scilab のワークスペース

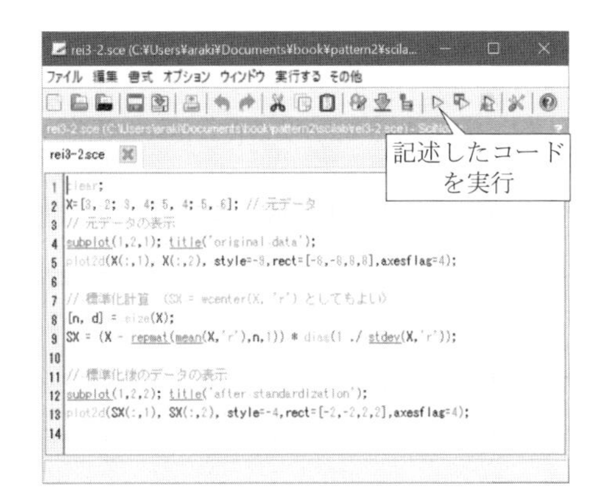

図 B.2 SciNotes

ウザで確認できるので，多くの場合は原因の同定が容易です．ユーザが定義した関数内でのエラー同定には，ブレークポイントの設定が有効です．ブレークポイントは，コンソールで `setbpt(関数名, 行番号)` と入力して設定し，`delbpt()` で設定を解除します．

B.2 基 本

Scilab はインタープリタ型言語で，記述されたコードが上から順に実行されます．プログラミングスタイルとしては，まず定数定義や変数の初期化を行い，次に計算式や関数呼出しによって必要な計算を行って，結果を出力するという手順が基本です．複雑な処理は，ユーザ定義の関数という形でくくり出すことができます．

変数に値を設定する代入文や関数呼出し文などをコマンドとよびます．コマンドの書き方は以下の規則の通りです．

- コマンドは通常1行に一つずつ書きます．コンマ（,）でつなげて1行に複数のコマンドを書くこともできます．
- コマンドが1行に書き切れない場合は，二つのピリオド（..）を行末に書くと，次の行に継続します．
- コマンドの実行結果はデフォルトで標準出力に表示されます．表示させたくないときは，コマンドの末尾にセミコロン（;）をつけます．
- スラッシュを二つ (//) 書くと，その行のそれ以降はコメントになります．

B.2.1 変 数

変数には数値・ベクトル・行列・文字列などの型があります．使用前に型を定義する必要はなく，代入時に型が自動的に決まります．変数の使い方は，以下のコード例を参照してください．

`x = 3`	変数 x に整数 3 を代入
`x = %inf`	変数 x に無限大を代入
`s = 'abc'`	変数 s に文字列 abc を代入
`v = [2, 4, 6]`	変数 v に行ベクトル (2,4,6) を代入
`v(2) = 5`	ベクトル v の第 2 要素を 5 に書き換えて (2,5,6) に変更 ※添字が 1 から始まることに注意
`v = [1, 2, 3]'`	変数 v に列ベクトル $(1,2,3)^T$ を代入
`v = [1:10]`	変数 v に 1 から 10 までの整数を代入
`v = [1:0.1:10]`	変数 v に 1 から 0.1 ずつ増加して 10 までの数を代入
`M = [1, 2, 3; 4, 5, 6]`	変数 M に 2 行 3 列の行列 $\begin{bmatrix} 1 & 2 & 3 \\ 4 & 5 & 6 \end{bmatrix}$ を代入
`[r c] = size(M)`	行列 M の行数 r，列数 c を得る
`M(1,2) = 8`	行列 M の 1 行 2 列目の要素を 8 に書き換えて $\begin{bmatrix} 1 & 8 & 3 \\ 4 & 5 & 6 \end{bmatrix}$ に変更

変数名の命名規則は，先頭文字が非数字（アルファベットの大文字・小文字と，いくつかの記号）で，その後ろが数字または非数字です．Scilab はあらかじめ用意されている関数が豊富で，数学的な概念を変数名にすると（たとえば `sum`, `max`, `norm` など）関数名と衝突して，その関数定義を書き換えてしまうので，注意が必要です．

変数のスコープに関しては，原則的にグローバルで，関数はローカル変数をもつことができるというように理解しておいてください．

また，`clear` コマンドは，すべての変数を消去します．プログラム実行後もグローバル変数の値は残っているので，デバッグ中など，同じプログラムを何度も実行する場合，変数の値をすべてリセットするために，clear コマンドをプログラムの先頭に書いておくことを推奨します．

B.2.2 基本演算・基本関数

演算子の優先順位は，C 言語などとほぼ同様です．関数の戻り値は，min の例のように複数の値を返すことができる場合もあるので，マニュアルで確認しておいてください．

+ 和	^ べき乗	max 最大値	variance 分散	members 数え上げ
- 差	modulo(m, n) 剰余	sqrt 平方	cov 共分散行列	pca 主成分分析
* 積	abs 絶対値	sum 総和	norm ノルム	lsq 最小二乗解
/ 商	min 最小値	mean 平均	gsort 並べ替え	length 要素数

[a b] = min(v)　v の要素の最小値 a，最小値の位置 (argmin) b を得る

B.3 行列の扱い

パターン認識では，学習データは特徴ベクトルの集合なので，これを行列として扱うことになります．一つ分のデータを抜き出す手順や，転置してベクトルとの積を求める手順に慣れておくと，コーディングの速度が速くなります．

B.3.1 基本的な行列の作成

zeros(r, c)	全要素が 0 の r 行 c 列行列
ones(r, c)	全要素が 1 の r 行 c 列行列
eye(r, r)	r 行 r 列の単位行列

B.3.2 部分・範囲の指定

v(m:n)	ベクトル v の第 m 要素から第 n 要素までの部分ベクトル
M(:, n)	行列 M の n 番目の列ベクトル
M(n, :)	行列 M の n 番目の行ベクトル

B.3.3 ベクトル・行列の演算

V1 + V2	ベクトルの和
V1 * V2	ベクトルの積
V1 .* V2	ベクトルの要素ごとの積
V1.^2	ベクトルの全要素の 2 乗
M'	行列の転置
[M1, M2]	行列 M1 と M2 を行方向に結合
[M1; M2]	行列 M1 と M2 を列方向に結合
repmat(M, [m, n])	行列 M を m × n のタイル状に複写

B.4 グラフ表示

ここでは，関数のグラフを表示する方法と 2 次元ベクトルの散布図を表示する方法とを説明します．グラフの表示には plot2d 関数を使います．関数を表示するためには，引数値の範囲（と点の間隔）を第 1 引数，引数に対する関数適用後の値を第 2 引数に，線の色を表す 1 以上の整数を第 3 引数にして，plot2d 関数をよび出します．また，2 次元ベクトルの散布図は横軸の値を第 1 引数，縦軸の値を第 2 引数，点の記号（−1 以下の負の整数）を第 3 引数として plot2d 関数をよび出します．ただし，このままでは表示範囲が自動で設定され，最小値をとる点が軸と重なって見にくくなるので，第 4 引数として表示範囲を示す rect=[0,0,12,12] を加えます．

図 B.3 のグラフを表示するコード

```
x = [-2:0.1:2];
y = (1/sqrt(2)) * exp(-x.^2);
plot2d(x, y, 3);
```

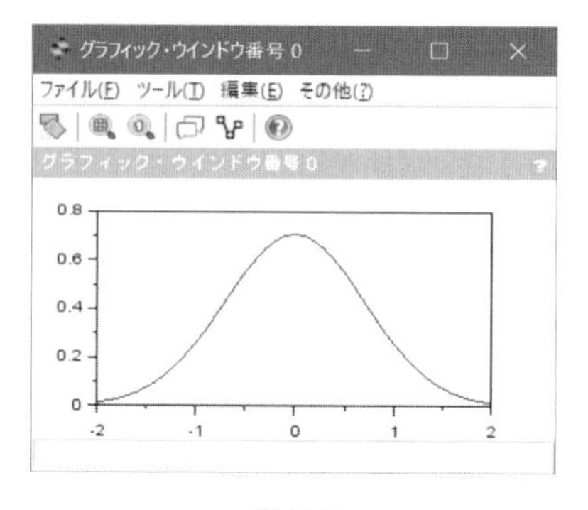

図 B.3

図 B.4 の散布図を表示するコード

```
X = [1,3,3,7,7,9,10];
Y = [8,7,5,5,4,2,2];
plot2d(X, Y, -4, rect=[0,0,12,12])
```

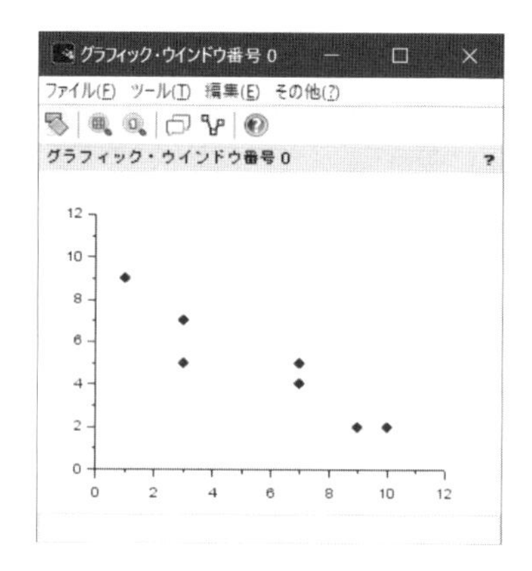

図 B.4

B.5 制 御

条件分岐を行う if 文は以下のように書きます．条件を記述するための比較演算子は，==, ~=, >=, <=, >, <，論理演算子は & (and), | (or), ~(not) が定義されています．

```
if condition (then)
   body
end
```

繰返しを行う制御文には for 文と while 文があります．for 文の step は 1 の場合は省略可能です．

```
for variable  =  initial : step : final (do)
   body
end

while condition
   body
end
```

B.6 関数定義

引数 in1, in2, ... を受け取り，out の値を返す関数 fname は以下のように定義できます．

```
function out = fname(in1, in2, ...)
  ...
  out = ...
endfunction
```

B.7 演 習

- 10 人分のテストの点数を一つの変数に格納し，平均点・標準偏差・最高点・最低点などを求めよ．
- 1 人分の身長・体重をまとめたベクトルを 5 人分集めて一つの変数に格納し，平均身長・平均体重などを求めよ．また，散布図を表示し，身長と体重の関係を可視化せよ．

付 録 C

Wekaにおけるディープニューラルネットワークによる識別

Deeplearning4j（以下 DL4J）は，Java と Scala で書かれたディープニューラルネットワークを開発するためのライブラリです．本書で紹介した機械学習ツール Weka に対して，wekaDeeplearning4j パッケージをインストールすることで，このライブラリの一部を使うことができます†.

C.1 DL4J のインストール

DL4J をインストールするためには，Weka のバージョンを開発者版 3.9.1 以上にする必要があります．Weka を起動させた後に立ち上がる GUI Chooser のメニューから [Tools] → [Package manager] を選択して，拡張パッケージをインストールする画面（図 C.1）を起動します．

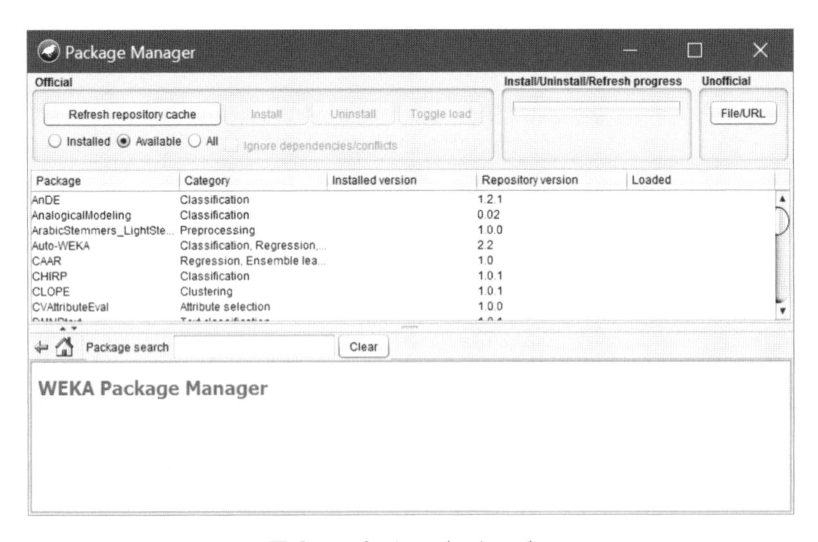

図 C.1　パッケージマネージャ

† 本書での説明は，OS: Windows 10 Pro, Weka: 3-9-1jre-x64, wekaDeeplearning4jCore1.1.5 で動作確認を行っています．

中段にある検索窓に deep と入力すると，関連するパッケージが検索されてきます．CPU のみで計算を行う場合は，そこから，

- wekaDeeplearning4jCore
- wekaDeeplearning4jCPULibs
- wekaDeeplearning4jCPU

の順でインストールします．インストールは，パッケージを選択して，[Install] ボタンを押すだけです．GPU が使える環境では，上記 2 番目と 3 番目のパッケージ名の CPU が GPU に置き換えられたものをインストールします†．

インストールが終了して，Weka を再起動すると，Explorer の [Classify] タブから選択できる [Classifier] の中（[functions] パッケージの中）に [Dl4jMlpClassifier] が増えています．

C.2 DL4J で多階層ニューラルネットワーク

Explorer インタフェースを使って，簡単な多階層ニューラルネットワークを作成

図 C.2 Dl4jMlpClassifier のパラメータ設定画面

† 別途 GPU 向けの統合開発環境をインストールする必要があります．

してみましょう．[Preprocess] タブで iris.arff を読み込んでから，[Classify] タブで [Dl4jMlpClassifier] を選択します．

次に，[Choose] ボタンの横のテキストエリアをクリックして，図 C.2 のパラメータ設定画面を起動します．

[layer specification] のエリアをクリックして，GenericArrayEditor（図 C.3）を起動します．ニューラルネットワークの構成は，この Editor 上で行います．

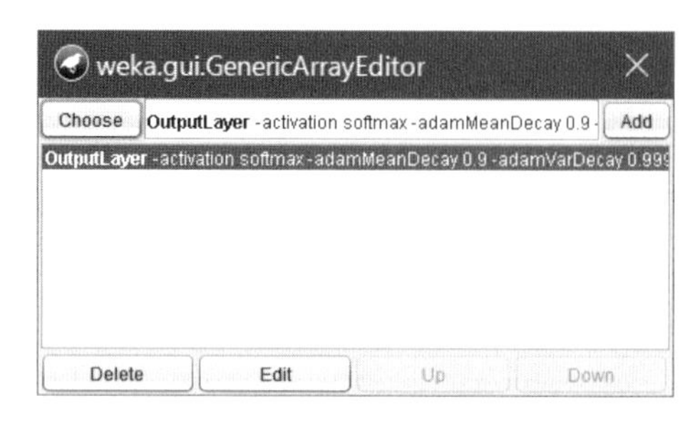

図 C.3 ニューラルネットワークの構成を指定する GenericArrayEditor

起動時には，出力用の OutputLayer だけが用意されています．この上に中間層である DenseLayer を加えてゆきます．[Choose] ボタンで [DenseLayer] を選択し，[Add] ボタンを押して中間層を 1 層加えます．

次に，追加した [DenseLayer] を選択し，[Edit] ボタンを押すと，その層に関する設定が行えます．ここでは，[number of units] の値として，この中間層のユニット数を 5 と設定しておきます．GenericArrayEditor，パラメータ設定画面の順で終了して，[Classify] タブで [Start] ボタンを押すと学習が始まります．

この設定で学習が成功したら，中間層の数を増やす・活性化関数（[name of activation function]）を変える・ドロップアウトを設定する（[dropout parameter]）など，いくつかパラメータを変えて動かしてみましょう．

C.3 DL4J で畳込みニューラルネットワーク

ここでは，畳込みニューラルネットワークを構成する手順を説明します．

まず，定番の学習データである数字画像認識のデータ (mnist.arff) を入手します†．mnist は $28 \times 28 = 784$ 次元の手書き数字画像で，0〜9 の数字について，それぞれ 900 枚〜1,100 枚程度の合計 10,000 枚の画像からなるデータセットです．今回は，ディープニューラルネットワークのツールを動かすことが目的なので，使うコンピュータの

† https://github.com/christopher-beckham/weka-pyscript/blob/master/datasets/mnist.arff

性能に合わせて，データ数を調整します．

[Preprocess] タブで mnist.arff を読み込んだ後，Filter として Resample† を適用します．Resample フィルタの [sampleSizePercent] パラメータの値を 10 や 5 にして，小さいデータセットに変換しておきます．

次に，[Classify] タブで，先ほどと同じく GenericArrayEditor を開いて畳込みニューラルネットワークを構成します．層構成は表 C.1 のように，畳込み（[ConvolutionLayer]）とプーリング（[SubsamplingLayer]）を交互に 2 回行い，正規化層（[BatchNormalization]）を 1 層，中間層を 1 層経て出力層とします．また，正則化係数として，各層の [L2] の値を 0.0005 としておきます．

表 C.1 畳込みニューラルネットワークの構成

階層	種類	層のパラメータの設定*
1	ConvolutionLayer	フィルタ数:20，サイズ:5×5，活性化関数:relu
2	SubsamplingLayer	サイズ:2 × 2
3	ConvolutionLayer	フィルタ数:50，サイズ:5×5，活性化関数:relu
4	SubsamplingLayer	サイズ:2 × 2
5	BatchNormalization	活性化関数:identify
6	DenseLayer	ノード数:500，活性化関数:sigmoid
7	OutputLayer	損失関数: LossNegativeLogLikelihood

*パラメータと属性名の対応
フィルタ数：[number of filters]
サイズ：[number of columns in kernel], [number of rows in kernel]
活性化関数：[name of activation function]
ノード数：[number of units]
損失関数：[loss function]

層の設定が終了した後は，図 C.2 の設定画面に戻り，データの入力方式（[dataset iterator]）を [ConvolutionalInstanceIterator]（パラメータがデフォルトで mnist の画像サイズに設定されています）とします．

交差確認は時間がかかるので，[Test options] 領域の設定を [Percentage split (66%)] にして性能を確認してください．

† [filters] → [supervised] → [instance]

付 録 D

読書ガイド

本書初版では，『「楽して学べるパターン認識」と「その後」』という付録の章を設け，学会誌の解説記事を中心とした紹介を行いました．

年代だけを見るとずいぶん昔の記事ですが，本質を学べるという意味での価値は変わっておらず，多くの論文・記事がオープンアクセスになった現代では，よいものを選りすぐって紹介することの意義がさらに重要になったのではないかと思います．

- 坂野鋭, 山田敬嗣：怪奇!! 次元の呪い —識別問題, パターン認識, データマイニング初心者のために—. 情報処理, Vol.43, No.5（前編）, http://id.nii.ac.jp/1001/00064233/, No.6（後編）, http://id.nii.ac.jp/1001/00064252/, 2002.

架空の学生による研究の失敗事例から多くの教訓を引き出しています．タイトルからは特徴抽出における次元設定の話だけに見えるかもしれませんが，前処理・識別器の選び方から評価の仕方まで，パターン認識に必要な概念が一通り学べます．平易な記述の中にも，著者らの深い経験が織り込まれており，まず第1にお勧めします．

- 津田宏治：サポートベクターマシンとは何か, 電子情報通信学会誌, Vol.83, No.6, 2000.
- 前田英作：痛快! サポートベクトルマシン—古くて新しいパターン認識手法—, 情報処理, Vol.42, No.7, http://id.nii.ac.jp/1001/00063854/, 2001.

サポートベクトルマシンの解説です．どちらも理論・実現方法・問題点を簡潔にまとめてあります．SVM のツール類を研究の道具として使う人も，これらを読んで基本的な考え方を理解しておくとよいと思います．

- 徳田恵一：音声情報処理技術の最先端: 1. 隠れマルコフモデルによる音声認識と音声合成, 情報処理, Vol.45, No.10, http://id.nii.ac.jp/1001/00065157/, 2004.

HMM の解説です．定義や学習アルゴリズムの解説の後，音声処理に HMM を利用する方法が詳しく述べられています．ここで説明されている HMM による音声合成は，統計的モデリングの応用分野の広さを見ることができます．

- 河原達也, 李晃伸：連続音声認識ソフトウエア Julius, 人工知能学会誌, Vol.20, No.1, pp.41–49, https://julius.osdn.jp/paper/JSAI05.pdf, 2005.

Juliusの開発者による解説です．まず，ディクテーションおよびタスク文法を記述した場合の最低限の使い方が書かれていて，この解説に従えばインストール後20分程度で，音声認識の世界に触れることができるでしょう．その後，Juliusの動作原理が解説され，詳細なオプションや設定ファイルの書き方などが説明されています．

近年に出版されたものでは，以下の解説記事をお勧めします．

- 麻生 英樹：多層ニューラルネットワークによる深層表現の学習, 人工知能学会誌, Vol.28, No.4, pp.649–659, 2013.
- 岡谷 貴之：画像認識のための深層学習, 人工知能学会誌, Vol.28, No.6, pp.962–974, 2013.
- 久保 陽太郎：音声認識のための深層学習, 人工知能学会誌, Vol.29, No.1, pp.62–71, 2014.

ディープニューラルネットワークが広がり始めた頃の解説記事です．

- 李 晃伸, 河原 達也：Julius を用いた音声認識インタフェースの作成, ヒューマンインタフェース学会誌, Vol.11, No.1, pp.31–38, http://julius.osdn.jp/paper/hi200902-julius-development.pdf, 2009.

2005年の解説より少し新しいものです．最新のDNN版には対応していません．

- 久保 拓弥：最近のベイズ理論の進展と応用 [I]: 階層ベイズモデルの基礎, 電子情報通信学会誌, Vol.92, No.10, pp.881–885, http://ci.nii.ac.jp/naid/110007360280/, 2009.

本書ではほとんど触れていないベイズモデルについての解説です．

書籍に関しては，本書参考文献に挙がっているものをぜひご覧ください．

あとがき

2007年に出版した本書初版のあとがきには以下のように書かれています．

> この本が読者に支持され，版を重ねられるようになったときを，古くなった情報を更新する機会としたいと思います．

このお約束からずいぶん時間がたってしまいましたが，以下のように変更を加えて，ここに第2版を出版させていただきます．

- 第1部にScilabを用いたコーディングを例題として加えました．初版では，データ数を手計算可能な範囲に収めていましたが，Scilabを使うことによって，少し大きなデータに対しても，学んだ理論を検証できるようにしました．
- 初版6章「限界は破れるか」では，一つの章でSVMとニューラルネットワークを取り上げていましたが，第2版では，それぞれを独立した章とし，ニューラルネットワークに関しては，ディープニューラルネットワークに関係する部分を加筆しました．また，Wekaでのディープニューラルネットワークの使い方を，付録Cとして独立に説明しています．
- 初版9章と10章をまとめて，統計的音声認識の概要と音響モデルについて記述した章を10章としました．
- 12章から14章で取り上げているJuliusに関する記述を，執筆時点での最新のものとしました．
- 音声対話システムのツールキットとしてMMDAgentを取り上げました．

最後に，これまでご指導をいただいた坂井利之先生，堂下修司先生，新美康永先生に深く感謝いたします．さまざまなご教示をいただいた河原達也先生，西本卓也先生に感謝いたします．また，李晃伸先生をはじめとして，本書で紹介した各種のオープンソースソフトウェアを作成された方々に感謝いたします．

参考文献

[1] 金谷健一：これなら分かる応用数学教室—最小二乗法からウェーブレットまで, 共立出版, 2003.
[2] 日本音響学会（編）：音のなんでも小事典—脳が音を聴くしくみから超音波顕微鏡まで（ブルーバックス）, 講談社, 1996.
[3] 青木直史：ゼロからはじめる音響学, 講談社, 2014.
[4] 奥村学（監修）, 高村大也（著）：言語処理のための機械学習入門, コロナ社, 2010.
[5] 竹内一郎, 烏山昌幸：サポートベクトルマシン（機械学習プロフェッショナルシリーズ）, 講談社, 2015.
[6] 岡谷貴之：深層学習 改訂第 2 版（機械学習プロフェッショナルシリーズ）, 講談社, 2015.
[7] 杉山将：統計的機械学習—生成モデルに基づくパターン認識, オーム社, 2009.
[8] 石井健一郎, 上田修功：続・わかりやすいパターン認識—教師なし学習入門, オーム社, 2014.
[9] 石井健一郎, 上田修功, 前田英作, 村瀬洋：わかりやすいパターン認識（第 2 版）, オーム社, 2019.
[10] 河原達也（編）：IT Text 音声認識システム 改訂 2 版, オーム社, 2016.
[11] 荒木雅弘：イラストで学ぶ 音声認識, 講談社, 2015.
[12] 金谷健一：これなら分かる最適化数学—基礎原理から計算手法まで, 共立出版, 2005.

索　引

■さ　行

■た　行

著　者　略　歴

荒木　雅弘（あらき・まさひろ）

1993年　京都大学大学院工学研究科情報工学専攻
　　　　博士後期課程研究指導認定退学
同　年　京都大学工学部助手
1997年　京都大学総合情報メディアセンター講師
1998年　博士号（工学）取得（京都大学）
1999年　京都工芸繊維大学工芸学部助教授
2007年　京都工芸繊維大学大学院工芸科学研究科准教授
　　　　現在に至る

編集担当　富井　晃・宮地亮介(森北出版)
編集責任　藤原祐介・石田昇司(森北出版)
組　　版　ウルス
印　　刷　創栄図書印刷
製　　本　　同

フリーソフトでつくる音声認識システム（第2版）
—パターン認識・機械学習の初歩から対話システムまで—

2007年10月10日　第1版第1刷発行
2016年11月22日　第1版第11刷発行
2017年4月11日　第2版第1刷発行
2023年9月5日　第2版第4刷発行

著　　者　荒木雅弘
発 行 者　森北博巳
発 行 所　**森北出版株式会社**

東京都千代田区富士見1–4–11（〒102–0071）
電話 03–3265–8341 ／ FAX 03–3264–8709
https://www.morikita.co.jp/
日本書籍出版協会･自然科学書協会　会員

Printed in Japan／ISBN978–4–627–84712–5

MEMO

MEMO

MEMO

MEMO

MEMO

MEMO